U0281306

新工科人才培养系列丛书 · 人工智能

深度学习之图像目标检测与识别方法

史朋飞　范新南　辛元雪　万　刚　王庆颖 ◎ 著

電子工業出版社
Publishing House of Electronics Industry
北京 · BEIJING

内 容 简 介

本书介绍了深度学习在图像目标检测与识别领域的应用，主要包括基于 UNet 的图像去雾算法、基于特征融合 GAN 的图像增强算法、基于 ESRGAN 的图像超分辨率重建算法、基于嵌套 UNet 的图像分割算法、基于对抗迁移学习的水下大坝裂缝图像分割算法、基于改进 Faster-RCNN 的海洋生物检测算法、基于 YOLOv4 的目标检测算法、基于 RetinaNet 的密集目标检测算法、基于 LSTM 网络的视频图像目标实时检测算法、基于改进 YOLOv4 的嵌入式变电站仪表检测算法等。

本书可作为高等院校人工智能、智能科学与技术、计算机、自动化等专业本科生与研究生的教材，也可供深度学习相关领域的科研技术人员参考。

读者可登录华信教育资源网（www.hxedu.com.cn）下载本书的相关源代码。

图书在版编目（CIP）数据

深度学习之图像目标检测与识别方法 / 史朋飞等著.
北京 ： 电子工业出版社，2024. 9. -- (新工科人才培养
系列丛书). -- ISBN 978-7-121-48812-2

Ⅰ. TN911.73；TP391.41

中国国家版本馆 CIP 数据核字第 2024GJ3531 号

责任编辑：田宏峰
印　　刷：中煤（北京）印务有限公司
装　　订：中煤（北京）印务有限公司
出版发行：电子工业出版社
　　　　　北京市海淀区万寿路 173 信箱　邮编 100036
开　　本：787×1 092　1/16　印张：13　字数：266 千字　　彩插：6
版　　次：2024 年 9 月第 1 版
印　　次：2025 年 5 月第 3 次印刷
定　　价：79.00 元

凡所购买电子工业出版社图书有缺损问题，请向购买书店调换。若书店售缺，请与本社发行部联系，联系及邮购电话：（010）88254888，88258888。

质量投诉请发邮件至 zlts@phei.com.cn，盗版侵权举报请发邮件至 dbqq@phei.com.cn。

本书咨询联系方式：tianhf@phei.com.cn。

作者简介

史朋飞　博士，河海大学副教授、硕士研究生导师，入选河海大学“大禹学者”计划，CAA 网联智能专委会委员、CCF 会员、IEEE 会员，多次受邀担任国际学术会议分会主席等。长期从事人工智能与机器人、智慧电力系统、智慧水利、边缘计算、机器视觉、软硬件开发等方面的研究。主持国家自然科学基金 1 项、国家重点研发计划子课题 1 项、教育部产学研协同育人项目 1 项、江苏省自然科学基金项目 2 项、江苏省常州市基础研究计划 2 项，以及企事业单位委托科技项目多项。出版教材《人工智能与机器人》；发表论文 100 余篇，其中 SCI/EI 检索 50 余篇，包含多篇在人工智能领域、机器视觉领域 TOP 期刊（如 *IEEE Trans. on Instrumentation and Measurement*），以及 TOP 会议（如计算机视觉国际大会）等上发表的论文。申请发明专利 30 余项，授权 10 余项，获得软件著作权 10 余项。获江苏省科学技术奖三等奖 1 项；指导学生参加省级竞赛，获一等奖、二等奖各 1 项；参加国家级竞赛，获三等奖 1 项。

范新南　博士，河海大学教授、博士研究生导师，现任江苏省输配电装备技术重点实验室主任，江苏省输变电产业技术创新联盟副秘书长，江苏省“青蓝工程”优秀中青年带头人，江苏省“世界水谷”与水生态文明协同创新中心水物联网与水感中心团队负责人。主要研究领域为信息获取与处理、智能感知技术、物联网技术与应用、水利信息化等。先后主持和参与完成了国家自然科学基金、国家“863”计划项目、国家重点研发计划子课题等 30 多项；承担“单片机原理与应用”等本科生课程教学任务。发表学术论文 100 余篇（SCI 检索 30 余篇），获授权发明专利 18 项，软件著作权 10 项，专著 1 部。获省部级科技奖励 2 项、江苏省优秀教学成果奖 4 项、宝钢教育奖优秀教师奖。

辛元雪　博士，河海大学副教授、硕士研究生导师，CCF 会员，入选河海大学“大禹学者”计划、“常州市龙城英才”计划等。主要从事大规模 MIMO 系统的频谱效率、能量效率、新型双工技术等方面的研究。主持国家自然科学基金（青年科学基金项目）1 项、移动

通信国家重点实验室开放基金 1 项。以第一作者身份发表论文 14 篇，其中 SCI 检索 7 篇、EI 检索 4 篇、通信领域 TOP 会议论文 1 篇；以第一发明人获得发明专利 1 项、受理发明专利 2 项；参加国际学术会议 3 次，做大会报告 1 次等。

万刚 中国长江电力股份有限公司高级工程师，主要研究领域为大型水电站智能运维与检修、水电检修过程智能管控与数字化等。参与重大研究计划项目 2 项，其中担任专题负责人 1 项。获全国电力企业联合会、全国能源化学地质系统等优秀职工技术创新成果一等奖、三等奖等多项。已获授权专利 50 余项，其中发明专利 16 项。发表论文 12 篇，其中 SCI 检索论文 3 篇，近三年在学术交流大会做报告 2 次。

王庆颖 北京空间机电研究所高级工程师，长期从事空间遥感领域的理论研究、系统设计和工程研制等工作，在空间相机的机构设计、仿真、测试及试验等方面取得一系列创新性成果。参与重大研究计划项目 10 余项，其中担任专题负责人 2 项。获国防技术发明奖三等奖 1 项，集团级科学技术发明奖三等奖 1 项，以及研究所级科研管理、质量工作、“五小”优秀创新成果等奖项多项。已获授权专利十余项，在核心期刊及学术会议发表论文若干篇，近三年在学术交流大会做报告 1 次。

前　言

党的二十大报告指出“发展海洋经济，保护海洋生态环境，加快建设海洋强国。”

海洋是地球宜居的命脉，是维系人类生存与高质量发展的战略要地。认识海洋、经略海洋，建设海洋强国，特别需要依靠科技创新来引领发展。2024 年政府工作报告提出了开展“人工智能+”行动。各行业在人工智能引领下加速转型升级，为新质生产力的培育和发展提供新的动能。

目标检测技术在海洋资源勘探、海洋环境保护、水下安全保障、水下考古研究、军事应用、科学研究等领域具有极其重要的意义，是推动海洋科学研究和保护、促进海洋资源开发利用、保障水下安全的重要技术手段。目标检测技术在水下应用的不足主要包括光照问题、摄像机抖动、复杂背景干扰、目标类型多样化、目标运动速度较快、背景光源变化、目标物体的颜色和分布变化、摄像机抖动造成的背景区域变化、目标遮挡、运动目标检测和识别的运算量大等。

针对目标检测技术的不足，研究人员将深度学习引入图像目标检测技术，但依旧存在数据集的规模不大和质量不准、水下图像质量不佳、光线影响导致模型识别精度下降等问题。

本书主要针对水下目标检测的场景，对常用的基于深度学习的目标检测技术进行了改进，使它们更加适合水下目标检测场景。本书系统地总结了作者十多年的科研实践成果，主要内容如下：

第 0 章为绪论，主要介绍深度学习在水下图像目标检测领域的研究背景、意义，以及国内外的研究现状。

第 1 章是基于 UNet 的图像去雾算法。本章提出了一种结合注意力机制的多尺度特征融合图像去雾算法，该算法利用类似于 UNet 的编码器-解码器结构来直接学习、输入自适应的去雾模型，具有较好的去雾效果。

第 2 章是基于特征融合 GAN 的图像增强算法。本章主要利用 GAN 的优势设计了基于特征融合 GAN 的水下图像增强算法，通过生成器和判别器之间的对抗训练，获得鲁棒性较高的水下图像增强模型。

第 3 章是基于 ESRGAN 的图像超分辨率重建算法。本章主要阐述基于单帧图像超分辨率（SISR）算法 ESRGAN，并对其生成器结构进行了改进，设计了重建质量更高的水下图像超分辨算法。

第 4 章是基于嵌套 UNet 的图像分割算法。本章提出了一种结合自注意力机制的基于嵌套 UNet 的裂缝图像分割模型 Att_Nested_UNet，该模型沿用 UNet 模型的设计思想，使用将多层 UNet 嵌套在一起的 UNet++模型，并在每层的 UNet 模型中融入了注意力机制，能够较好地提高裂缝图像分割的准确性，消除噪声，保留细节。

第 5 章是基于对抗迁移学习的水下大坝裂缝图像分割算法。本章主要通过多级对抗迁移学习来实现水下大坝裂缝特征的无监督学习领域自适应，能有效地将提取到的地面裂缝图像特征应用于水下大坝裂缝图像分割，并保证检测精度。

第 6 章是基于改进 Faster-RCNN 的海洋生物检测算法。本章使用 ResNet 替换 Faster-RCNN 的 VGG 特征提取网络，并且在 ResNet 后添加 BiFPN，形成了 ResNet-BiFPN 结构，提高了网络模型特征提取能力和多尺度特征融合能力；使用 EIoU 代替 Faster-RCNN 中的 IoU，通过添加中心度权重来降低训练数据中冗余边界框占比，改善边界框质量；使用 K-means++算法生成更适合的锚定框。本章对 Faster-RCNN 的改进，取得了良好的效果。

第 7 章是基于 YOLOv4 的目标检测算法。本章提出了一种在 YOLOv4 上使用 PredMix、卷积块注意力模块和 DetPANet 的目标检测算法。在 YOLOv4 的特征提取网络 CSPDarknet53 中添加 CBAM，可以提高算法的特征提取能力；DetPANet 在路径聚合网络（Path Aggregation Network，PANet）中添加了同层跳跃连接结构和跨层跳跃连接结构，可以增强算法的多尺度特征融合能力；PredMix（Prediction-Mix）可以增强算法的鲁棒性。

第 8 章是基于 RetinaNet 的密集目标检测算法。本章综合考虑了目标检测精度与检测速度，以单阶段目标检测算法 RetinaNet 为基础方法，针对遥感图像中密集目标的场景提出相应的改进，以提高对密集目标的检测准确率。

第 9 章是基于 LSTM 网络的视频图像目标实时检测算法。本章主要针对传统图像目标检测算法在检测视频图像目标时存在的问题，提出了一种基于 LSTM 网络的视频图像目标检测算法，通过改进记忆引导网络并引入交叉检测框架，充分利用了视频连续帧中的时序信息，提升了视频图像目标检测的精度和速度。

第 10 章是基于改进 YOLOv4 的嵌入式变电站仪表检测算法。本章主要针对嵌入式平台、移动边缘计算等性能受限的设备，在模型设计阶段和推理阶段同时实现轻量化网络，对 YOLOv4 进行了改进，并利用 TensorRT 对改进后的 YOLOv4 进行了重构和优化，将改进后的 YOLOv4 部署到嵌入式平台，满足了变电站仪表的实时检测需求。

本书内容涉及众多项目的研究成果，特别是国家重点研发计划（2022YFB4703400）、国家自然科学基金（62476080）、江苏省自然科学基金（BK20231186）、常州市科技支撑计划（社会发展）（CE20235053）、湖北省智慧水电技术创新中心开放研究基金项目（1523020038）、江苏省输配电装备技术重点实验室项目（2023JSSPD01）等。

史朋飞负责编写与图像目标检测与识别相关部分的内容，约 10 万字；范新南负责编写与图像增强相关部分的内容，约 5 万字；辛元雪负责编写与图像目标定位相关部分的内容，约 4 万字；万刚负责编写与水下大坝裂缝检测相关部分的内容，约 4 万字；王庆颖负责编写与遥感图像检测相关部分的内容，约 3 万字。河海大学的博士研究生周仲凯、王啸天、万瑾、杨旭东，硕士研究生汪杰、薛瑞阳、韩松、鹿亮、严炜、杨鑫、曹鹏飞、方小龙、朱凤婷、周润康、黄伟盛等参加了本书的部分章节的校对工作，谨向他们表示衷心的感谢！

由于作者的理论水平有限，以及研究工作的局限性，特别是深度学习处于快速的发展中，本书中难免存在一些不足，恳请广大读者批评指正。

作　者

2024 年 8 月

目　　录

第 0 章 绪 论

0.1 研究背景及意义

随着世界经济与科技的蓬勃发展，人类需求的物质资源也在不断增多，有限的陆地资源将无法满足人类的需求，因此人类将目光投向一望无际的海洋。海洋约占地球表面的 71%，蕴藏着丰富的生物、矿产、化学和动力等资源。我国是一个海洋大国，拥有丰富的海洋资源。然而我国仍未达到海洋强国的标准，已开发的海洋资源仅仅是沧海一粟。因此，高效且合理地推进海洋资源的开发利用，让海洋服务于人类，对我国科技、经济和军事的发展具有十分重要的意义。为了充分了解海洋，提高海洋资源的开发和利用程度，获取海洋信息是不可或缺的一步。

第一，水下图像作为海洋信息的重要载体之一，在获取海洋信息时，扮演着重要的角色。然而，由于光在水中传播时受到水的衰减影响，并且不同波长的光所受到的衰减程度不同，使得最终呈现的水下图像往往颜色失真比较严重。其中，红色光受到的衰减最为严重，最远只能传播 2～3 m；蓝色光和绿色光受到的衰减较小，在水中的传播距离较远，因此水下图像在整体上往往呈现偏蓝色或偏绿色。另外，水中的悬浮粒子对光的散射作用，导致获取的水下图像叠加了相机视野内以及相机视野外的景物散射光，造成图像的清晰度和对比度下降。除了受外界环境的影响，还可能由于网络传输系统、成像设备的限制导致水下图像经过压缩而分辨率过低，细节不清晰，这类问题同样会降低水下图像的质量（简称降质）。低质量的水下图像大大降低了人类能从中获取的信息量，严重影响了水下勘探、水下考古、水下生物研究等工作，给一些水下计算机视觉任务（如目标检测、识别等）带来了巨大的挑战。因此，如何有效地提高水下图像的质量成为当前的热点话题。有效地提高水下图像的质量，能够为后续的水下作业提供巨大的帮助，加速推进海洋资源的开发进程。

第二，海洋生物是海洋生态环境的重要组成部分，研究人员通过人工潜水或者水下机器人拍摄等方法对海洋生物进行追踪、数量统计，通过研究海洋生物的分布情况、生活习性，采取有针对性的措施来维持海洋生态环境的健康可持续发展。但是，水下的复杂环境严重降低了拍摄到的视频或图像质量，仅凭研究人员肉眼难以准确发现目标，也极易在数量统计中产生偏差。目前急需一种代替肉眼来检测识别海洋生物的方法。传统的目标检测算法存在识别效果差、准确率低、识别速度慢等缺点，难以进行有效的海洋生物检测。近年来，深度学习在目标检测领域取得了巨大突破，在许多场景下，基于深度学习的目标检测都能取得不错的成效。但是，一般的目标检测算法在海洋场景中的表现并不理想，海洋环境及海洋生物的复杂性会严重干扰对海洋生物的检测效果。因此，如何有效提高水下目标的检测精度，进而加深对海洋场景的理解，也成为当前的热点话题。

第三，随着技术的不断进步，水利水电建设得到了长足发展。大坝作为水利水电工程中极为重要的基础设施，对农业灌溉、水力发电、防灾抗洪等具有深远的意义。大坝裂缝是威胁大坝正常运行的重大隐患，会影响大坝的强度和寿命，甚至引发渗漏、溃决等问题。大坝裂缝不仅存在于大坝的表面，还会向其内部延伸，是触发险情、恶化灾情和诱发惨剧的主要原因之一。及时准确地检测与识别大坝裂缝、诊断险情、加固修复大坝、保障大坝系统的正常工作具有重大意义。传统的人工检测方法因其速度慢、精度低、易受检测人员主观因素干扰等原因，已逐渐被基于水下机器人的视觉检测方法所取代。目前，基于水下机器人的视觉检测方法已成为水下大坝裂缝图像检测领域最为重要的无损检测方法之一，其典型的使用流程为：首先使用水下机器人采集图像，然后对水下大坝裂缝图像进行处理分析，以获取水下大坝裂缝图像的类型、位置和尺寸，从而为大坝健康状况诊断和加固修复提供指导意见。

0.2 国内外研究现状

提升水下机器人拍摄的图像质量，对后续的检测与识别，以及对水下场景理解至关重要。本节首先简述水下图像质量提升方法，然后对目标检测算法与裂缝图像分割算法进行综述。

0.2.1 水下图像质量提升方法

水下图像质量提升方法主要包括水下图像复原算法和水下图像增强算法。

0.2.1.1　水下图像复原算法

水下图像复原算法根据光在水中的传播特性构建水下图像退化模型，通过估计模型中的参数反演其退化过程，最终获得退化前的清晰图像[1]。水下图像质量下降的原因与雾天图像类似，自何恺明等人[2]提出使用暗通道先验（Dark Channel Prior，DCP）算法处理雾天图像质量下降问题并取得不错的效果后，大量的研究人员将 DCP 算法与水下图像的衰减特性相结合，提出了大量的水下图像复原方法。2013 年，Drews 等人[3]提出了基于 DCP 算法的水下图像复原算法，该算法的特点是仅将 DCP 算法应用于蓝色光和绿色光通道，从而减少红色光通道分量造成的影响，该算法能有效提高图像的视觉效果，但该算法的适用场景比较有限。2015 年，Galdran 等人[4]考虑到不同波长的光线在水中的选择性衰减使得直接应用 DCP 算法的效果差等问题，提出一种红色光通道水下图像复原算法，该算法反转了红色光通道的背景光和像素强度值，在此基础上利用 DCP 算法估计透射率，该算法能够在有效还原场景真实色彩的同时提高图像的清晰度。2016 年，Li 等人[5]基于最小信息损失原则估计红色光通道透射率，然后根据三种颜色光通道透射率的关系计算蓝色光和绿色光通道的透射率，最终根据水下成像模型获得颜色自然、清晰的复原图像。2019 年，Ueki 等人[6]提出一种基于广义暗通道先验（Generalization of the Dark Channel Prior，GDCP）迭代的水下图像复原算法，首先通过 GDCP 迭代获得增强后的图像，为消除迭代过后背景区域的颜色失真和噪声，将多次迭代得到的增强图像与初始增强后的图像融合，该算法能很好地提升图像对比度和清晰度，然而 GDCP 迭代在提高图像质量的同时也大大增大了计算开销。2020 年，林森等人[7]提出了一种基于修正散射模型的水下图像复原算法，该算法首先将背景光融入水下成像模型，然后根据红色光通道的逆通道提出水下成像模型，最后结合暗通道先验估计介质的透射率复原退化前的水下图像，该算法能够有效提高水下图像的对比度并提供较多的细节。

传统水下图像增强方法能够有效提高水下图像的对比度和清晰度，提升图像的视觉效果，但该类算法未考虑水下图像的特性，增强过后的图像可能会存在颜色失真、伪影等现象，在部分场景中反而会将水下图像中的噪声放大。随着深度学习的流行，研究人员将其与图像复原技术相结合，利用卷积神经网络（Convolutional Neural Networks，CNN）学习水下成像模型的参数。该类算法的主要步骤为：首先利用 CNN 估计水下图像的透射率，然后根据水下成像模型复原降质前的图像。2017 年，Wang 等人[8]首先通过水下成像模型合成水下图像数据集，然后利用 CNN 学习获得水下图像的透射率和红绿蓝三种光的衰减率，最终根据水下成像模型获得清晰度高和视觉效果好的图像。2018 年，Cao 等人[9]设计了两种神经网络结构，分别用于估计水下图像的背景光和场景深度，然后结合光在水中的衰减系数和场景深度计算透射率，最后根据水下成像模型恢复降质前的图像，该算法恢复的图像颜色鲜艳且具有较高的对比度。

2019 年，Wang 等人[10]提出了基于并行 CNN 结构的水下图像复原算法，首先通过该网络结构估计蓝色光通道的透射率和背景光，然后根据三个颜色通道间的透射率关系来计算红色光和绿色光通道的透射率，并在构建的数据集上进行训练，最终恢复的水下图像具有较自然的色彩和较高的清晰度。2020 年，Yang 等人[11]为降低人造光源对物理模型的影响，提出了一种新的背景光估计方案，该方案首先利用 CNN 估计的深度信息结合暗通道先验获取背景光，然后采用暗通道先验与估计的背景光复原降质前的图像，该方案能够改善水下图像的颜色失真问题、提高图像的对比度，但受深度估计准确率的影响较大。

0.2.1.2 水下图像增强算法

水下图像增强算法主要通过直接修改图像的像素值来改善水下图像质量低等问题。针对水下图像的降质问题，业界的专家和学者提出了大量的水下图像增强算法。2017 年，Perez 等人[12]首先将水下图像和与之对应的清晰图像作为训练集，然后利用 CNN 学习水下图像到清晰图像的映射，从而实现水下图像增强。同年，Ding 等人[13]提出了一种基于深度学习的增强策略，该策略首先利用自适应颜色校正算法处理水下图像的颜色失真，然后利用超分辨率 CNN 解决水下图像模糊问题。自 2014 年生成对抗网络（Generative Adversarial Network，GAN）[14]提出以来，其强大的学习能力和适应性使得 GAN 在各个领域得到广泛的应用[15-16]。近年来，大量的学者应用 GAN 处理水下图像的失真问题。2017 年，Li 等人[17]提出了一种用于水下图像增强的无监督学习生成对抗网络算法——WaterGAN，该算法首先通过清晰的图像及其深度信息获得对应的水下图像，然后通过深度估计网络估计水下图像的深度信息，并将其和水下图像作为颜色校正网络的输入，最终获得了增强后的图像，该算法能有效解决水下图像的偏色问题，还原水下场景的真实色彩。2018 年，Fabbri 等人[18]提出了一种适用于水下场景的生成对抗网络——UGAN，为解决水下图像数据集不足问题，首先利用循环生成对抗网络（CycleGAN）生成数据集，然后在数据集充足的条件下训练生成对抗网络，UGAN 能够有效提高水下图像的视觉效果。2020 年，李庆忠等人[19]提出了一种基于改进循环生成对抗网络的水下图像增强算法，该算法通过设计边缘结构相似度函数来抑制输入图像和输出图像边缘结构的变化，同时采用弱监督学习、强监督学习相结合的网络结构和两阶段学习模式保证生成图像与目标图像颜色的一致性，该算法能够有效提高图像的对比度并还原场景的真实色彩。同年，Islam 等人[20]提出了一种基于全卷积条件生成对抗网络的实时水下图像增强模型——FUnlE-GAN，该模型结合多模态目标函数，使增强后图像的对比度、清晰度得到明显改善，同时也增强了图像感知质量。同年，Dudhane 等人[21]提出了一种用于水下图像恢复的生成对抗网络模型，该模型针对水下图像失真的特点，设计了基于颜色通道的特征提取模块，并针对处理水下图像的模糊问题设计了密集残差网络，结合提出的损失函数，该模型在处理水下图像时能够有效恢复颜色、保留场景细节结构，生成更加真实的边缘信息。2021 年，雍子叶等人[22]针对成对样本获取难等问题，提出了一种结合注意力机制的弱监督学习水下图像增强算法，该算法将红色光通道的衰减图作为注意力图，将原始水下图像和注意力图像同时作为生成器的输入，最后通过对抗训练使得生成器输出对比度和清晰度高的图像，该算法针对颜色失真和对比度低的水下图像效果较好，但对于浑浊的水下图像效果较差。同年，针对水下图像存在的模糊、对比度低和颜色失真问题，Li 等人[23]提出了一种融合生成对抗网络——DeWaterNet，该网络由两个 CNN 构成，分别用于提取融合增强后的图像和原始水下图像的特征，并将相加后的结果作为生成器的输出，该网络能有效提高水下图像的视觉效果。

0.2.2 基于深度学习的目标检测算法研究

目标检测通常是指在图像或者视频中找到特定目标的位置，一般通过边界框的方式框选出目标，如果目标种类多于一种，则还需要指出所框选的目标类别。对于人类来说，视觉的作用就是告诉人类物体的种类和位置，目标检测正如视觉之于人类，其目的是解决计算机视觉应用的两个基本问题：该物体是什么，以及该物体在哪里。

由于目标检测具有广泛的应用前景，因此受到广泛的关注。在人脸识别[24]、步态识别[25]、人群计数[26]、安全监控[27]、自动驾驶[28]、无人机场景分析[29]等任务中，目标检测具有至关重要的作用。目标检测的研究领域主要包括边缘检测[30]、多目标检测[31-33]、显著性目标检测[34-35]等。

目标检测的研究随着深度学习的革新得到了飞速发展。大多数目标检测均以深度学习网络为主干，目标检测算法从输入图像中提取特征，从而进行分类和定位。利用深度学习网络的目标检测算法大体可以分为两种类型：两阶段（Two-Stage）目标检测算法和单阶段（One-Stage）目标检测算法。两阶段目标检测算法提出的时间更早，检测精度高，但检测速度慢。单阶段目标检测算法的检测速度快，但检测精度略低。目前，无论单阶段目标检测算法还是两阶段目标检测算法，都在向着“又快又准”的目标前进。下面介绍这两类目标检测算法的研究现状。

0.2.2.1 两阶段目标检测算法

两阶段目标检测算法是指先通过某种方式生成一些候选区域，然后对这些候选区域的内容进行分类，确认是否包含待检测的目标，并对这些区域进行修正。因为包含了两个步骤，即候选区域的生成和候选区域的检测，所以被称为两阶段目标检测算法。

2014 年，Girshick 等人[36]提出了 RCNN。RNN 首先利用选择性搜索对图像进行划分，生成候选区域；然后将候选区域输入到一个在 ImageNet 上训练完毕的 CNN 模型来提取特征，从而取代了传统的滑窗算法；最后使用线性 SVM 分类器对每个候选区域内的目标进行检测，从而识别目标类别。通过这样的方式，RCNN 拥有非常高的检测精度，但 RCNN 的缺点也十分明显：由于候选区域中有大量的重叠区域，RCNN 对这些重叠区域进行的计算存在大量冗余，因此严重拖慢了检测速度，并且所有的候选区域都需要缩放到固定尺寸，这会导致大量不期望产生的几何形变。

2014 年，He 等人[37]为解决 RCNN 的计算冗余问题，提出了一种空间金字塔池化网络（Spatial Pyramid Pooling Network，SPPNet）。不同于 RCNN 直接在图像上划分候选区域，SPPNet 在提取的图像特征上选择候选区域，这样可以减少许多计算冗余。针对候选区域尺寸不同的问题，SPPNet 可以将任意大小的卷积特征映射为固定维度的全连接输入，从而避免像 RCNN 那样在缩放候选区域时导致的几何形变。SPPNet 的检测速度是 RCNN 的 20 多倍，而且这是在没有检测精度损失前提下的检测速度。同样，SPPNet 也存在一些问题：不同图像的训练样本通过 SPP 层的反向传递效率十分低，这直接导致 SPPNet 无法更新 SPP 层以下的权重，使检测精度的提升非常有限。2015 年，Girshick 等人[38]提出了 Fast RCNN。Fast RCNN 使用边界框回归（Bounding-Box Regression）和非极大值抑制，可得到不重复的预测得分最高的边界框。与 RCNN 相比，Fast RCNN 的检测精度和检测速度有了大幅提升，但由于候选区域检测的限制，Fast RCNN 的检测速度仍然得不到太大的提升。2015 年，Ren 等人[39]提出了 Faster-RCNN。Faster-RCNN 中的区域建议网络可以将目标检测的定位和分类操作分开执行。Faster-RCNN 流程如下：首先使用 VGG（Visual Geometry Group）网络模型提取特征，然后对提取到的特征通过区域建议网络生成候选区域，接着判断候选区域是目标还是背景，并且对这些候选区域进行修正，最后利用 ROI 池化对区域建议网络筛选修正后的候选区域进行分类。相较于 Fast RCNN，Faster-RCNN 的检测速度终于得到了很大的突破。

0.2.2.2 单阶段目标检测算法

单阶段目标检测算法只需一个阶段就能同时完成目标定位和目标分类两个任务。单阶段目标检测算法的整个过程更加简洁，所需的检测时间也更短，在检测速度上更满足实时性的要求。

2015 年，Redmon 等人[40]提出了 YOLOv1。YOLOv1 同样首先使用 CNN 提取特征，然后将整个图像划分成棋盘格状，并对每个单元格预测一定数量的边界框（Bounding Box）以及属于不同类别的概率。每个边界框都有 5 个变量，分别是 4 个描述位置的坐标值，以及每个类别的置信度。YOLOv1 将目标区域的预测与目标类别的预测结合起来，大大地提高了检测速度。但 YOLOv1 的每个单元格只能预测一个对象，并且检测精度也十分有限。由于 YOLOv1 并没有利用丰富的浅层细节信息进行预测，因此 YOLOv1 对小目标的检测效果很差。

2016 年，Liu 等人[41]针对 YOLOv1 存在的小目标检测精度低等问题，提出了单步多框预测（Single Shot MultiBox Detector，SSD）。相较于 YOLOv1，SSD 在 CNN 后直接进行目标检测，而不是像 YOLOv1 那样在全连接层之后进行目标检测。SSD 在提取不同尺度的特征后进行目标检测：对于小目标，SSD 利用丰富的浅层位置信息和细节信息进行检测；对于大目标，SDD 利用丰富的深层语义信息来进行检测。SSD 还对锚定框（Anchor Box）的长宽比和大小进行了固定，在每个特征中检测固定数量的锚定框中是否包含目标。通过上述改进，SSD 的检测精度和检测速度都要高于 YOLOv1，并且 SSD 对小目标也有不错的检测精度。

2017 年，Redmon 等人[42]将 SSD 的优点移植到 YOLOv1 上并进行了改进，提出了 YOLOv2。在 YOLOv2 中，Redmon 等人设计了一种全新的 CNN 来提取图像特征，并利用聚类算法对数据集中的标签框大小进行聚类，确定锚定框的尺寸，通过为卷积层添加批标准化（Batch Normalization，BN，也称为批量归一化）来降低模型的过拟合，有效提高了模型的收敛能力。相较于 YOLOv1，YOLOv2 首先在分辨率更高的 ImageNet 上进行训练，然后使用检测数据集进行微调。Redmon 等人还在 YOLOv2 中添加了多尺度训练方法，使得 YOLOv2 具备多尺度目标检测能力。2018 年，Redmon 等人[43]在 YOLOv2 的基础上做了进一步改进，提出了 YOLOv3。YOLOv3 设计了一种特征提取能力更强的卷积神经网络——Darknet53，通过改进聚类算法获得了更加精确的锚定框尺寸。YOLOv3 借鉴了特征金字塔网络（Feature Pyramid Networks，FPN）的多尺度预测思想，在 3 个尺度上进行预测，每个尺度对应 3 个候选区域。YOLOv3 还使用了多标签分类算法，每个候选区域可以预测多个分类。YOLOv3 通过增强卷积核的步长来代替池化层，减少了模型参数。YOLOv3 的速度略慢于 YOLOv2，但综合来看，YOLOv3 是当时最优的单阶段目标检测算法。2020 年，Redmon 等人[44]对 YOLOv3 进行了改进，提出了 YOLOv4。YOLOv4 筛选并应用了从 YOLOv3 发布至今的、在各种目标检测算法上提升检测精度的技巧，并将 YOLOv3 的 Darknet53 替换成特征提取能力更强的 CSPDarknet53，同时添加了 SPPNet 以扩大感受域的大小，使用路径聚合网络 PANet 进行多通道的特征融合。

0.2.3 裂缝图像分割算法研究

裂缝图像分割算法可分为形态学方法和深度学习方法两类[45]。在深度学习方法流行前，形态学方法是研究人员利用数字图像处理、拓扑学、数学等方面知识来实现图像分割的主要方法[46]。这类方法容易受图像质量、噪声等因素的影响，对使用环境有较高的要求。相较于深度学习方法，形态学方法的适用性较差，其分割性能和深度学习方法存在着一定的差距。

随着深度学习的不断发展，越来越多的研究人员将其应用到裂缝图像分割任务中[47]。裂缝因其纹理特征较为复杂，对模型的分割性能提出了较高的要求。目前，在裂缝图像分割领域中，应用较多的是全卷积网络（Fully Convolutional Network，FCN）及其变体[48]。FCN 于 2015 年由 Long 等人[49]提出，由编码器子网络和解码器子网络两部分构成。其中，编码器子网络用于提取图像特征，解码器子网络负责对图像像素进行分类。由于 FCN 的解码器子网络过于简单，其分割效果并不理想，常常出现误判的情况。

Ronneberger 等人[50]在 FCN 基础上提出了 UNet，它通过跳跃连接（Skip Connection，也称为跳层连接）实现了医学图像不同层特征在语义上的融合。与 UNet 类似的还有 SegNet[51]，SegNet 使用编码器子网络池化操作生成的索引实现了图像语义特征的融合。与 FCN 相比，这些改进的算法将网络结构改成了对称结构，丰富了解码器子网络输出的语义特征，有效提升了图像分割的精度。

虽然 UNet 和 SegNet 的提出并不是为了解决水下大坝裂缝图像分割问题，但它们的有效性已经取得了证明。Huyan Ju 等人[52]基于 UNet 提出了一种改进的道路裂缝图像分割网络——CrackUNet，借助填充（Padding）操作，CrackUNet 可以保持特征图（Feature Map）的尺寸不变。Cheng 等人[53]基于 UNet 提出了一种像素级道路裂缝图像分割方案，通过引入基于距离变换的损失函数（Loss Function based on Distance Transform），该方案取得了较高的像素级精度（Pixel-Level Accuracy）。Li 等人[54]在 SegNet 的基础上融入 Dense Block，提出了一种新的混凝土结构裂缝图像检测算法。Zou 等人[55]将多尺度特征跨层融合应用到了 SegNet 中，提出了一种名为 DeepCrack 的裂缝图像检测算法。

虽然上述方法可以有效提升地面裂缝图像的分割精度，但将它们直接应用到水下大坝裂缝图像分割任务中还存在一些问题。由于上述方法均属于有监督学习方法，其模型训练需要大量的有标签数据。鉴于水下大坝裂缝图像获取困难、数据集标注耗时费力，对水下大坝裂缝图像分割采用有监督学习是难以实现的。

水下大坝裂缝图像不同于地面裂缝图像，由于图像采集系统的限制，大部分水下图像质量较差[56]。水下大坝裂缝图像的对比度低，所含的信息量较少，且含有大量的随机噪声和黑点，这给裂缝图像的特征提取和分割带来了很大的困难[57]。常规的处理水下大坝裂缝图像的方法为：首先对原始图像进行图像增强，然后对增强后的图像进行分割。马金祥等人[58]提出了一种基于改进暗通道先验的水下大坝裂缝图像自适应增强算法，该算法可以有效抑制水下图像的噪声，增加图像的清晰度。陈文静[59]提出了一种基于导向滤波的 Retinex 算法，在进行水下图像滤波的同时，有效保留了图像的边缘信息。Chen 等人[60]提出了一种新的水下大坝裂缝图像检测算法，该算法将 2D 的裂缝图像按像素强度（Pixel Intensity）转换为 3D 的空间曲面，通过分析曲率特征来检测水下大坝裂缝图像。这些算法虽然在一定程度上改善了水下大坝裂缝图像的检测效果，但准确度仍然有待提高。

图像增强结合形态学方法是处理水下大坝裂缝图像分割问题的最常用方法之一，但这种方法的分割性能受图像增强效果的影响较大，且自适应性较差。因此，本书通过深度学习方法实现水下大坝裂缝图像分割，以提升算法的自适应性和分割精度。目前，开源的水下大坝裂缝图像数据集很少，而深度学习对数据集的要求很高，数据集不充足很可能导致模型训练不充分，最终导致水下大坝裂缝图像分割效果较差。因此，使用深度学习方法处理水下大坝裂缝图像分割任务，需要考虑样本不足的问题。

由于直接使用有监督学习方法处理各类学习任务常常会面临数据样本不充分的问题，所以研究人员提出了一些解决方案，例如半监督学习、小样本学习和迁移学习等。半监督学习[61]通过提取并学习具有相同分布的有标签数据和无标签数据的特征，可以在降低对样本标签数量需求的同时，保证模型的性能。小样本学习[62]通过将预训练模型在少量的带有标签的目标域数据上做进一步训练，可实现对目标域上特定任务的学习。迁移学习[63]是一种应用较为宽泛的学习方法，该方法将模型在源域上进行预训练时学习到的先验知识应用到目标域的学习任务中，可以有效缩短训练时长，并保证模型的精度。相较于半监督学习，迁移学习的优势是有标签的源域数据和无标签的目标域数据的分布可以不一致。迁移学习经过多年发展，已经衍生出多个分支。深度迁移学习在图像目标分类[64]、语义分割[65]等多个领域取得了令人满意的结果。

0.3 本书的主要内容及章节安排如下

针对传统图像去雾算法容易受到先验知识制约和颜色失真等问题，第 1 章提出了一种结合注意力机制的多尺度特征融合图像去雾算法。该算法采用下采样层来提取图像中的多尺度特征图，并且采用跳跃连接的方式对不同尺度的特征图进行融合，同时在跳跃连接中加入了由通道注意力模块和像素注意力模块组成的特征注意力模块，使该算法可以将更多的注意力集中在浓雾像素区域和重要通道信息上。实验表明，该算法能够克服其他几种主流的去雾算法容易受到先验知识制约以及颜色失真的缺点，可得到较为清晰的无雾图像，图像色彩失真小，去雾性能优于其他几种流行的去雾算法。

针对水下图像受水下特殊环境的影响而存在的颜色失真、对比度和清晰度低等问题，第 2 章提出了一种基于特征融合 GAN 的水下图像增强算法。本章首先通过生成器和判别器之间的对抗训练，获得了鲁棒性较高的水下图像增强模型，主要包括改进的颜色校正算法、生成器的结构、判别器的结构和训练过程中模型的损失函数；然后通过实验对比了该算法和典型的传统图像增强算法、近几年提出的基于深度学习的图像增强算法，证明了该算法的有效性；最后，通过消融实验，证明了特征融合结构和边缘损失函数对该算法的贡献。

在水下图像的获取和传输过程中，由于成像设备速度、网络传输带宽的限制，需要将水下图像压缩成低分辨率的图像，低分辨率的图像会造成信息量小、特征提取难等问题。针对这些问题，第 3 章设计了基于 ESRGAN 的水下图像超分辨重建算法。第 3 章首先阐述了基于 SERGAN 的图像超分辨率重建算法 SRGAN 和 ESRGAN，以及 ESRGAN 对于 SRGAN 的主要改进；其次，介绍了该算法的改进之处，详细说明了生成器和相对判别器的结构及作用，同时介绍了训练过程中模型的损失函数；最后，通过实验对比了该算法和其他典型的图像超分辨率重建算法，证明了该算法的有效性。

在对实时性要求较高的裂缝图像检测系统中，传统方法无法完成对裂缝大批量的检测，为更加快速、精确地分割裂缝图像，第 4 章提出了一种新的结合自注意力机制的基于嵌套 UNet 的裂缝图像分割模型 Att_Nested_UNet。该模型沿用 UNet 模型的设计思想，使用将多层 UNet 嵌套在一起的 UNet++模型，并在每层的 UNet 模型中融入了注意力机制。第 4 章在包含 8700 幅裂缝图像的训练集、包含 1290 幅裂缝图像的测试集上的验证了 Att_Nested_UNet 模型的有效性，无论从主观视觉效果来看，还是从客观性能指标来看，Att_Nested_UNet 模型在裂缝图像分割中的表现要优于 UNet++、Att_UNet、UNet 模型。

针对水下大坝裂缝图像分割任务面临的可用数据集少、人工标注耗时费力、难以实现有监督学习等问题，第 5 章提出了一种基于对抗迁移学习的水下大坝裂缝图像分割算法。第 5 章通过构建多级特征对抗网络，将在源域（有标注的地面裂缝图像）上提取到的特征应用到水下大坝裂缝图像分割中，有效缓解了对水下标注数据集的需求，并在一定程度上保证了分割精度。

由于水下图像质量低下、水下环境复杂、海洋生物大小形态不一、重叠遮挡等原因，传统的基于 Faster-RCNN 的海洋生物检测算法（原算法）对海洋生物的检测效果并不理想。第 6 章提出了一种基于改进 Faster-RCNN 的海洋生物检测算法。该算法使用 ResNet 替代原算法中的 VGG 特征提取网络，并辅以 BiFPN 提升特征提取能力和多尺度特征融合能力；使用有效交并比（EIoU）替换交并比（IoU）以减少边界框的冗余；使用 K-means++算法生成合适的锚定框。实验表明，该算法有效提高了海洋生物的检测精度，可以实现对海洋生物的有效检测。

针对水下图像质量差、水下目标形态各异大小不一，以及水下目标重叠或遮挡导致水下目标检测精度低的问题，第 7 章提出了一种在 YOLOv4 上使用 PredMix、卷积块注意力模块（Convolutional Block Attention Module，CBAM）和 DetPANet 的目标检测算法。第 7 章在 YOLOv4 的特征提取网络 CSPDarknet53 中添加 CBAM，可以提高算法的特征提取能力；DetPANet 在路径聚合网络（Path Aggregation Network，PANet）中添加了同层跳跃连接结构和跨层跳跃连接结构，可以增强算法的多尺度特征融合能力；PredMix（Prediction-Mix）可以增强算法的鲁棒性。实验结果表明，该算法有效提高了水下目标的检测精度。

针对遥感图像中某些地物目标密集排列的难点问题，第 8 章提出了一种基于 RetinaNet 密集目标检测算法。首先，针对密集目标间存在噪声干扰的问题，该算法在 RetinaNet 算法中加入一个由空间注意力模块与通道注意力模块组成的多维注意力模块，用来抑制噪声；然后，使用弱化的非极大值抑制算法替代非极大值抑制算法，用于防止某些密集目标被剔除。第 8 章的消融实验结果表明，该算法在检测准确率方面优于 RetinaNet 算法；对比实验结果表明，该算法的目标检测性能优于所对比的 6 种目标检测算法。因此，该算法在检测遥感图像中的密集目标时具有较高的检测准确率，能在一定程度上解决遥感图像中地物目标密集排列的难点问题。

针对视频图像目标检测算法由于运动模糊和噪声而出现的漏检问题，第 9 章提出了一种基于 LSTM 网络的视频图像目标检测算法。该算法通过改进的记忆引导网络，实现了帧间特征的传递和聚合；通过大小不同的模型对视频图像进行交叉检测，大模型负责检测精度的提升，小模型负责检测速度的提升，在数据集上实现了端到端的训练。与单帧图像目标检测算法相比，该算法解决了由于运动目标姿势异常、复杂背景干扰和目标部分缺失等造成的漏检问题。与其他主流的视频图像目标检测算法相比，该算法取得了更优或者相近的性能。

针对目标检测算法参数量大、占用资源多、难以部署到嵌入式平台上的问题，第 10 章提出了一种基于改进 YOLOv4 的嵌入式变电站仪表检测算法。该算法在 YOLOv4 的基础上进行了轻量化改进，采用 MobileNet V3 作为特征提取网络，引入深度可分离卷积，采用迁移学习策略进行网络训练，利用 TensorRT 对模型进行优化，更适用于性能有限的嵌入式平台。实验结果表明，该算法在变电站仪表检测中表现出了良好的鲁棒性和实时性，能够满足变电站仪表检测任务，方便在不同的变电站中迁移部署，具有很好的实用价值。

参考文献

[1] 郭继昌，李重仪，郭春乐，等. 水下图像增强和复原方法研究进展[J]. 中国图象图形学报，2017, 22(3): 273-287.

[2] HE K, SUN J, TANG X. Single image haze removal using dark channel prior[J]. IEEE Transactions on Pattern Analysis and Machine Intelligence, 2010, 33(12): 2341-2353

[3] DREWS P, NASCIMENTO E, MORAES F, et al. Transmission estimation in underwater single images[C]// Proceedings of the IEEE International Conference on Computer Vision Workshops. 2013: 825-830.

[4] GALDRAN A, PARDO D, PICÓN A, et al. Automatic red-channel underwater image restoration[J]. Journal of Visual Communication and Image Representation. 2015, 26: 132-145.

[5] Li C Y, Guo J C, Cong R M, et al. Underwater image enhancement by dehazing with minimum information loss and histogram distribution prior[J]. IEEE Transactions on Image Processing, 2016, 25(12): 5664-5677.

[6] UEKI Y, IKEHARA M. Underwater image enhancement based on the iteration of a generalization of dark channel prior[C]// 2019 IEEE Visual Communications and Image Processing (VCIP). IEEE, 2019: 1-4.

[7] 林森，白莹，李文涛，等. 基于修正模型与暗通道先验信息的水下图像复原[J]. 机器人，2020, 42(4): 427-435.

[8] WANG Y, ZHANG J, CAO Y, et al. A deep CNN method for underwater image enhancement[C]// 2017 IEEE International Conference on Image Processing (ICIP). IEEE, 2017: 1382-1386.

[9] CAO K, PENG Y T, COSMAN P C. Underwater image restoration using deep networks to estimate background light and scene depth[C]// 2018 IEEE Southwest Symposium on Image Analysis and Interpretation (SSIAI). IEEE, 2018: 1-4.

[10] WANG K, HU Y, CHEN J, et al. Underwater image restoration based on a parallel convolutional neural network[J]. Remote Sensing, 2019, 11(13): 1591.

[11] YANG S, CHEN Z, FENG Z, et al. Underwater image enhancement using scene depth-based adaptive background light estimation and dark channel prior algorithms[J]. IEEE Access, 2019, 7: 165318-165327.

[12] PEREZ J, ATTANASIO A C, NECHYPORENKO N, et al. A deep learning approach for underwater image enhancement[C]// International Work-Conference on the Interplay between Natural and Artificial Computation. Springer, Cham, 2017: 183-192.

[13] DING X, WANG Y, LIANG Z, et al. Towards underwater image enhancement using super- resolution convolutional neural networks[C]// International Conference on Internet Multimedia Computing and Service. Springer, Singapore, 2017: 479-486.

[14] GOODFELLOW I J, POUGET-ABADIE J, MIRZA M, et al. Generative adversarial networks[C]//Proceedings of the 27th International Conference on Neural Information Processing Systems, 2014: 2672-2680.

[15] KNYAZ V A, KNIAZ V V, REMONDINO F. Image-to-voxel model translation with conditional adversarial networks[C]// Proceedings of the European Conference on Computer Vision (ECCV) Workshops. 2018.

[16] LI M, HUANG H, MA L, et al. Unsupervised image-to-image translation with stacked cycle-consistent adversarial networks[C]// Proceedings of the European Conference on Computer Vision (ECCV). 2018: 184-199.

[17] LI J, SKINNER K A, EUSTICE R M, et al. WaterGAN: unsupervised generative network to enable real-time color correction of monocular underwater images[J]. IEEE Robotics and Automation Letters, 2017, 3(1): 387-394.

[18] FABBRI C, JAHIDUL ISLAM M, SATTAR J. Enhancing underwater imagery using generative adversarial networks[C]// 2018 IEEE International Conference on Robotics and Automation (ICRA). IEEE, 2018: 7159-7165.

[19] 李庆忠，白文秀，牛炯. 基于改进CycleGAN的水下图像颜色校正与增强[J]. 自动化学报，2023，49(4):820-829.

[20] ISLAM M J, XIA Y, SATTAR J. Fast underwater image enhancement for improved visual perception[J]. IEEE Robotics and Automation Letters, 2020, 5(2): 3227-3234.

[21] DUDHANE A, HAMBARDE P, PATIL P W, et al. Deep underwater image restoration and beyond[J]. IEEE Signal Processing Letters, 2020, 27: 675-679.

[22] 雍子叶，郭继昌，李重仪. 融入注意力机制的弱监督水下图像增强算法[J]. 浙江大学学报（工学版），2021, 55(3): 555-562.

[23] LI H Y, ZHUANG P X. DewaterNet: A fusion adversarial real underwater image enhancement network[J]. Signal Processing: Image Communication, 2021, 95.s

[24] 陈耀丹，王连明. 基于卷积神经网络的人脸识别方法[J]. 东北师大学报（自然科学版），2016, 48(2): 70-76.

[25] 何逸炜，张军平. 步态识别的深度学习：综述[J]. 模式识别与人工智能，2018, 31(5): 442-452.

[26] 蓝海磊. 人群计数算法综述[J]. 计算机产品与流通，2019(7): 91, 93.

[27] 顾文涛，俞兴伟，李毅，等. 基于深度学习的安全帽检测监控研究[J]. 电力设备管理，2020(5): 42-43+49.

[28] 张新钰，高洪波，赵建辉，等. 基于深度学习的自动驾驶技术综述[J]. 清华大学学报（自然科学版），2018, 58(4): 438-444.

[29] 杜敬. 基于深度学习的无人机遥感影像水体识别[J]. 江西科学，2017, 35(1): 158-161, 170.

[30] WANG T, CHEN Y, QIAO M, et al. A fast and robust convolutional neural network-based defect detection model in product quality control[J]. The International Journal of Advanced Manufacturing Technology, 2018, 94(9): 3465-3471.

[31] 许雪，TANVIR A. 基于 Faster R-CNN 的多目标检测研究[J]. 计算机与数字工程，2020, 48(10): 2393-2399.

[32] 徐耀建. 基于深度学习的视频多目标行人检测与追踪[J]. 现代信息科技，2020, 4(12): 6-9.

[33] BRYS T, HARUTYUNYAN A, VRANCX P, et al. Multi-objectivization and ensembles of shapings in reinforcement learning[J]. Neurocomputing, 2017, 263: 48-59.

[34] GAO S H, TAN Y Q, CHENG M M, et al. Highly efficient salient object detection with 100k parameters[C]//European Conference on Computer Vision. Springer, Cham, 2020: 702-721.

[35] FAN D P, ZHAI Y, BORJI A, et al. BBS-Net: RGB-D salient object detection with a bifurcated backbone strategy network[C]//European Conference on Computer Vision. Springer, Cham, 2020: 275-292.

[36] GIRSHICK R, DONAHUE J, DARRELL T, et al. Rich feature hierarchies for accurate object detection and semantic segmentation[C]//Proceedings of the IEEE conference on computer vision and pattern recognition. 2014: 580-587.

[37] HE K, ZHANG X, REN S, et al. Spatial pyramid pooling in deep convolutional networks for visual recognition[J]. IEEE transactions on pattern analysis and machine intelligence, 2015, 37(9): 1904- 1916.

[38] GIRSHICK R. Fast R-CNN[C]//Proceedings of the IEEE international conference on computer vision. 2015: 1440-1448.

[39] REN S, HE K, GIRSHICK R, et al. Faster R-CNN: towards real-time object detection with region proposal networks[J]. arXiv preprint arXiv:1506.01497, 2015.

[40] REDMON J, DIVVALA S, GIRSHICK R, et al. You only look once: Unified, real-time object detection[C]//Proceedings of the IEEE conference on computer vision and pattern recognition. 2016: 779-788.

[41] LIU W, ANGUELOV D, ERHAN D, et al. SSD: single shot multibox detector[C]//European conference on computer vision. Springer, Cham, 2016: 21-37.

[42] REDMON J, FARHADI A. YOLO9000: better, faster, stronger[C]//Proceedings of the IEEE conference on computer vision and pattern recognition. 2017: 7263-7271.

[43] REDMON J, FARHADI A. Yolov3: An incremental improvement[J]. arXiv preprint arXiv:1804.02767, 2018.

[44] BOCHKOVSKIY A, WANG C Y, LIAO H Y M. Yolov4: optimal speed and accuracy of object detection[J]. arXiv e-prints: 10.48550/arXiv.2004.10934.

[45] WANG W, WANG M, LI H, et al. Pavement crack image acquisition methods and crack extraction algorithms: A review[J]. Journal of Traffic and Transportation Engineering (English Edition), 2019, 6(6): 535-556.

[46] CAO W, LIU Q, HE Z. Review of pavement defect detection methods[J]. IEEE Access, 2020, 8: 14531-14544.

[47] KANG D, BENIPAL S S, GOPAL D L, et al. Hybrid pixel-level concrete crack segmentation and quantification across complex backgrounds using deep learning[J]. Automation in Construction, 2020, 118: 103291.

[48] DUNG C V. Autonomous concrete crack detection using deep fully convolutional neural network[J]. Automation in Construction, 2019, 99: 52-58.

[49] LONG J, SHELHAMER E, DARRELL T. Fully convolutional networks for semantic segmentation[C]//Proceedings of the IEEE conference on computer vision and pattern recognition. 2015: 3431-3440.

[50] RONNEBERGER O, FISCHER P, BROX T. U-net: convolutional networks for biomedical image segmentation[C]//International Conference on Medical image computing and computer-assisted intervention. Springer, Cham, 2015: 234-241.

[51] BADRINARAYANAN V, KENDALL A, CIPOLLA R. Segnet: a deep convolutional encoder-decoder architecture for image segmentation[J]. IEEE transactions on pattern analysis and machine intelligence, 2017, 39(12): 2481-2495.

[52] HUYAN J, LI W, TIGHE S, et al. CrackU - net: a novel deep convolutional neural network for pixelwise pavement crack detection[J]. Structural Control and Health Monitoring, 2020, 27(8): e2551.

[53] CHENG J, XIONG W, CHEN W, et al. Pixel-level crack detection using U-Net[C]//International Conference on Industrial Control and Electronics Engineering, 2012.

[54] LI S, ZHAO X. Automatic crack detection and measurement of concrete structure using convolutional encoder-decoder network[J]. IEEE Access, 2020, 8: 134602-134618.

[55] ZOU Q, ZHANG Z, LI Q, et al. Deepcrack: Learning hierarchical convolutional features for crack detection[J]. IEEE Transactions on Image Processing, 2018, 28(3): 1498-1512.

[56] O'BYRNE M, PAKRASHI V, SCHOEFS F, et al. Semantic segmentation of underwater imagery using deep networks trained on synthetic imagery[J]. Journal of Marine Science and Engineering, 2018, 6(3): 93.

[57] FAN X, WU J, SHI P, et al. A novel automatic dam crack detection algorithm based on local-global clustering[J]. Multimedia Tools and Applications, 2018, 77(20):

26581-26599.

[58] 马金祥，范新南，吴志祥，等. 暗通道先验的大坝水下裂缝图像增强算法[J]. 中国图象图形学报，2016, 21(12): 1574-1584.

[59] 陈文静. 水下大坝裂缝图像检测方法的研究[D]. 郑州：华北水利水电大学，2019.

[60] CHEN C, WANG J, ZOU L, et al. A novel crack detection algorithm of underwater dam image[C]//2012 International Conference on Systems and Informatics (ICSAI2012). IEEE, 2012: 1825-1828.

[61] VAN ENGELEN J E, HOOS H H. A survey on semi-supervised learning[J]. Machine Learning, 2020, 109(2): 373-440.

[62] SUNG F, YANG Y, ZHANG L, et al. Learning to compare: Relation network for few-shot learning[C]//Proceedings of the IEEE conference on computer vision and pattern recognition. 2018: 1199-1208.

[63] TAN C, SUN F, KONG T, et al. A survey on deep transfer learning[C]//International conference on artificial neural networks. Springer, Cham, 2018: 270-279.

[64] PIRES DE LIMA R, MARFURT K. Convolutional neural network for remote-sensing scene classification: Transfer learning analysis[J]. Remote Sensing, 2020. DOI: 10.3390/rs12010086.

[65] WURM M, STARK T, ZHU X X, et al. Semantic segmentation of slums in satellite images using transfer learning on fully convolutional neural networks[J]. ISPRS journal of photogrammetry and remote sensing, 2019, 150: 59-69.

第 1 章
基于 UNet 的图像去雾算法

1.1 引言

大气中存在烟雾、粉尘等颗粒，光遇到这些颗粒时会发生折射和散射等现象[1-3]，这使得在大气中拍摄的图像经常出现色彩失真、低对比度和模糊等情况[4-5]。这些低质量的图像将进一步影响其他高级视觉任务，如目标检测和分类[6]，而去雾任务就是将有雾的图像恢复成干净清晰的图像。近几十年来，去雾任务作为高级视觉任务的预处理步骤越来越受到研究人员的关注[7-8]。

传统的去雾方法主要利用先验知识进行去雾，如 He 等人[9]提出的暗通道先验（Dark Channel Prior，DCP）方法。该方法的先验知识是雾图中总有一个灰度值很低的通道，首先基于这个先验知识求解传输图，然后利用大气散射模型进行图像去雾。DCP 方法在当时取得了较好的去雾效果，但在某些场景下会引起颜色失真。Meng 等人[10]提出了一种有效的正则化方法来去雾，该方法首先对传输函数的固有边界进行约束，再将该约束与基于 L1 范数的加权上下文正则化结合。这种基于边界约束的去雾方法能解决去雾图像亮度偏低的问题。Zhu 等人[11]提出了颜色衰减先验（Color Attenuation Prior，CAP）方法，该方法首先建立雾图深度的线性模型，并采用有监督学习的方法学习线性模型中的参数，然后利用线性模型估计传输图并利用大气散射模型得到去雾图像。上述的早期图像去雾方法在某些特定场景下能够取得较好的效果，对去雾技术的发展做出了巨大贡献。但由于这些方法大多数依赖先验知识，并采用人工方式提取雾图中的相关特征，导致传输图和大气光值的估计出现较大误差。因此，传统的去雾方法在很多情况下具有局限性，容易出现去雾不彻底和颜色失真等现象。

随着深度学习的迅速发展，研究人员提出了许多基于深度学习的去雾方法，这类方法大多利用卷积神经网络（Convolutional Neural Network，CNN）来构建可训练的去雾网络。例如，Cai 等人[12]提出了一种名为 DehazeNet 的去雾网络，该网络首先通过学习雾图中的特征来估计有雾图像与传输图之间的映射关系，然后根据输入的有雾图像特征得出传输图，最后通过大气散射模型恢复无雾图像。Cai 等人的主要贡献是首次提出了一个端到端的去雾网络。Ren 等人[13]提出了一种基于多尺度 CNN（Multi-Scale Convolutional Neural Networks，MSCNN）的去雾方法，该方法首先利用大尺度网络估计整体传输图，然后利用小尺度网络进行细化，通过该方法得到的传输图更加真实，在一定程度上避免了细节信息损失。Li 等人[14]重新推导了大气散射模型，首先用参数 K 表示传输图和大气光值，然后设计 K 估计模型来估计参数 K，最后通过参数 K 得到去雾图像。上述基于深度学习的方法首先采用 CNN 估计传输图、大气光值和其他中间变量，然后利用大气散射模型去雾。这类方法虽然取得了不错的去雾效果，但实际上把去雾任务分成了两步，不是真正意义上的端到端去雾方法。从单幅雾图中估计传输图和大气光值是非常困难的，为解决该问题，研究人员提出了利用深度卷积神经网络直接或迭代估计无雾图像的方法。这些方法主要采用通用的网络架构来直接估计传输图、大气光值和无雾图像，在保证鲁棒性的前提下提高了去雾性能。Ren 等人[15]提出了一种门控融合网络（Gated Fusion Network，GFN），该网络首先估计输入图像对应的权重图，然后以权重图为引导对输入图像进行加权融合，从而得到了无雾图像。Chen 等人[16]提出了一种门控上下文聚合网络（Gated Context Aggregation Network，GCAN），该网络采用平滑膨胀技术去除了由膨胀卷积引起的网格伪影，并利用门控子网络融合不同层次的特征，可以直接恢复最终的无雾图像。上述方法虽然在一定程度上提升了图像的去雾性能，但由于这些方法平等地对待有雾图像中的通道和像素，导致对图像中的浓雾像素区域和重要通道信息关注不足，最终对去雾性能产生影响。

本章针对上述方法存在的不足，提出了一种结合注意力机制的多尺度特征融合图像去雾算法。该算法利用类似于 UNet 的编码器-解码器结构来直接学习、输入自适应去雾模型。具体来说，首先在编码器子网络中采用 CNN 得到不同尺度的特征图；然后在解码器子网络中依次从编码的特征图中恢复图像细节，为了充分利用输入信息来准确估计编码器-解码器结构的细节，该算法采用跳跃连接的方式将编码器子网络的特征图与解码器子网络的特征图连接起来，实现了不同尺度特征图之间的融合；最后在编码器-解码器结构中巧妙地加入了由通道注意力模块和像素注意力模块组成的特征注意力模块。特征注意力模块能让本章算法将更多的注意力集中在浓雾像素区域和重要通道信息上。特征注意力模块提高了本章算法处理不同类型信息的灵活性，能够使本章算法更加有效地处理浓度高且细节丰富的雾图。

1.2 本章算法

1.2.1　特征提取层

根据雾图的成像原理，研究人员通常使用大气散射模型来模拟雾图的成像过程[17]，因此该模型也是图像去雾的重要依据[18]。大气散射模型的表达式为：

$$I(x)=J(x)t(x)+A[1-t(x)] \tag{1-1}$$

式中，$J(x)$ 表示成像设备获取的有雾图像；$I(x)$ 表示去雾之后的图像；A 表示大气光值；$t(x)$ 表示传输图。为了更加清晰地表示去雾过程，可将式（1-1）进一步表示为：

$$J(x)=\frac{I(x)-A}{t(x)}+A \tag{1-2}$$

从式（1-2）中可以看出，在得到大气光值 A 和传输图 $t(x)$ 两个先验知识的基础上即可进行图像去雾。因此，去雾算法的核心任务就是估计得到大气光值 A 和传输图 $t(x)$。在一些基于深度学习的去雾算法中，首先用 CNN 估计传输图 $t(x)$，再用传统的方法估计大气光值 A。这类算法的去雾性能较好，但不是真正意义上的端到端图像去雾算法。本章则利用 UNet 这一通用网络来直接估计传输图 $t(x)$、大气光值 A 和无雾图像 $I(x)$，目的是实现一种直接学习、输入自适应去雾模型。

1.2.2　网络结构

本章提出了一种结合注意力机制的多尺度特征融合图像去雾算法，该算法的结构如图 1-1 所示。

从图 1-1 中可以看出，本章算法的主体结构使用了类似于 UNet 的编码器-解码器结构，主要由四个模块组成：编码器子网络、特征转换模块、特征注意力模块和解码器子网络。本章算法首先使用 CNN 提取图像中多个尺度的特征图，然后采用跳跃连接的方式对不同尺度的特征图进行融合，使得最终得到的特征图中既包含深层特征，也包含浅层特征，提高了本章算法的特征表达能力。同时，本章算法加入由通道注意力模块和像素注意力模块组成的特征注意力模块，使本章算法更加关注浓雾像素区域和重要通道信息。下面将详细描述本章提出的结合注意力机制的多尺度特征融合图像去雾算法的各个组成部分。

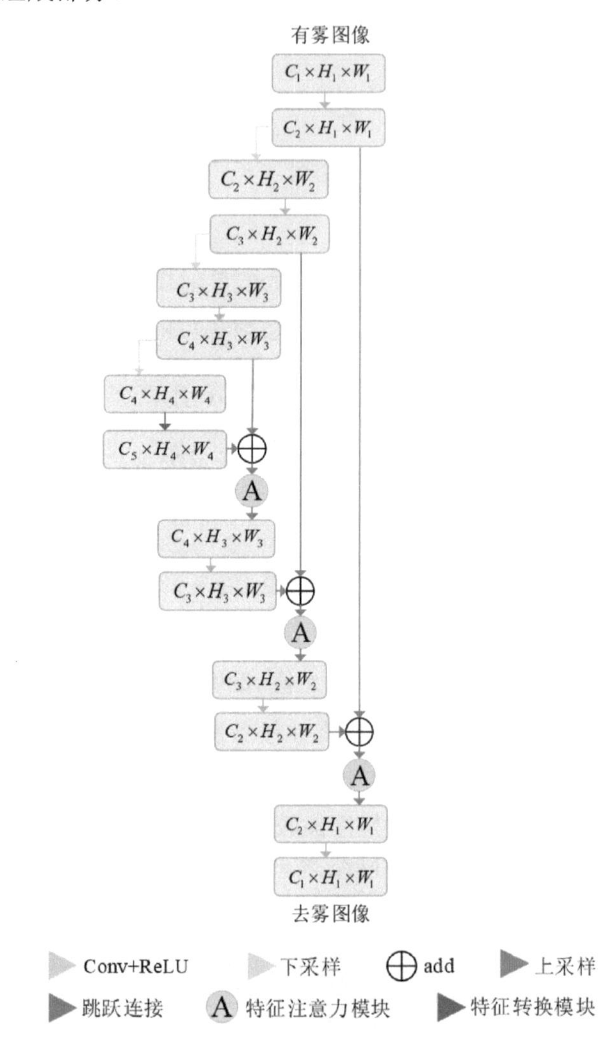

图 1-1　本章算法的结构

1.2.2.1　编码器子网络

编码器子网络中包含卷积层和下采样层。卷积层中包含两个操作。首先，使用卷积核进行卷积运算，卷积的步长为 2，卷积核的大小为 3×3，原因是 3×3 的卷积核相较于较大的卷积核，可在有效提取特征的同时减少网络的参数量，从而提高了计算效率。其次，在卷积运算之后通过 ReLU 激活函数进行下采样操作，从而获取多个尺度的特征图，用这种方式编码图像信息。

1.2.2.2　特征转换模块

众所周知，深度网络的主要优势是能够表示非常复杂的函数，同时学习到更深层且更为抽象的特征，进而提升网络的特征表达能力。因此，早期研究人员想通过不断加深网络的深度来提高网络的性能，但最终发现网络达到一定的深度后，性能不升反降。经研究发现，造成这种现象的原因是网络过深导致反向传递时梯度逐渐消失，无法调整前面网络层的权重。残差网络[19]的出现解决了该问题。残差网络采用恒等映射的方式，能够在保证网络性能不随着网络加深而退化的同时提取到更深层的特征。为了平衡网络性能和计算效率，本章使用由 18 个残差模块组成的特征转换模块进行特征学习，每个残差模块中包含 2 个卷积运算和 1 个激活函数，卷积运算中的卷积核大小均为 3×3，激活函数选用 ReLU 激活函数。特征转换模块如图 1-2 所示。

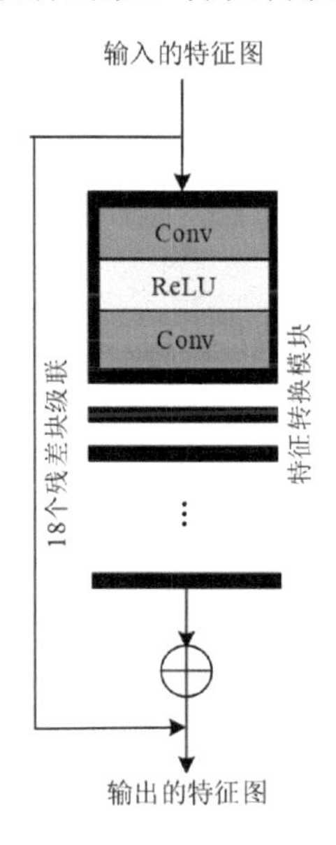

图 1-2　特征转换模块

1.2.2.3　特征注意力模块

现有的大多数去雾算法都没有区别处理不同的通道和像素。大量研究表明，不同的通道特征具有完全不同的加权信息。此外，雾图中的雾浓度分布也是不均匀的，薄雾区域的像素权重和浓雾区域的像素权重完全不同。如果平等地对待雾图中的通道和像素将会花费大量的资源去计算不必要的信息，同时还会忽略重要的信息，导致网络缺乏覆盖所有通道和像素的能力，最终限制网络的性能。自从注意力机制在相关研究中取得良好的效果后[20]，许多研究中都开始加入注意力机制。本章在编码器-解码器结构中加入了由通道注意力模块和像素注意力模块组成的特征注意力模块。特征注意力模块能让本章算法更加关注重要的通道信息与像素信息，将更多的注意力集中在浓雾像素和重要的通道信息上，为处理不同类型的信息提供灵活性，对于一些雾浓度高且细节丰富的有雾图像的去雾性能提升更加显著。特征注意力模块的结构如图 1-3 所示。

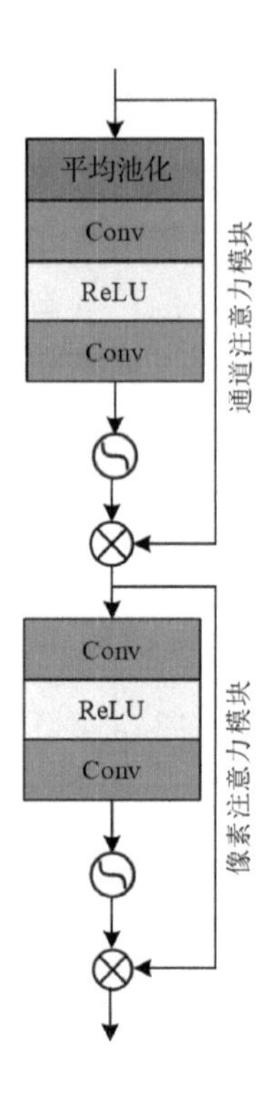

图 1-3 特征注意力模块的结构

（1）通道注意力模块。本章采用平均池化的方式来描述通道中的全局空间信息，如式（1-3）所示。

$$g_c = H_{\mathrm{p}}(F_c) = \frac{1}{H \times W} \sum_{i=1}^{H} \sum_{j=1}^{W} X_c(i, j) \tag{1-3}$$

式中，F_c 表示第 c 个通道输入的特征图；$H_{\mathrm{p}}(\cdot)$ 表示池化函数；g_c 表示第 c 个通道输出的特征图；H 和 W 分别表示特征图的高和宽；$X_c(i, j)$ 表示第 c 个通道的特征图在像素 (i, j) 处的值。特征图的尺寸经此变换之后由 $C \times H \times W$ 变为 $C \times 1 \times 1$（C为通道数量）。特征图首先经过 2 个卷积层、1 个 ReLU 激活函数和 1 个 Sigmoid 激活函数，如式（1-4）所示。

$$\mathrm{CA}_c = \sigma\{\mathrm{Conv}\{\delta[\mathrm{Conv}(g_c)]\}\} \tag{1-4}$$

式中，$\delta(\cdot)$ 表示 ReLU 激活函数；$\sigma(\cdot)$ 表示 Sigmoid 激活函数；CA_c 表示第 c 个通道的权重。最后将 CA_c 与输入的特征图 F_c 相乘可得到经通道注意力模块的特征图 F_c^*，如式（1-5）所示。

$$F_c^* = \mathrm{CA}_c \times F_c \tag{1-5}$$

（2）像素注意力模块。把通道注意力模块输出的特征图 F_c^* 经过 2 个卷积层、1 个 ReLU 激活函数和 1 个 Sigmoid 激活函数［如式（1-6）所示］后，其尺寸由 $C \times H \times W$ 变为 $1 \times H \times W$。

$$\text{PA} = \sigma\{\text{Conv}\{\delta[\text{Conv}(F_c^*)]\}\} \tag{1-6}$$

式中，$\delta(\cdot)$ 表示 ReLU 激活函数；$\sigma(\cdot)$ 表示 Sigmoid 激活函数；PA_c 表示第 c 个通道的权重。将 PA_c 与像素注意力模块的输入特征图 F_c^* 相乘可得到经像素注意力模块的特征图 $\bar{F}$，如式（1-7）所示。

$$\bar{F} = F_c^* \times \text{PA}_c \tag{1-7}$$

1.2.2.4　解码器子网络

解码器子网络由 3 个上采样层和 3 个卷积层组成。与编码器子网络相反，解码器子网络的上采样层顺序地恢复图像细节，最终得到去雾图像。为了最大化多层级之间的信息流，本节算法采用跳跃连接的方式将编码器子网络和解码器子网络之间的特征图连接起来，并在跳跃连接中加入了特征注意力模块，使得本章算法能更加关注图像中浓雾像素区域和重要通道信息。

1.2.3　损失函数

本章算法所用的损失函数为 smooth，即使用 smooth 损失函数来定量描述有雾图像和真实图像之间的差异。该损失函数对异常值的敏感程度较低，因而可以有效防止梯度爆炸的问题。smooth 损失函数如式（1-8）所示。

$$L = \frac{1}{N}\sum_{p=1}^{N}\sum_{c=1}^{3} F[\bar{y}_c(p) - y_c(p)] \tag{1-8}$$

式中，N 表示图像的总像素数量；p 表示第 p 个像素；c 表示第 c 个通道；$\bar{y}_c(p)$ 表示预测图像中第 c 个通道第 p 个像素的像素值；$y_c(p)$ 表示真实图像中第 c 个通道第 p 个像素的像素值；而 $F(\cdot)$ 函数可表示为：

$$F(x) = \begin{cases} 0.5x^2, & |x|<1 \\ |x|-0.5, & \text{其他} \end{cases} \tag{1-9}$$

1.3 实验与分析

1.3.1 实验环境

本节实验所用计算机的处理器为 Intel Core i7-7700，内存大小为 128 GB，显存大小为 12 GB，GPU 为 NVIDIA TITAN V。本节实验采用 Python3.6 进行编程，深度学习框架为 PyTorch1.0.0。

1.3.2 实验数据集

一般来说，从真实世界中采集大量的无雾图像及对应的有雾图像是非常困难的，因此通常采用合成的有雾图像来评价去雾算法的性能。有雾图像是通过在真实的无雾图像上加入适当的散射系数和大气光值合成得到的。本章首先使用常用的评估去雾性能的合成数据集 RESIDE 来验证本章算法的性能，该数据集包含 NYU Depth V2 深度数据集[21]和 Middlebury Stereo 立体数据集。RESIDE 的室内训练集（Indoor Training Set，ITS）由 1399 幅清晰的图像合成而来，生成图像的大气光值范围为［0.7，1.0］，大气散射系数范围为［0.6，1.8］。每幅图像产生 10 幅有雾图像，因此，室内训练集共包含 13990 幅合成的有雾图像，其中 13000 幅用于训练，剩余的 990 幅用于验证。RESIDE 的室外训练集（Outdoor Training Set，OTS）由 8477 幅清晰的图像合成而来，生成图像的大气光值范围为［0.8，1.0］，散射系数范围为［0.04，0.2］。室外训练集共包含 296695 幅合成的有雾图像。本章实验所用的测试集为 RESIDE 中的综合目标测试集（Synthetic Objective Testing Set，SOTS），SOTS 中包含 500 幅室内图像和 500 幅室外图像。另外，为了进一步证明本章算法的有效性和鲁棒性，本章实验还利用大气散射模型把 MSD（Middlebury Stereo Datasets）中的 2 幅色彩较为鲜艳的图像合成有雾图像作为测试集，主要用来验证不同算法对图像去雾后是否会造成图像颜色失真。本章在真实雾图上对比了本章算法与其他几种流行的去雾算法，验证了本章算法在真实场景中的去雾效果。

1.3.3 评价指标

由于主观判断不能完全说明本章算法的有效性，为了与现有的去雾算法进行对比，本章实验采用峰值信噪比（Peak Signal to Noise Ratio，PSNR）和结构相似性（Structure Similarity，SSIM）来量化去雾图像的恢复质量。PSNR 是最大信号量与噪声强度的比值，其值越大，表明去雾图像越接近无雾图像。SSIM 是衡量两幅图像相似度的指标，其值越大，表明去雾图像的失真程度越小。

1.3.4　参数设置

本章实验的重要参数如表 1-1 所示。

表 1-1　本章实验的重要参数

参　数	值
优化器	Adam
批处理大小	1
迭代轮次	100
初始学习率	0.0001

表 1-1 中，优化器（Optimizer）采用 Adam，其中的 β_1 和 β_2 分别采用默认值 0.9 和 0.999；批处理大小（Batch Size）设为 1，即每次只训练 1 幅图像；训练集的迭代轮次（Epoch）设为 100；初始学习率（Learning Rate）设为 0.0001，并采用余弦淬火函数[22]来调整学习率。学习率的变化函数如式（1-10）所示。

$$\eta_t = \frac{1}{2}\left[1 + \cos\left(\frac{t}{T}\pi\right)\right]\eta \tag{1-10}$$

式中，η 表示初始学习率；η_t 表示当前的学习率；T 表示总批次；t 表示某一批次。

1.3.5　实验结果

为了验证本章算法的有效性，本章实验对本章算法和其他几种流行的去雾算法的性能进行了定性与定量的比较，对比的算法包括 DCP[9]、DehazeNet[12]、MSCNN[13]、AOD-Net[14]、GFN[15]等。为了公平地进行比较，所有的算法都采取相同的训练方式，并分别在 SOTS、MSD 和真实雾图上进行性能测试。

1.3.5.1 在合成数据集上的测试

首先，对本章算法与其他几种流行的去雾算法在 SOTS 进行定量测试，测试结果如表 1-2 所示。

表 1-2 本章算法和其他几种流行的去雾算法在 SOTS 上进行的定量测试结果

方法	室内		室外	
	PSNR/dB	SSIM	PSNR/dB	SSIM
DCP	16.62	0.8179	19.13	0.8148
DehazeNet	21.14	0.8472	22.46	0.8514
MSCNN	19.84	0.8327	22.06	0.9078
AOD-Net	19.06	0.8504	20.29	0.8765
GFN	24.91	0.9186	28.29	0.9621
本章方法	**28.24**	**0.9440**	**29.42**	**0.9710**

注：加粗字体为每列的最优值。

由表 1-2 可以看出，本章算法得到的去雾图像的 PSNR 和 SSIM 大于其他几种流行的去雾算法，表明本章算法的性能优于其他几种流行的去雾算法。

首先，对本章算法与其他几种流行的去雾算法在 SOTS 上进行定性测试，测试结果如图 1-4 所示，图 1-4（a）到（h）分别是有雾图像、DCP 算法在 SOTS 上的测试结果、DehazeNet 算法在 SOTS 上的测试结果、MSCNN 算法在 SOTS 上的测试结果、AOD-Net 算法在 SOTS 上的测试结果、GFN 算法在 SOTS 上的测试结果、本章算法在 SOTS 上的测试结果和真实图像。

从图 1-4 中可以看出，由于 DCP 算法不能准确估计雾的浓薄，从而导致去雾图像通常比真实图像暗［见图 1-4（b）第 1 幅图像中的桌面区域和墙壁区域］，并且会引起严重的颜色失真［见图 1-4（b）第 3 幅图像中的天空区域］，最终影响视觉效果。由于 DehazeNet、MSCNN 和 AOD-Net 这三种基于深度学习的算法不受先验知识的制约，整体的去雾效果优于传统的算法，但基于深度学习的去雾算法在学习雾图特征的过程中忽略了有雾图像自身的结构信息，所以估计的透射率误差较大，最终导致图像去雾不彻底，去雾图像整体色调偏白［见图 1-4（c）、图 1-4（d）、图 1-4（e）］。GFN 算法的去雾效果较好，图像中的大多数雾都可去除，但在雾浓度高的区域，该算法去雾仍然不彻底［见图 1-4（f）第 1 幅图像中的椅子与椅子之间的区域］。相比之下，本章算法的去雾效果最好，由于本章算法加入了特征注意力模块，使得该算法能较好地处理雾浓度高的区域，同时能清晰地保留图像中的细节［见图 1-4（g）］，减少了颜色失真。

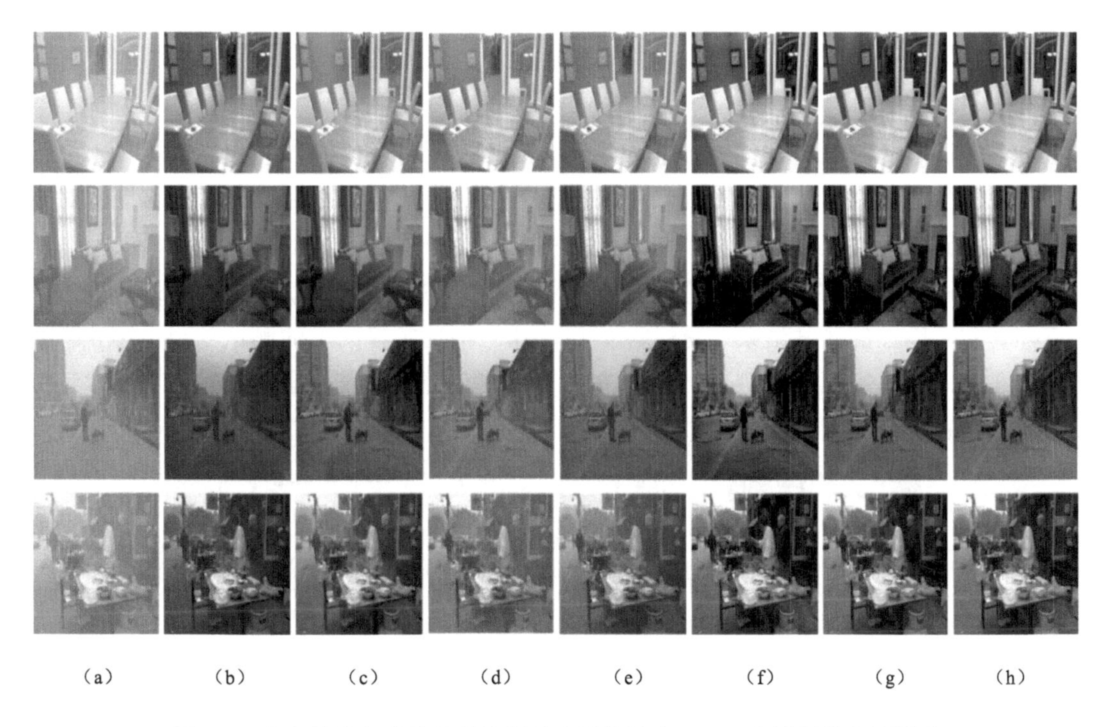

（a）　（b）　（c）　（d）　（e）　（f）　（g）　（h）

图 1-4　本章算法与其他几种流行的去雾算法在 SOTS 上进行的定性测试

最后，对本章算法与其他几种流行的去雾算法在 MSD 上进行定性测试，测试结果如图 1-5 所示。图 1-5（a）到（h）分别是有雾图像、DCP 算法在 MSD 上的测试结果、DehazeNet 算法在 MSD 上的测试结果、MSCNN 算法在 MSD 上的测试结果、AOD-Net 算法在 MSD 上的测试结果、GFN 算法在 MSD 上的测试结果、本章算法在 MSD 上的测试结果和真实图像。

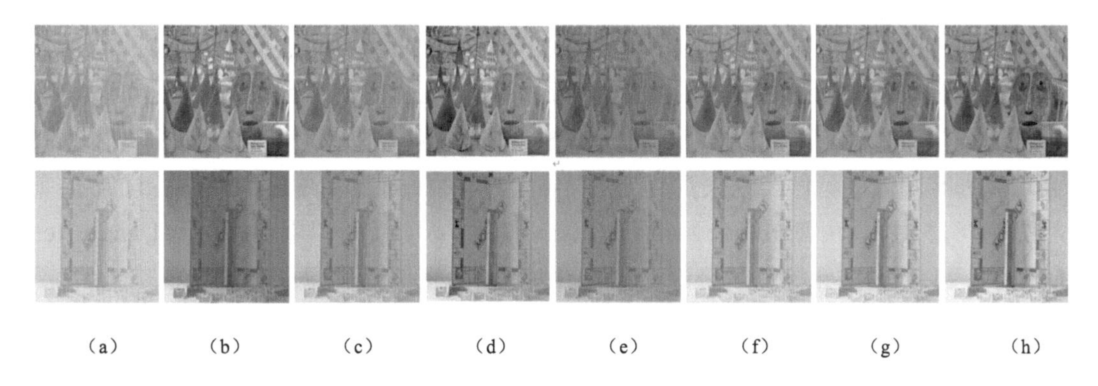

（a）　（b）　（c）　（d）　（e）　（f）　（g）　（h）

图 1-5　本章算法与其他几种流行的去雾算法在 MSD 上进行的定性测试

从图 1-5 可以看出，DCP 算法在去雾后图像的颜色失真严重，图像整体色调偏暗。DehazeNet 算法和 AOD-Net 算法的图像去雾不彻底，去雾图像的整体色调偏白，导致颜色失真。MSCNN 算法恢复的图像颜色失真较为严重，整体色调严重偏离真实图像。GFN 算法在去雾后图像的色彩保持度较好，但由于有雾图像的雾浓度过高，所以仍存在少量的雾未被去除。本章算法在去雾后图像的色彩保持度最好，去雾效果也较好。

1.3.5.2 在真实雾图上的测试

为了验证本章算法在真实场景中的去雾效果，本节在三幅经典的真实雾图上对本章算法与其他几种流行的去雾算法进行定性测试，测试结果如图 1-6 所示。图 1-6（a）到（g）分别是有雾图像、DCP 算法在三幅真实雾图上的测试结果、DehazeNet 算法在三幅真实雾图上的测试结果、MSCNN 算法在三幅真实雾图上的测试结果、AOD-Net 算法在三幅真实雾图上的测试结果、GFN 算法在三幅真实雾图上的测试结果、本章算法在三幅真实雾图上的测试结果。

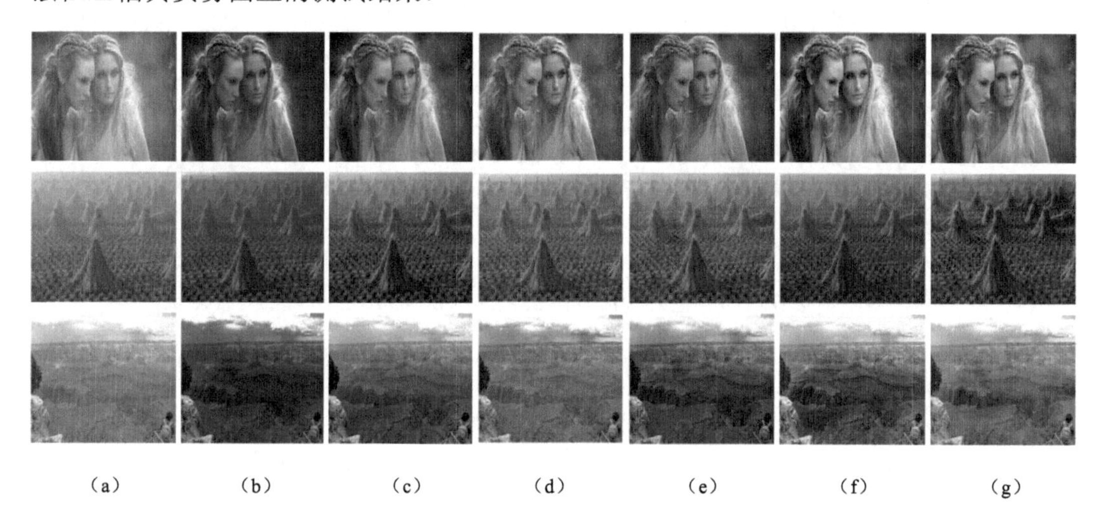

图 1-6　在三幅经典的真实雾图上对本章算法与其他几种流行的去雾算法进行的定性测试

由图 1-6（b）可以看出，DCP 算法在去雾后图像依然存在着偏暗的问题，这主要是因为该算法无法准确估计雾的浓度，从而导致传输图估计不准确［见图 1-6（b）第 1 幅图像中的女孩皮肤颜色偏暗，第 3 幅图像中的山峰区域颜色偏暗］；另外，该算法会造成去雾图像的颜色严重失真［见图 1-6（b）第 3 幅图像中的天空颜色过蓝］，这将影响视觉效果。由图 1-6（c）、图 1-6（d）和图 1-6（e）可以看出，对于 DehazeNet、MSCNN 和 AOD-Net 等算法来说，它们的主要问题依然是图像去雾效果较差，特别是在图像的远景处有较多的雾气未被去除。由图 1-6（f）可以看出，GFN 算法在色彩保持度和去雾效果方面都较好，但依然无法去除浓雾区域的雾气。由图 1-6（g）可以看出，本章算法不仅能有效去雾，而且能较好地保持图像的色彩不失真，得到的去雾图像较为自然，视觉效果较好。

1.3.6　运行时间对比

本章算法与其他几种流行的去雾算法处理一幅图像所需的平均运行时间如表 1-3 所示。

表 1-3　本章算法与其他几种流行的去雾算法处理一幅图像所需的平均运行时间

去雾算法	DCP	DehazeNet	MSCNN	AOD-Net	GFN	本章算法
平均运行时间/s	1.53	0.30	0.26	0.08	0.37	0.20

从表 1-3 可以看出，DCP 算法的平均运行时间最长，原因在于该算法属于传统的去雾算法，特征提取用时较长。AOD-Net 算法的平均运行时间最短，原因在于该算法的网络最为轻便，因此该算法经常与目标检测等高级视觉任务配合使用。本章算法的去雾效率排名第二，去雾效率较高，平均运行时间为 0.20 s，仅次于 AOD-Net 算法，原因在于本章算法的网络结构较为简便，涉及的模块较少。

1.4 本章小结

本章提出了一种有效的类似于 UNet 的端到端去雾算法，该算法采用下采样层来提取图像中的多尺度特征图，并采用跳跃连接的方式对不同尺度的特征图进行融合，同时在跳跃连接中加入了由通道注意力模块和像素注意力模块组成的特征注意力模块，使本章算法将更多的注意力集中在浓雾像素区域和重要通道信息。本章在公开的 RESIDE 数据集上对本章算法进行训练，并利用训练好的模型在 SOTS、MSD 等数据集和真实图像上测试了本章算法和其他几种流行的去雾算法。测试结果表明，本章算法能够克服其他几种流行的去雾算法容易受到先验知识制约和颜色失真的缺点，得到较为清晰的无雾图像，而且图像的色彩失真小，去雾性能优于其他几种流行的去雾算法。

参考文献

[1] 吴玉莲．基于雾浓度检测和简化大气散射模型的图像去雾算法[J]．国外电子测量技术，2018, 37(7): 29-34.

[2] 陈永，郭红光，艾亚鹏. 基于多尺度卷积神经网络的单幅图像去雾方法[J]. 光学学报，2019, 39(10): 1-10.

[3] 张栩豪，谭福奎，李震，等. 基于神经网络优化的单幅图像去雾算法[J]. 电子测量技术，2020, 43(5): 107-111.

[4] LI B Y, REN W Q, FU D P, et al. Benchmarking single-image dehazing and beyond[J]. IEEE Transactions on Image Processing, 2018, 28(1): 492-505.

[5] 肖明霞，鲁昌华，韦海成，等. 基于航拍图像去雾增强的秸秆焚烧监测技术研究[J]. 电子测量与仪器学报，2017, 31(4): 543-548.

[6] ZHANG H, PATEL V M. Densely connected pyramid dehazing network[C]// Proceedings of the 2018 IEEE/CVF Conference on Computer Vision and Pattern Recognition, Salt Lake City, USA, 18-23June, 2018: 3194-3203.

[7] 楚广生，宋玉龙，李祥琛，等. 基于 SCMOS 的近红外透雾成像系统[J]. 仪器仪表学报，2014, 35(6): 138-141.

[8] 吴嘉炜，余兆钗，李佐勇，等. 一种基于深度学习的两阶段图像去雾算法[J]. 计算机应用与软件，2020, 37(4): 197-202.

[9] HE K M, SUN J, TANG X O. Single image haze removal using dark channel prior[J]. IEEE Transactions on Pattern Analysis and Machine Intelligence, 2011, 33(12): 2341-2353.

[10] MENG G F, WANG Y, DUAN J Y, et al. Efficient image dehazing with boundary constraint and contextual regularization[C]// Proceedings of the 2013 IEEE International Conference on Computer Vision, Sydney, Australia, 8-12April, 2013: 617-624.

[11] ZHU Q S, MAI J M, SHAO L. A fast single image haze removal algorithm using color attenuation prior[J]. IEEE Transactions on Image Processing, 2015, 24(11): 3522-3533.

[12] CAI B L, XU X M, JIA K, et al. Dehazenet: an end-to-end system for single image haze removal[J]. IEEE Transactions on Image Processing, 2016, 25(11): 5187-5198.

[13] REN W Q, LIU S, ZHANG H, et al. Single image dehazing via multi-scale convolutional neural networks[C]// Proceedings of the 2016 European Conference on Computer Vision, Amsterdam, Netherlands, 11-14October, 2016: 154-169.

[14] LI B Y, PENG X L, WANG Z Y, et al. Aod-net: all-in-one dehazing network[C]// Proceedings of the 2017 IEEE International Conference on Computer Vision, Venice, Italy, 22-29October, 2017: 4780-4788.

[15] REN W Q, MA L, ZHANG J W, et al. Gated fusion network for single image dehazing[C]// Proceedings of the 2018 IEEE/CVF Conference on Computer Vision and Pattern Recognition, Salt Lake City, USA, 18-23June, 2018: 3253-3261.

[16] CHEN D D, HE M M, FAN Q N, et al. Gated context aggregation network for image dehazing and deraining[C]// Proceedings of the 2019 IEEE Winter Conference on Applications of Computer Vision, Waikoloa Village, USA, 7-11January, 2019: 1375-1383.

[17] CHOI H, LIM H, YU S, et al. Haze removal of multispectral remote sensing imagery using atmospheric scattering model-based haze thickness map[C]// Proceedings of the 2020 IEEE International Conference on Consumer Electronics-Asia, Seoul, Korea, 26-28April, 2020: 1-2.

[18] TANG K T, YANG J C, WANG J. Investigating haze-relevant features in a learning framework for image dehazing[C]// Proceedings of the 2014 IEEE Conference on Computer Vision and Pattern Recognition, Columbus, USA, 24-27June, 2014: 2995-3002.

[19] HE K M, ZHANG X Y, REN S Q, et al. Deep residual learning for image recognition[C]// Proceedings of the 2016 IEEE Conference on Computer Vision and Pattern Recognition, Las Vegas, USA, 27-30June, 2016: 770-778.

[20] CHEN L, ZHANG H W, XIAO J, et al. Sca-cnn: spatial and channel-wise attention in convolutional networks for image captioning[C]// Proceedings of the 2017 IEEE Conference on Computer Vision, Honolulu, USA, 22-29October, 2017: 6298-6306.

[21] SILBERMAN N, HOIEM D, KOHLI P, et al. Indoor segmentation and support inference from rgbd images[C]// Proceedings of the 12th European Conference on Computer, Florence, Italy, 7-13October, 2012: 746-760.

[22] HE T, ZHANG Z, ZHANG H, et al. Bag of tricks for image classification with convolutional neural networks[C]// Proceedings of the 2019 IEEE/CVF Conference on Computer Vision and Pattern Recognition, Long Beach, USA, 16-20June, 2019: 558-567.

第 2 章 基于特征融合 GAN 的图像增强算法

2.1 引言

受水下特殊环境的影响，水下图像通常存在颜色失真、对比度低和清晰度低等问题。这类问题大大降低了水下图像的视觉效果，为后续的工作带来了严重的阻碍。近年来，在生成模型（Generative Model）的研究中，尤其是生成对抗网络（GAN）[1]的提出与发展，研究人员在图像修复[2]和图像转换[3]等领域取得了巨大的成功。这是由于 GAN 能够通过判别器学习到比基于像素差异更有意义的损失函数[4]。为了进一步提高水下图像增强算法的性能，获取质量较高的水下图像，本章提出了基于特征融合 GAN 的水下图像增强算法，通过生成器和判别器之间的对抗训练，获得了鲁棒性较高的水下图像增强模型。

2.2 GAN 概述

2.2.1 GAN 的基本概念

生成对抗网络（GAN）在本质上是一个生成模型，是一种通过对抗过程来估计生成模型的新框架。GAN 至少包括两个子网络：生成器和判别器。其中，生成器用于学习真实数据的分布，使生成数据与真实数据的分布尽可能一致；判别器在本质上是一个二分类器，用于判断输入的是真实数据还是生成数据。在训练阶段，生成器的任务是生成与真实数据分布非常相似的合成数据来“欺骗”判别器，而判别器的任务是最大化判断的准确率。GAN 以两个子网络相互竞争的方式交替训练，当判别器对输入数据的来源无法确定时，GAN 达到稳定状态，此时生成器能够恢复真实数据的分布。GAN 的结构如图 2-1 所示。

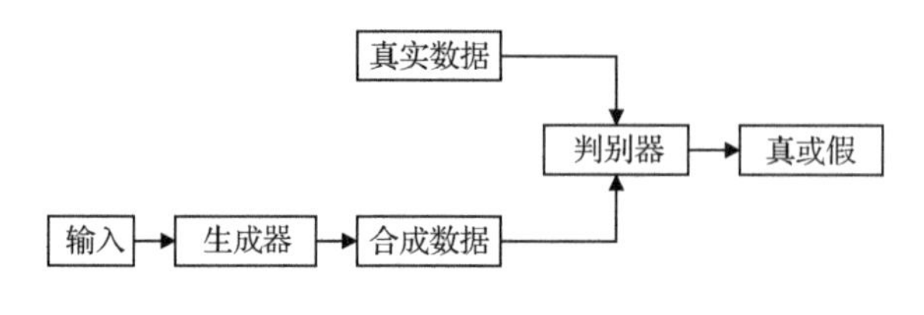

图 2-1　GAN 的结构

2.2.2　GAN 的数学模型

GAN 的训练过程是极大极小博弈过程，生成器在训练过程中期望输出效果较好的结果，从而最小化判别器判断的准确率；而判别器则期望最大化判断输入来源的准确率，生成器和判别器在对抗训练的过程中使生成器产生较好的输出。在对抗训练中，传统的 GAN 以交叉熵作为目标函数，可以表示为：

$$\min_{G}\max_{D} V(G,D)=E[\log D(y)]+E\{\log\{1-D[G(z)]\}\} \tag{2-1}$$

式中，y 表示训练集中的真实数据；z 表示输入生成器的随机数据；G和D 分别表示生成器和判别器的输出；$G(\cdot)$和$D(\cdot)$ 分别表示生成器和判别器的数学模型（也可表示输出）。在对抗训练过程中，判别器期望最小化判断错误的概率，将真实数据 y 预测为 1，将生成器的输出 $G(z)$ 预测为 0；生成器则期望不断提高生成数据与真实数据的相似度，从而降低判别器的判断准确率，使得判别器将输入 $G(z)$ 预测为 1。

GAN 的优化过程是以交替优化生成器和判别器的方式进行的，在优化判别器时，固定生成器的参数，通过小批量梯度上升算法优化判别器参数，判别器参数的优化过程如式（2-2）所示。

$$\theta_{\mathrm{d}} \leftarrow \theta_{\mathrm{d}}+\alpha \nabla_{\theta_{\mathrm{d}}} \frac{1}{m}\sum_{i=1}^{m}\{\log D(y^{(i)})+\log\{1-D[G(z^{(i)})]\}\} \tag{2-2}$$

式中，θ_{d} 表示判别器参数；m 表示小批量样本的数量；α 表示学习率；$\{x(1),\cdots,x(m)\}$ 表示 m 个真实数据；$\{z(1),\cdots,z(m)\}$ 表示输入的 m 个随机数据。

在优化生成器时，固定判别器参数，通过小批量梯度下降算法优化生成器参数，生成器参数的优化过程如式（2-3）所示。

$$\theta_{\mathrm{g}} \leftarrow \theta_{\mathrm{g}}+\alpha \nabla_{\theta_{\mathrm{g}}} \frac{1}{m}\sum_{i=1}^{m}\log\{1-D[G(z^{(i)})]\} \tag{2-3}$$

式中，θ_{g} 表示生成器参数。

2.3 基于特征融合 GAN 的图像增强算法

针对水下图像存在对比度和清晰度低，以及颜色失真等问题，本章提出了基于特征融合 GAN 的水下图像增强算法（简称本章算法），该算法的特点是使用了基于特征融合的生成器结构。基于特征融合 GAN 的水下图像增强算法的结构如图 2-2 所示。

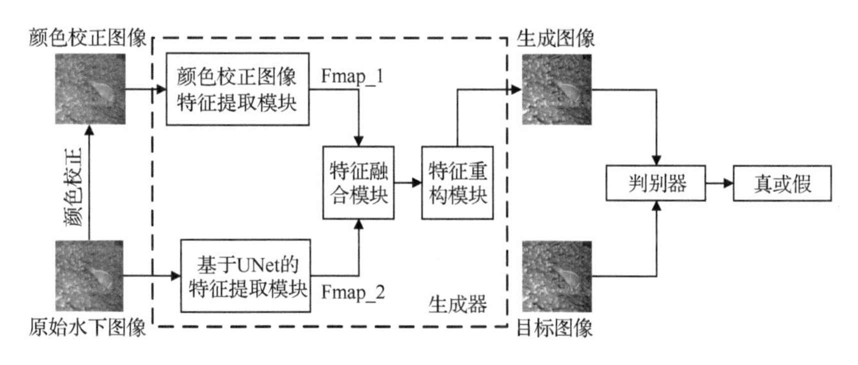

图 2-2　基于特征融合 GAN 的水下图像增强算法的结构

如图 2-2 中所示，本章算法首先通过改进的颜色校正方法初步解决水下图像的偏色问题。然后将颜色校正图像和原始的水下图像作为生成器的输入。其中，颜色校正图像的特征 Fmap_1 通过简单的卷积网络获取，原始水下图像的特征 Fmap_2 通过基于 UNet 结构[5]的特征提取网络获取。在生成器中，颜色校正图像的特征与原始水下图像的特征以对应元素相乘的方式融合，并通过卷积层完成融合后的特征到增强图像的重构。最后，将目标图像与生成器输出图像（生成图像）输入判别器，通过判别器判断生成器性能的优劣，并指导生成器的优化。

2.3.1 颜色校正

考虑到水下图像的颜色失真问题，为提升生成器对复杂场景水下图像增强的鲁棒性，在生成器中加入了颜色校正图像特征提取模块，将原始水下图像和颜色校正图像同时作为生成器的输入，因此本章算法首先要解决水下图像的偏色问题。

为解决水下图像的偏色问题，本章考虑了以下几种典型的用于颜色校正的白平衡算法：灰度世界算法（Gray World）[6]、完美反射算法（Max RGB）[7]和灰度边缘算法（Gray Edge）[8]。在这些白平衡算法中，灰度世界算法假定在一幅色彩丰富的图像中，其三个颜色通道的平均反射率是相同的，因此光源颜色可以通过各颜色通道的均值来估计；完美反射算法假定图像中最亮的点完美地反射了所有入射光，并通过不同颜色通道的最大响应估计光源颜色；灰度边缘算法假定场景中平均边缘的差是灰白的，通过将闵可夫斯基（Minkowski）范数框架应用于图像颜色通道的导数结构来计算场景光源颜色。图 2-3 展示了上述三类颜色校正算法处理水下图像的效果。图 2-3（a）到（d）分别是水下图像、完美反射算法的处理效果、灰度边缘算法的处理效果、灰度世界算法的处理效果。

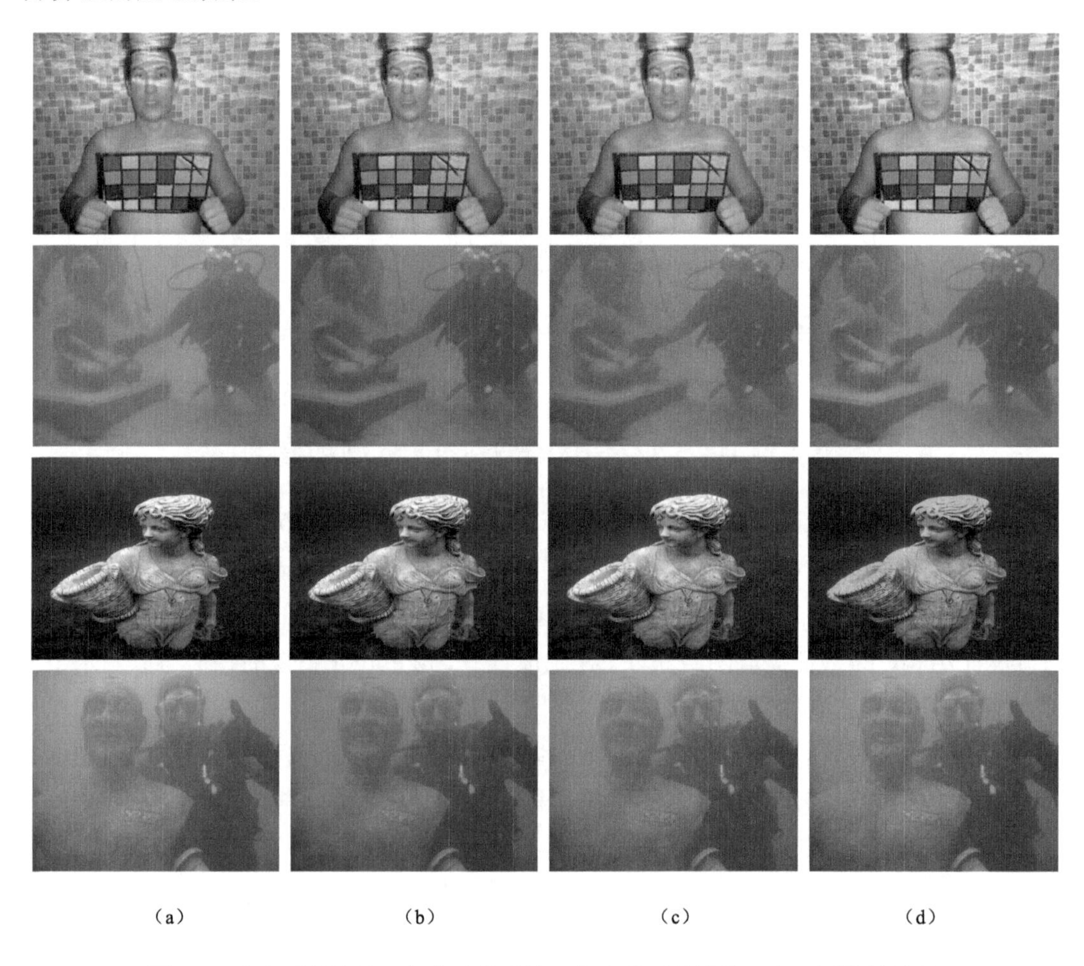

（a）（b）（c）（d）

图 2-3 完美反射算法、灰度边缘算法、灰度世界算法处理水下图像的效果

从图 2-3 可以看出，当水下图像颜色失真比较严重时，完美反射算法和灰度边缘算法往往不能消除水下图像的偏色问题，处理后水下图像的色调几乎不发生改变。灰度世界算法能够有效消除水下图像的偏蓝色或偏绿色色调，但从图 2-3 中同样能够看到，灰度世界算法处理后的图像在局部区域存在红色过饱和现象。产生该现象的原因是水下图像红色通道的均值往往非常小，使用灰度世界算法处理过后的图像在红色通道像素值显著的区域存在过度补偿现象。

为解决此问题，根据提高水下图像质量的研究[9]，本章在校正水下图像偏色问题时首先补偿红色通道的衰减，然后应用灰度世界算法获得颜色校正后的图像。Ancuti 等人[10]针对偏蓝色水下图像直接应用灰度世界算法出现的局部区域红色过度补偿问题，提出了以下原则：

（1）将绿色通道的部分值添加到红色通道，不仅能够有效恢复整个颜色光谱，还能够保留自然的背景。

（2）根据灰度世界算法的假设，自然场景下所有颜色通道均值都相同，红色通道的补偿值应与绿色通道和红色通道均值之差成正比。

（3）为避免补偿后的图像使用灰度世界算法产生局部区域红色过饱和现象，应避免补偿红色像素值显著的区域，补偿应在红色像素值较小的区域进行。

根据上述原则，红色通道每个像素位置 (i,j) 的补偿值可表示为：

$$I_{\mathrm{r}}'(i,j)=I_{\mathrm{r}}(i,j)+\alpha(\overline{I}_{\mathrm{g}}-\overline{I}_{\mathrm{r}})I_{\mathrm{g}}(i,j)[1-I_{\mathrm{r}}(i,j)] \tag{2-4}$$

式中，I_{r} 和 I_{g} 分别表示图像 I 归一化后的红色通道和绿色通道；$\overline{I}_{\mathrm{r}}$、$\overline{I}_{\mathrm{g}}$ 分别为 I_{r} 和 I_{g} 的均值；α 为常量，表示调整补偿值参数。

针对偏蓝色的水下图像，先采用式（2-4）所示的红色通道补偿策略，再使用灰度世界算法，即可有效校正图像颜色，并且能够抑制红色通道显著区域的过饱和现象。若将式（2-4）所示的红色通道补偿策略直接应用于偏绿色的水下图像，仍可能存在局部区域红色补偿过度现象。产生该现象的原因是偏绿色水下图像的绿色通道像素值较大，若此时将绿色通道的部分值传递给红色通道，并且红色通道的补偿量正比于绿色通道和红色通道的均值之差，则在与红色通道像素值强度相关的补偿率 $[1-I_{\mathrm{r}}(i,j)]$ 下，仍会造成红色像素值显著的区域存在过度补偿现象。为了使用式（2-4）所示的红色通道补偿策略校正偏绿色水下图像的偏色问题，本章对式（2-4）中的红色像素值强度相关补偿率进行了改进，进一步减小了红色通道像素值显著区域的补偿率，将红色通道补偿主要集中在像素值较小的区域，改进后的补偿率为：

$$\mathrm{Ratio}=\frac{1}{1+\mathrm{e}^{\beta I_{\mathrm{r}}(i,j)-\gamma}} \tag{2-5}$$

式中，β、γ 为常数，根据实验，本章取 β=13.15、γ=3.79。图 2-4 展示了改进前后的红色通道的补偿率曲线，图中，横轴表示归一化后的红色通道像素值，纵轴表示与红色通道像素值相关的补偿率，虚线表示 Ancuti 等人[10]所提方法的补偿率曲线（原始的补偿率曲线），实线表示本章改进后的补偿率曲线。从图 2-4 可以看出，相对于原始的补偿率曲线，改进后的补偿率曲线在红色通道像素值显著区域的补偿率大大降低，而在红色通道像素值较小的区域衰减率有一定的提高，补偿主要集中在红色通道像素值较小的区域。

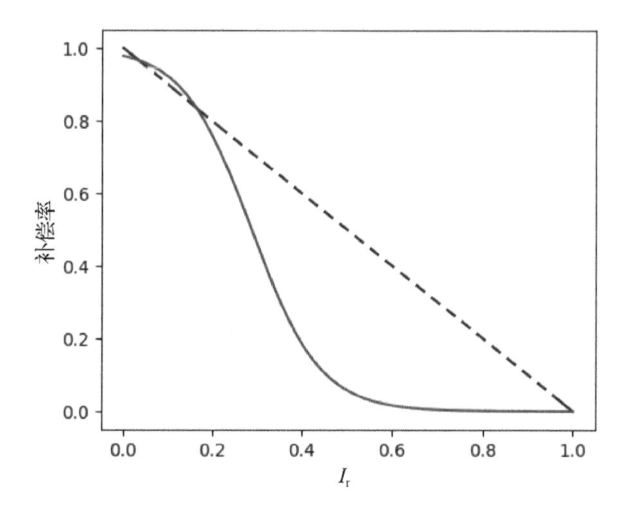

图 2-4 红色通道的原始的补偿率曲线和改进后的补偿率曲线

本章改进后的红色通道补偿值为：

$$I_{\mathrm{r}}'(i,j)=I_{\mathrm{r}}(i,j)+\frac{\alpha(\overline{I}_{\mathrm{g}}-\overline{I}_{\mathrm{r}})I_{\mathrm{g}}(i,j)}{1+\mathrm{e}^{\beta I_{\mathrm{r}}(i,j)-\gamma}} \tag{2-6}$$

在进行红色通道补偿之后，即可应用灰度世界算法校正水下图像的偏色问题。图 2-5 展示了灰度世界算法、Ancuti 等人[10]提出的颜色校正算法和本章改进后的颜色校正算法处理水下图像的效果。图 2-5（a）到（d）分别是水下图像、灰度世界算法的颜色校正效果、文献[11]算法的颜色校正效果、本章改进算法的颜色校正效果。

从图 2-5 可以看出，改进前的颜色校正算法在一定程度上抑制了灰度世界算法产生的红色通道过度补偿现象，但针对偏绿色水下图像仍会出现该现象，图 2-5（b)、图 2-5（c）和图 2-5（d）第 3 幅图像中的雕像都存在该问题。本章改进后的算法较好地抑制了在校正偏绿色水下图像时出现的红色通道过度补偿问题；另外，针对偏蓝色水下图像，本章改进后的算法也在一定程度上减小了图像信息丢失，如图 2-5（d）第 2 幅图像中的右下角区域。本章改进的颜色校正算法针对偏蓝色水下图像和偏绿色水下图像均获得了较好的效果。

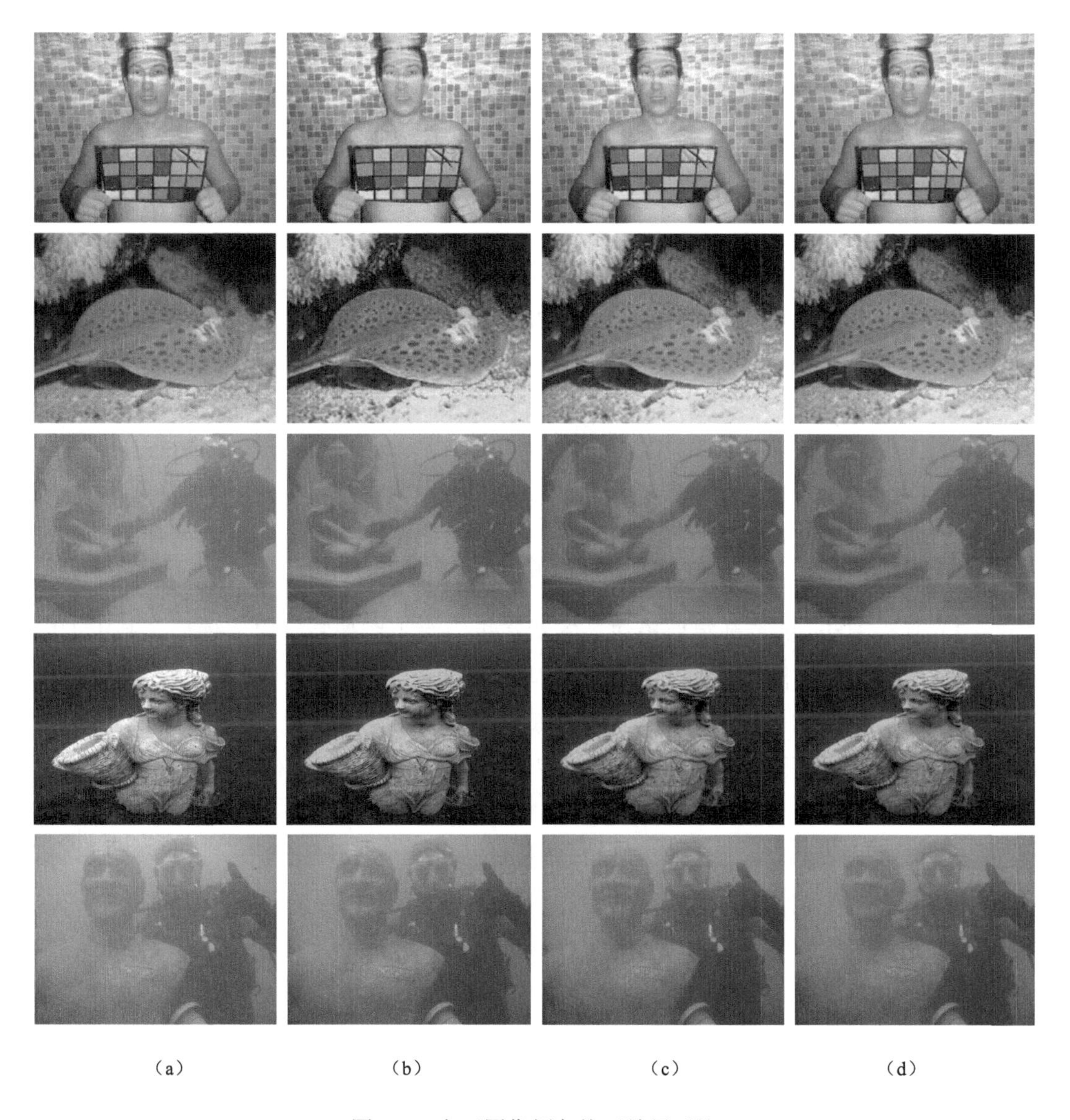

（a）　（b）　（c）　（d）

图 2-5　水下图像颜色校正结果对比

2.3.2　生成器的结构

本章采用了基于特征融合的生成器结构，主要包括颜色校正图像特征提取模块、基于 UNet 的特征提取模块和特征重构模块。

（1）颜色校正图像特征提取模块。为提取颜色校正图像的特征，本章采用了简单的 CNN 结构，该结构由 2 个卷积层构成，卷积层均使用大小为 3、步长为 1 的卷积核。在卷积层之后，本章添加了批标准化层[12]（Batch Normalization，BN）和 Leaky ReLU

激活层。其中，BN 层能够加快网络的收敛速度，同时在一定程度上防止梯度爆炸或消失。对于输入大小为 256×256×3 的颜色校正图像，颜色校正图像特征提取模块输出大小为 256×256×32 的特征。颜色校正图像特征提取模块的结构如图 2-6 所示，图中下方的数字表示特征的数量。

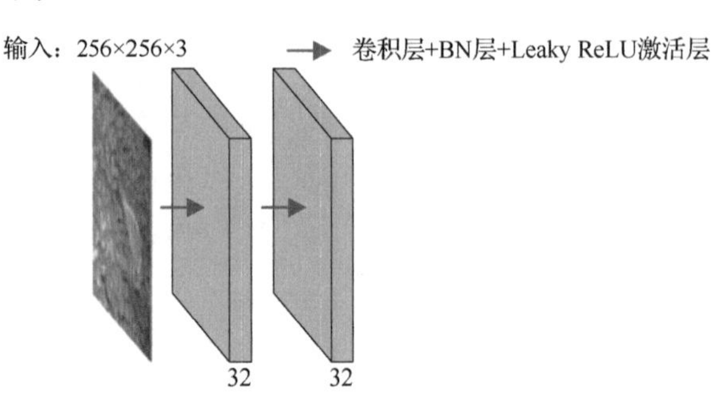

图 2-6 颜色校正图像特征提取模块的结构

（2）基于 UNet 的特征提取模块。本章在提取水下图像特征时，使用了基于 UNet 的特征提取模块，该模块采用了对称的编码器-解码器结构，并且在编码器和解码器对应大小的特征通道间采用了跳跃连接，即每个编码器的输出与对应解码器的输出级联。基于 UNet 的特征提取模块的结构如图 2-7 所示，编码器由下采样层构成，解码器由上采样层构成。其中，下采样层由 2 个卷积层构成，2 个卷积层中卷积核的大小都为 3，卷积步长分别为 1 和 2；上采样层由 1 个卷积层和 1 个反卷积层构成，卷积层和反卷积层的卷积核大小均为 3，卷积层的卷积步长为 1，反卷积层的卷积步长为 2。在卷积层和反卷积层之后，本章添加 BN 层和 Leaky ReLU 激活层。

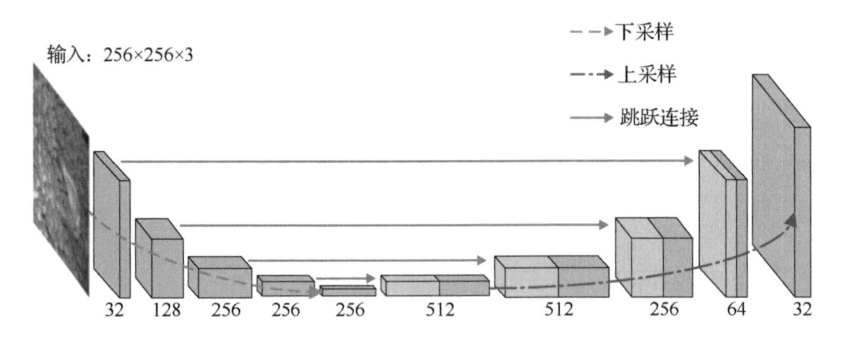

图 2-7 基于 UNet 的特征提取模块的结构

在基于 UNet 的特征提取模块中，编码器部分主要由 5 个下采样层构成，大小为 256×256×3 的水下图像经过编码器后被映射为 256 个大小为 8×8 的特征。解码器共使用 5 个上采样层，上采样层根据前一层的输出特征和编码器部分跳跃连接的特征获得 256×256×32 的特征。

（3）特征重构模块。在获得颜色校正图像特征和原始水下图像特征后，还需要通过对应元素相乘的方式将两个特征融合，最后通过特征重构模块将融合后的特征映射为增强后的水下图像。特征重构模块由卷积核大小为 1、卷积步长为 1 的卷积层和 Tanh 激活层构成。

2.3.3　判别器的结构

本章算法使用的判别器是马尔可夫判别器（PatchGAN）[13]，该判别器的输出是一个二维张量，张量中的每个元素对应着输入图像的一部分区域，每个元素的值对应着该区域的得分，这样的设计有利于捕获图像局部纹理特征。本章算法中的判别器由 5 个卷积层组成，其结构如图 2-8 所示。

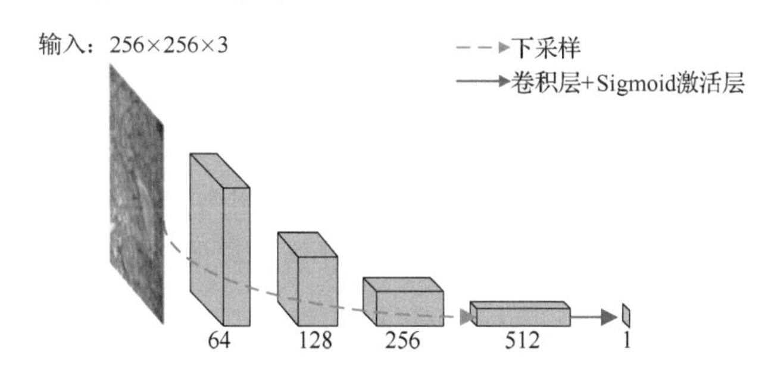

图 2-8　判别器的结构

在判别器中，前 4 个卷积层使用大小为 3、卷积步长为 2 的卷积核，卷积层中卷积核的数量成倍增长，同时在每个卷积层后添加 BN 层并使用 Leaky ReLU 激活函数。最后一层使用大小为 3 的卷积核，卷积步长置为 1，并使用 Sigmoid 激活函数。判别器的输出是一个 16×16 的矩阵，该矩阵中每个元素的感受野大小为 63×63，即输出矩阵中的每个元素值对应着输入图像在该感受野区域的属性。

2.3.4　损失函数的选择

从 GAN 训练的稳定性、增强后图像的视觉效果以及细节特征保持等方面考虑，本章算法中的 GAN 在训练时使用多个损失函数的线性组合，如式（2-7）所示。

$$L = \min_G \max_D L_{\mathrm{WGAN}}(G,D) + \lambda_1 L_{\mathrm{L1}} + \lambda_2 L_{\mathrm{VGG}} + \lambda_3 L_{\mathrm{E}} \tag{2-7}$$

式中，L_{WGAN} 为对抗损失函数；L_{L1} 为内容损失函数；L_{VGG} 为感知损失函数；L_{E} 为边缘损失函数；λ_1、λ_2和λ_3 为各个损失函数的加权系数。

（1）对抗损失函数。传统 GAN 中的判别器使用交叉熵作为损失函数，判别器和生成器的训练程度无法得到较好的平衡。在实际应用中，随着判别器的优化，生成器的梯度会消失，并且判别器的性能越好，这种梯度消失现象就越严重，使得训练难以继续。为解决此问题，本章采用 Wasserstein-GAN（WGAN）[14]公式，该公式通过坎托罗维奇-鲁宾斯坦（Kantorovich-Rubinstein）对偶构造了一个使用推土机（Earth-Mover，EM）距离或 Wasserstein（W）距离的函数。在 WGAN 公式中，W 距离被近似为满足 k-Lipschitz 条件的函数集合，该函数集合被建模为神经网络。具体地，为确保拟合的函数满足 k-Lipschitz 条件，本章使用带有梯度惩罚的 Wasserstein-GAN（WGAN-GP）[15]，因此对抗损失函数可以表示为：

$$\hat{x} = \varepsilon y + (1-\varepsilon)G(x) \tag{2-8}$$

$$L_{\mathrm{WGAN}}(G,D) = E[D(y)] - E\{D[G(x)]\} + \lambda_{\mathrm{GP}} E\left\{\left[\left\|\nabla_{\hat{x}} D(\hat{x})\right\|_2\right]\right\} \tag{2-9}$$

式中，$\hat{x}$ 表示在生成器输出的分布与对应训练集清晰参照图像的分布之间进行插值得到的样本；ε 是 0 和 1 之间的随机数；G 和 D 分别表示生成器和判别器的输出；$G(\cdot)$ 和 $D(\cdot)$ 分别表示生成器和判别器的数学模型（也可表示输出）；x 和 y 分别表示训练集中的水下图像和训练集中的清晰目标图像；λ_{GP} 为梯度惩罚项的权重，被设置为 10。

（2）内容损失函数。为了使生成器的输出图像与训练集的参照图像的信息保持一致，本章将生成器输出图像与训练集参照图像间的 L1[13]距离 L_{L1} 作为损失函数，以此来优化生成器。L_{L1} 可表示为：

$$L_{\mathrm{L1}} = E\left[\left\|y - G(x)\right\|_1\right] \tag{2-10}$$

式中，x 表示原始的水下图像；y 表示训练集中与 x 相对应的清晰参照图像；$G(\cdot)$ 表示生成器的输出。

（3）感知损失函数。为了使增强后的图像与目标参照图像具有相同的特征，从而提升增强后图像的视觉效果，受文献[16]启发，本章引入了 VGG19 预训练网络，通过提取 VGG19 预训练网络第 4 次最大池化操作前第 3 个卷积层 Conv4_3 输出的高级特征来构造感知损失函数，其定义如下所示：

$$L_{\mathrm{VGG}} = E\left\{\left\|\Phi(y) - \Phi\left[G(x)\right]\right\|_1^2\right\} \tag{2-11}$$

式中，$\Phi(\cdot)$ 表示输入图像通过 VGG19 预训练网络提取的高级特征。

（4）边缘损失函数。生成器输出的往往是细节特征模糊的图像，本章采用 Sobel 算子提取生成器输出图像 $G(x)$ 和训练集参照图像 y 的水平方向和垂直方向的边缘，通过分别惩罚水平和垂直方向的边缘差异来使生成器抑制输出图像的细节特征模糊问题。其形式如下：

$$L_{\mathrm{E}} = E\left[\left\|y * \boldsymbol{S}_{\mathrm{h}} - G(x) * \boldsymbol{S}_{\mathrm{h}}\right\|_1 + \left\|y * \boldsymbol{S}_{\mathrm{v}} - G(x) * \boldsymbol{S}_{\mathrm{v}}\right\|_1\right] \tag{2-12}$$

式中，*表示卷积运算；$\boldsymbol{S}_{\mathrm{h}}$、$\boldsymbol{S}_{\mathrm{v}}$ 分别为大小为 3 的横向和纵向 Sobel 算子，表示为：

$$\boldsymbol{S}_{\mathrm{h}} = \begin{bmatrix} -1 & 0 & 1 \\ -2 & 0 & 2 \\ -1 & 0 & 1 \end{bmatrix}', \quad \boldsymbol{S}_{\mathrm{v}} = \begin{bmatrix} 1 & 2 & 1 \\ 0 & 0 & 0 \\ -1 & -2 & -1 \end{bmatrix}$$

2.4 实验与分析

本节通过实验验证本章算法的有效性，对比了本章算法与传统的图像增强算法和基于深度学习的图像增强算法，并从主观和客观两个方面对实验结果进行分析。为验证特征融合模块和边缘损失函数对本章算法的贡献，本节还进行了消融实验。

本节的实验是在 Linux 操作系统下进行的，采用的是 PyTorch 深度学习框架，服务器的 CPU 是 Intel Xeon Processor E5-2620 v4（主频为 2.1 GHz），GPU 为 NVIDIA 2080（显存大小为 8 GB）。

2.4.1　实验数据及训练

本章算法使用公开数据集 Underwater-Imagenet[4]，考虑到水下图像呈现偏蓝或偏绿的特性，而数据集 Underwater-Imagenet 中的大部分图像呈蓝色衰减特性，为增加数据集的多样性，本节在数据集 Underwater-Imagenet 的基础上采取了以下策略：首先参照 Nguyen 等人[17]提出的颜色转移算法，完成数据集 Underwater-Imagenet 中部分清晰图像到水下图像的颜色迁移，从而模拟偏绿色的水下降质图像；然后将数据集 Underwater-Imagenet 中对应的水下图像作为引导图像对颜色转移后的图像进行引导滤波[18]，从而模拟水下图像因光传播过程中的散射产生的模糊。偏绿色的水下降质图像的生成过程如图 2-9 所示。

利用上面的策略，本节获取了 1645 幅偏绿色的水下图像，部分偏绿色水下图像如图 2-10 所示。其中，第 1 行是清晰图像，第 2 行是采用图 2-9 所示方法生成的偏绿色水下降质图像，第 3 行和第 4 行分别是第 1 行和第 2 行中红色框内的放大图像。由图 2-10 可以看到，采用上面的策略，在改变图像色调的同时也较好地引入了模糊。本节对数据集 Underwater-Imagenet 进行筛选，最终采用 5708 组图像作为训练集，其中 182 组未参与训练的图像作为有参考图像测试集。

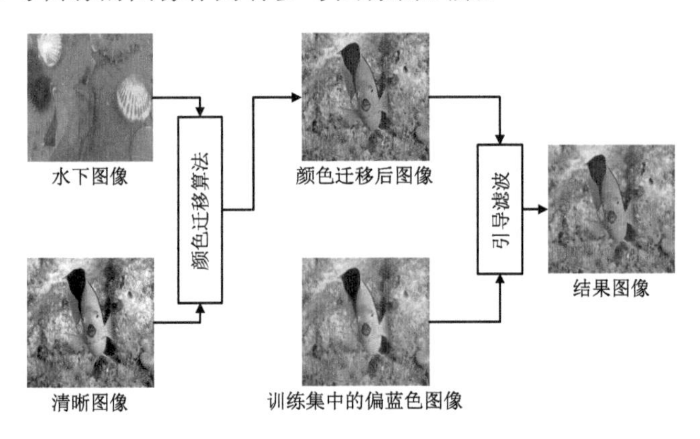

图 2-9 偏绿色的水下降质图像的生成过程

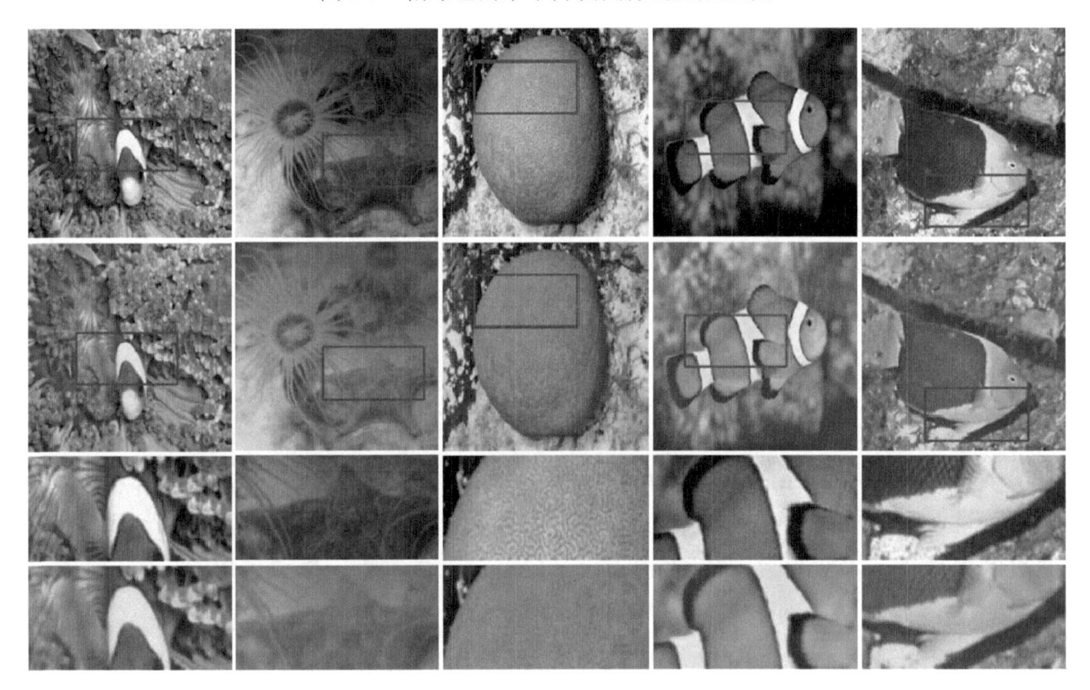

图 2-10 部分偏绿色图像

在模型训练初期，以均值为 0、标准差为 0.02 的正态分布初始化生成器和判别器的参数。在训练过程中，生成器和判别器以交替的方式进行优化，其中，判别器每优化 5 次，生成器进行 1 次优化。同时，在模型训练过程中，为提高生成器的性能，本节使用数据增强策略，将训练集的图像随机地进行水平翻转和垂直翻转。生成器和判别器均使用 Adam 优化器，其中，初始学习率为 0.002，一阶动量项 β_1 为 0.5，二阶动量项 β_2 为 0.999，每经过 80 次迭代，学习率衰减为原来的 1/2。生成器和判别器的优化以小批量梯度下降的方式进行，批处理大小（Batch Size）为 12，总的迭代轮次为 301，耗时 16.3 h。

2.4.2 实验结果

本节对本章算法与典型的传统图像增强算法、近几年提出的基于深度学习的图像增强算法进行了对比。对比算法涉及图像增强、图像复原和基于深度学习的图像增强方法，分别是对比度受限自适应直方图均衡算法（CLAHE）[19]、基于白平衡和图像融合的水下图像增强算法（Fusion）[10]、暗通道先验算法（DCP）[20]、自动红色通道水下图像复原算法（RedChannel）、基于生成对抗网络的水下图像增强算法（UGAN）[4]和基于生成对抗网络的快速水下图像增强算法（FUnIE-GAN）[21]。其中基于深度学习的算法与本章算法使用相同训练集，并按照相关文献的网络结构和优化策略进行训练。

本节通过处理数据集 Underwater-Imagenet 中的图像来验证本章算法的有效性。考虑到水下环境的复杂性，本节从测试集中选取了不同程度失真的水下场景图像，各种算法的图像处理结果如图 2-11 所示。图 2-11（a）到（h）分别是原始图像、CLAHE 算法的图像处理结果、DCP 算法的图像处理结果、RedChannel 算法的图像处理结果、Fusion 算法的图像处理结果、UGAN 算法的图像处理结果、FUnIE-GAN 算法的图像处理结果、本章算法的图像处理结果。

从图 2-11 可以看出，水下图像在通过各种算法处理后呈现出了不同的视觉效果。

CLAHE 算法整体上解决了水下图像的偏色问题，但增强后的图像稍有模糊，且增强后的图像在边缘区域出现了伪影，如图 2-11（b）中的第 3 行、第 4 行和第 6 行所示。

DCP 算法能够有效去除水下图像的雾状模糊，但由于该算法缺少颜色校正机制，导致其不能有效解决水下图像的偏色问题，甚至加深了图像的颜色失真，如图 2-11（c）中的第 2 行、第 4 行和第 6 行所示。

RedChannel 算法在整体上解决了图像偏色问题，但当图像的颜色失真较严重时，该算法效果不太理想，如图 2-11（d）中的第 5 行和第 6 行所示。

Fusion 算法融合了以白平衡为基础的对比度增强，以及细节增强后的图像，通过该算法增强后的图像的颜色校正明显，细节特征显著，但相比于基于深度学习的图像增强方法，该算法处理后的图像的部分色彩显得不自然，如图 2-11（e）中的第 4 行图像的鱼表面的阴影所示，而且第 3 行图像背景区域的偏色问题没有得到解决。

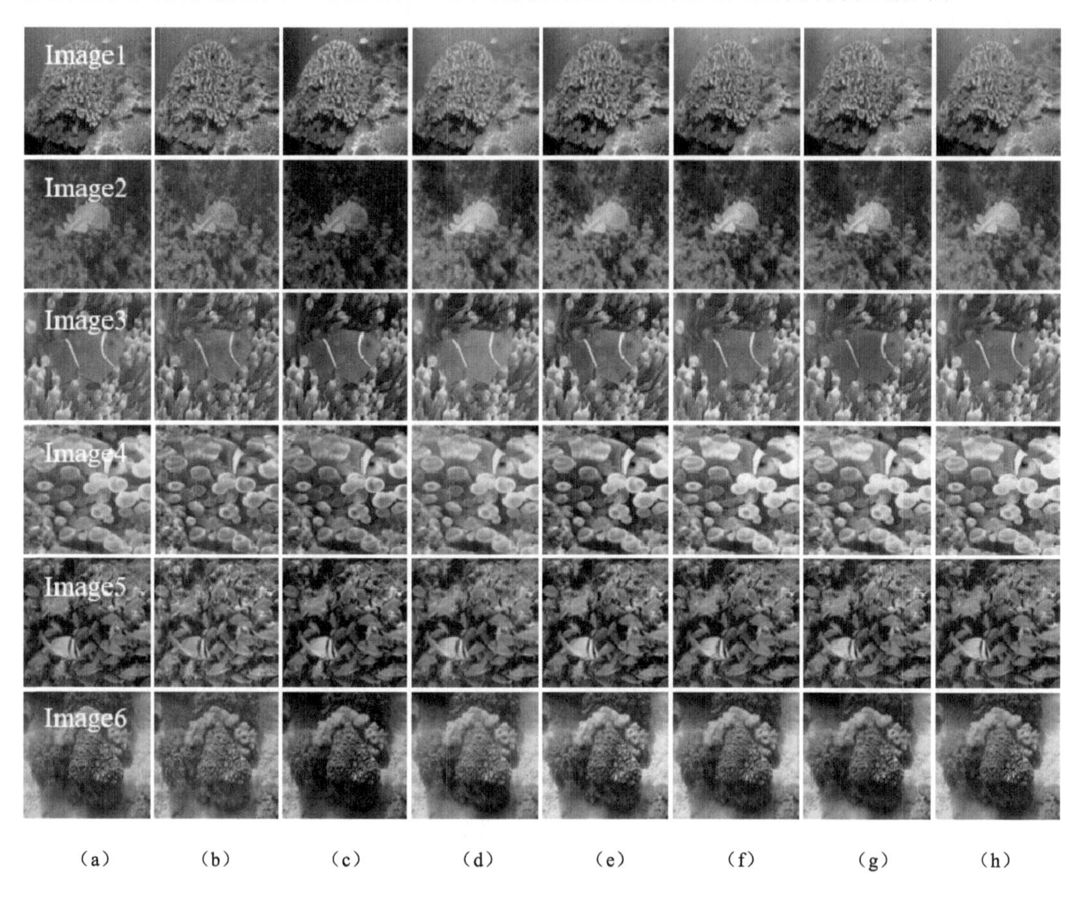

图 2-11 各种算法的图像处理结果

UGAN 算法和 FUnIE-GAN 算法均采用端到端的单输入模型结构，在实验结果中均出现了局部区域红色过度增强现象，如图 2-11（f）和图 2-11（g）中第 1 行图像的前景区域和第 2 行图像的背景区域，增强后的图像缺少了真实感。另外，FUnIE-GAN 算法采用了轻量化的模型结构，在提升图像处理速度的同时降低了模型的鲁棒性，在部分测试图像中产生了轻微的紫色伪影，如图 2-11（g）中的第 1 行图像和第 2 行图像。

相比于基于深度学习的增强算法（如 UGAN 算法和 FunIE-GAN 算法），本章算法能有效抑制图像中伪影的出现，如图 2-11（h）中的第 1 行图像、第 2 行图像和第 6 行图像。相比于在传统算法中表现较好的基于图像融合的算法（Fusion），使用本章算法增强后的图像的色彩显得更加自然，如图 2-11（h）中的第 2 行图像、第 3 行图像和第 4 行图像。

总之，相比于上述的对比算法，本章算法采用了基于特征融合的生成器结构，针对不同程度颜色失真的水下图像，本章算法都能有效提高水下图像的清晰度，增强后的图像颜色比较真实，具有相对较好的视觉效果。

为了客观地分析本章算法的性能，同时考虑到对比分析的公平性，本节的实验没有使用有参考图像评价指标，这是因为当测试集数据的分布与训练集数据的分布相似时，基于深度学习的图像增强算法往往能获得较高的评价指标，这对于传统算法是不公平的。因此，本节对比了这些算法在无参考图像评价指标上的表现，包括水下图像质量评价指标（UIQM）[22]和自然图像评价指标（NIQE）[23]。

针对水下图像退化的特性与成像特点，UIQM 以水下图像的色彩度量（UICM）、清晰度度量（UISM）和对比度度量（UIConM）的线性叠加来评价增强后的水下图像质量。UIQM 的值越大，表明图像的质量越高。UIQM 的计算公式为：

$$\text{UIQM} = \gamma_1 \times \text{UICM} + \gamma_2 \times \text{UISM} + \gamma_3 \times \text{UIconM} \tag{2-13}$$

式中，γ_1、γ_2和γ_3分别为三个水下图像属性度量的加权系数，根据参考文献[22-23]分别设置为 0.0282、0.2953、3.5753。

NIQE 无须利用人眼主观评分对失真的图像进行训练，而是从空间域自然场景统计（NSS）模型中提取特征（NSS 特征）并利用多元高斯模型（MVG）进行建模，待测试图像的质量表示为从该图像中提取的 NSS 特征的 MVG 拟合参数与预先建立的模型参数之间的距离。NIQE 的值越小，表明图像的质量越高。

表 2-1 和表 2-2 展示了不同图像增强算法的 UIQM 和 NIQE，其中的加粗数值是最优值。从表 2-1 和表 2-2 可以看出，对于大部分图像，本章算法获得了最优的 UIQM 和 NIQE。相比于对比算法，本章算法的 UIQM 有 0.114～0.878 的提升，NIQE 有 0.294～1.195 的降低，表明本章算法能够有效还原图像的真实色彩，提高图像的对比度和清晰度。

表 2-1　不同图像增强算法的 UIQM 对比

图像	CLAHE	UDCP	RedChannel	Fusion	UGAN	FunIEGAN	本章算法
Image1	3.297	2.740	3.152	2.600	3.252	3.325	**3.330**
Image2	3.301	2.115	3.397	3.338	3.235	3.208	**3.534**
Image3	3.635	3.044	3.586	3.444	3.527	3.382	**3.703**
Image4	3.524	2.941	3.473	3.290	3.440	3.435	**3.526**
Image5	3.127	2.518	2.866	2.842	3.424	3.353	**3.429**

续表

图像	CLAHE	UDCP	RedChannel	Fusion	UGAN	FunIEGAN	本章算法
Image6	3.222	2.284	3.009	3.326	3.346	3.373	**3.387**
mean	3.351	2.607	3.247	3.140	3.371	3.346	**3.485**

表 2-2　不同图像增强算法的 NIQE 对比

图像	CLAHE	UDCP	RedChannel	Fusion	UGAN	FunIEGAN	本章算法
Image1	6.899	6.673	6.717	6.755	6.447	7.867	**6.313**
Image2	5.865	5.705	5.770	6.345	4.561	3.640	**3.342**
Image3	4.416	4.162	**4.055**	4.240	7.113	6.004	5.709
Image4	4.663	3.839	4.015	4.672	5.639	4.327	**3.793**
Image5	5.587	5.744	5.471	5.364	7.058	6.033	**5.146**
Image6	**5.921**	8.039	6.342	7.008	6.958	6.679	6.303
mean	5.559	5.694	5.395	5.731	6.296	5.758	**5.101**

2.4.3　消融实验

本节将研究特征融合结构和边缘损失函数对本章算法的贡献。本节将没有采用特征融合结构、在训练阶段未使用边缘损失函数 LE 的模型称为 NFEGAN，将采用特征融合结构、在训练阶段未使用边缘损失函数 LE 的模型称为 NEGAN，并对 NFEGAN、NEGAN 和本章算法进行对比。本节没有采用基于特征融合结构的生成器，仅使用基于 UNet 的特征提取网络来获取水下图像特征 Fmap_2，然后通过卷积层实现 Fmap_2 到增强图像的重构。在训练阶段，所有的模型或算法均采用相同的初始化方法、超参数和数据集。

在训练阶段，采用未参与训练的 182 幅有参考图像作为测试集。本节的消融实验采用两个有参考图像评价指标来衡量增强后的图像质量，这两个评价指标分别是峰值信噪比（PSNR）和结构相似度（SSIM）[24]。此外，本节的消融实验还测量了增强后的图像与目标图像的均方误差（MSE），以此来观察整体的像素差别。

PSNR 越大，表示图像的失真越小、质量越高，其计算公式为：

$$\mathrm{PSNR}(x,y)=10\lg\left[\frac{\mathrm{MAX}^2}{\mathrm{MSE}(x,y)}\right] \tag{2-14}$$

$$\text{MSE}=\frac{1}{mn}\sum_{i=0}^{m-1}\sum_{j=0}^{n-1}\left\|x(i,j)-y(i,j)\right\|^2 \tag{2-15}$$

式中，m和n分别表示图像横向和纵向的像素数；(i,j)表示像素在图中的坐标；MSE 表示两幅图像的均方误差；y为目标图像；x为增强后的图像；MAX 为能量峰值信号（在 8 位图像中，MAX 被设置为像素最大值，即 255）。

SSIM 从图像的亮度、对比度和结构差异三个方面来比较图像的质量，其中图像的结构差异是主要影响因素。图像的亮度、对比度和结构差异分别通过图像的均值、标准差和两幅图像的协方差来估计。SSIM 的计算公式为：

$$\text{SSIM}(x,y)=\frac{(2\mu_x\mu_y+c_1)(2\sigma_{xy}+c_2)}{(\mu_x^2+\mu_y^2+c_1)(\sigma_x^2+\sigma_y^2+c_2)} \tag{2-16}$$

式中，μ_x和μ_y分别表示生成图像x和目标图像y的均值；σ_x^2和σ_y^2分别表示x和y的方差；σ_{xy}表示x与y的协方差；c_1和c_2是为了避免分母为零的常量，通常取c_1=6.503、$c_2=58.523$。表 2-3 所示为 PSNR、SSIM 和 MSE 的对比。

表 2-3　PSNR、SSIM 和 MSE 的对比

模型或图像增强算法	PSNR	SSIM	MSE
NFEGAN	20.279	0.703	0.0119
NEGAN	20.813	0.793	0.0114
本章算法	**21.279**	**0.803**	**0.0105**

从表 2-3 可以看出，相比于 NFEGAN 模型，NEGAN 模型的 PSNR 提高了 2.63%，SSIM 提高了 12.8%，MSE 下降了 4.20%；在基于特征融合结构的基础上，本章算法中的边缘损失函数使 PSNR 提高了 2.24%、使 SSIM 提高了 1.26%、使 MSE 降低了 7.89%。这些数值表明，特征融合结构与边缘损失函数确实能够提升本章算法的性能，提高增强图像的质量，特征融合结构对本章算法性能带来的提升最大。

为了更加直观地感受特征融合结构和边缘损失函数所带来的视觉效果的提升，图 2-12 展示了 4 幅图像在损失函数消融前后的结果。图 2-12（a）到（e）分别是原始图像、NFEGAN 模型的消融实验结果、NEGAN 模型的消融实验结果、本章算法的消融实验结果和目标图像。

从第 1 行图像、第 2 行图像和第 3 行图像可以看到，基于特征融合结构的生成器具有更强的学习能力，能够去除颜色校正图像中产生的颜色偏差，增强后的图像与目标图像相差无几。同时，我们也可以看到，虽然边缘损失函数能够提升图像质量评价指标，但从人类的视觉感官上并不能察觉这些提升。

此外，在消融实验的结果中可以发现，当水下图像存在颜色单一的大面积背景区域时，增强后的图像将产生棋盘格效应。产生这种现象的原因是，执行反卷积运算的过程出现了不均匀重叠，尤其当卷积核大小无法被步长整除时，这种现象越容易出现[24]。由于本章算法在 UNet 的解码器部分使用了大小为 3、步长为 2 的卷积核，因此在上采样过程中出现了这种不均匀重叠的现象。在图 2-12 中，矩形框标出了产生棋盘格效应的区域。基于特征融合结构的模型能够有效抑制棋盘格效应，获得一个比较平滑的背景。本节的消融实验证明了边缘损失函数和特征融合结构的有效性。

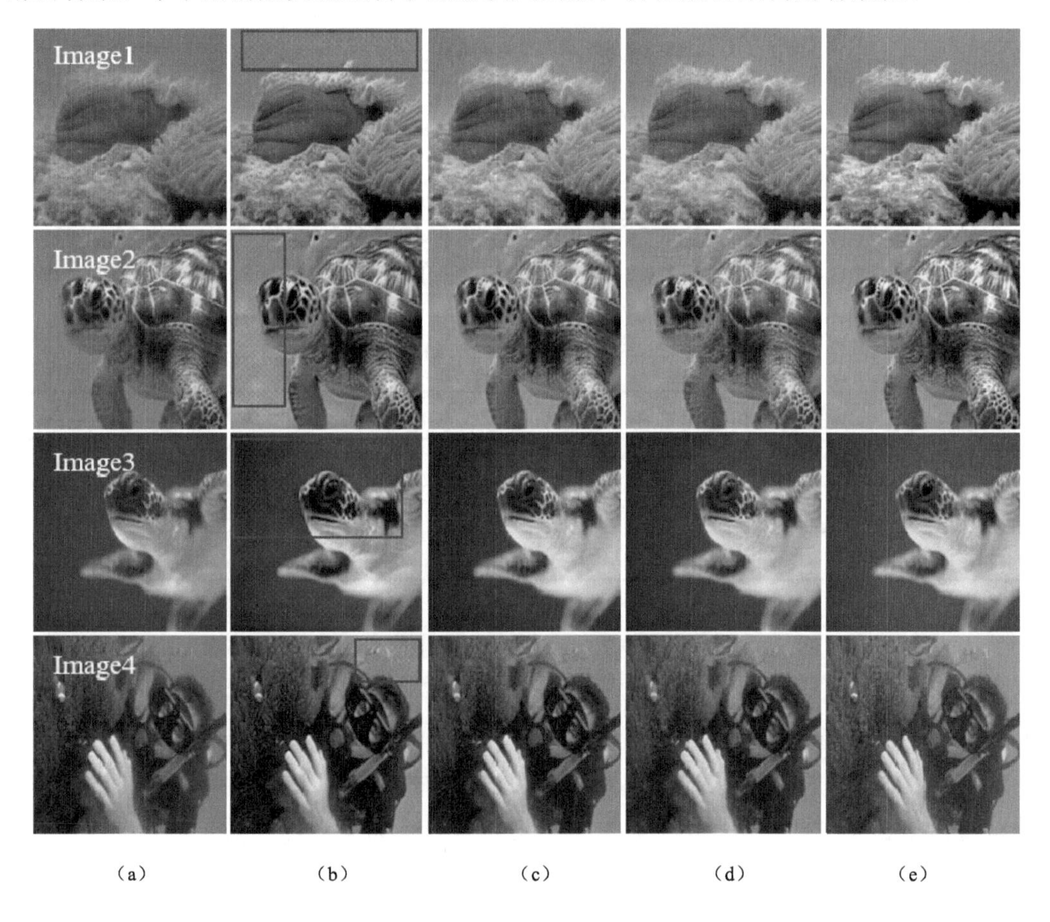

图 2-12　消融实验结果对比图

2.5 本章小结

本章主要介绍了基于特征融合 GAN 的水下图像增强算法。首先，阐述了 GAN 的基本模型结构和数学原理；其次，介绍了基于特征融合 GAN 的水下图像增强算法，主要包括颜色校正、生成器的结构、判别器的结构和损失函数的选择；然后，通过实验对比了本章算法和典型的传统图像增强算法、近几年提出的基于深度学习的图像增强算法，证明了本章算法能够有效提升水下图像质量；最后，本章通过消融实验，证明了特征融合结构和边缘损失函数对本章算法的贡献。

参考文献

[1] GOODFELLOW I J, POUGET-ABADIE J, MIRZA M, et al. Generative adversarial networks[C]//Proceedings of the 27th International Conference on Neural Information Processing Systems, 2014: 2672-2680.

[2] ZHENG C, CHAM T J, CAI J. Pluralistic image completion[C]// Proceedings of the IEEE/CVF Conference on Computer Vision and Pattern Recognition. 2019: 1438-1447.

[3] LI M, HUANG H, MA L, et al. Unsupervised image-to-image translation with stacked cycle-consistent adversarial networks[C]// Proceedings of the European Conference on Computer Vision (ECCV). 2018: 184-199.

[4] FABBRI C, JAHIDUL ISLAM M, SATTAR J. Enhancing underwater imagery using generative adversarial networks[C]// 2018 IEEE International Conference on Robotics and Automation (ICRA). IEEE, 2018: 7159-7165.

[5] RONNEBERGER O, FISCHER P, BROX T. U-net: Convolutional networks for biomedical image segmentation[C]// International Conference on Medical Image Computing and Computer-assisted Intervention. Springer, Cham, 2015: 234-241.

[6] BUCHSBAUM G. A spatial processor model for object colour perception[J]. Journal of the Franklin institute, 1980, 310(1): 1-26.

[7] LAND, EDWIN H. The retinex theory of color vision[J]. Scientific american, 1977, 237(6): 108-129.

[8] van de WEIJER J, GEVERS T, et al. Edge-based color constancy[J]. IEEE Transactions on image processing, 2007, 16(9): 2207-2214.

[9] GALDRAN A, PARDO D, PICÓN A, et al. Automatic red-channel underwater image restoration[J]. Journal of Visual Communication and Image Representation. 2015, 26: 132-145.

[10] ANCUTI C O, ANCUTI C, VLEESCHOUWER C D, et al. Color balance and fusion for underwater image enhancement[J]. IEEE Transactions on Image Processing, 2017, 27(1): 379-393.

[11] MERCADO M A, ISHII K, AHN J. Deep-sea image enhancement using multi-scale retinex with reverse color loss for autonomous underwater vehicles[C]// OCEANS 2017-Anchorage. IEEE, 2017: 1-6.

[12] IOFFE S, SZEGEDY C. Batch normalization: accelerating deep network training by reducing internal covariate shift[C]// International Conference on Machine Learning. PMLR, 2015: 448-456.

[13] ISOLA P, ZHU J Y, ZHOU T H, et al. Image-to-image translation with conditional adversarial networks[C]// Proceedings of IEEE Conference on Computer Vision and Pattern Recognition. 2017, 1125-1134.

[14] ARJOVSKY M, CHINTALA S, BOTTOU. Wasserstein GAN[J]. arXiv preprint arXiv: 1701.07875, 2017, 7.

[15] GULRAJANI I, AHMED F, ARJOVSKY M, et al. Improved training of wasserstein GANs[J]. arXiv preprint arXiv: 1704.00028, 2017.

[16] SIMONYAN K, ZISSERMAN A. Very deep convolutional networks for large-scale image recognition[J]. arXiv preprint arXiv: 1409.1556, 2015.

[17] NGUYEN R M H, KIM S J, BROWN M S. Illuminant aware gamut-based color transfer[C]// Computer Graphics Forum. 2014, 33(7): 319-328.

[18] HE K M, SUN J, TANG X O. Guided image filtering[C]// European Conference On Computer Vision. Springer, Berlin, Heidelberg, 2010: 1-14.

[19] ZUIDERVELD K. Contrast limited adaptive histogram equalization[M]// Paul S. Heckbert P S. Graphics Gems: IV. San Diego: Academic Press Professional, 1994: 474-485.

[20] HE K M, SUN J, TANG X O. Single image haze removal using dark channel prior[J]. IEEE Transactions on Pattern Analysis and Machine Intelligence, 2010, 33(12): 2341-2353

[21] ISLAM M J, XIA Y, SATTAR J. Fast underwater image enhancement for improved visual perception[J]. IEEE Robotics and Automation Letters, 2020, 5(2): 3227-3234.

[22] PANETTA K, GAO C, AGAIAN S. Human-visual-system-inspired underwater image quality measures[J]. IEEE Journal of Oceanic Engineering, 2016, 41(3): 541-551.

[23] MITTAL A, SOUNDARARAJAN R, BOVIK A C. Making a "completely blind" image quality analyzer[J]. IEEE Signal Processing Letters, 2012, 20(3): 209-212.

[24] WANG Z, BOVIK A C, SHEIKH H R, el al. Image quality assessment: from error visibility to structural similarity[J]. IEEE Transactions on Image Processing, 2004, 13(4): 600-612.

第 3 章
基于 ESRGAN 的图像超分辨率重建算法

3.1 引言

第 2 章设计的基于特征融合 GAN 的水下图像增强算法，能够有效改善水下图像的颜色失真问题，提高水下图像的对比度和清晰度。然而在水下图像的获取和传输过程中，由于成像设备速度、网络传输带宽的限制，水下图像往往需要压缩，分辨率过低，低分辨率的水下图像会造成信息量小、特征提取难等问题。为了解决这类问题，本章在单帧图像超分辨率（Single Image Super Resolution，SISR）算法 ESRGAN（Enhanced Super Resolution GAN）[1]的基础上，通过改进生成器的结构，设计了基于 ESRGAN 的水下图像超分辨率重建算法（本章算法）。

3.2 ESRGAN

图像超分辨率重建技术一直是计算机视觉领域的热点话题。近年来，随着深度学习的发展，基于深度学习的图像超分辨率重建技术逐渐成为热点，尤其是基于生成对抗网络（GAN）的图像超分辨率重建算法，更是得到了广泛的推广。Ledig 等人[2]首次将 GAN 应用于图像超分辨率重建任务中，实现了 SRGAN。SRGAN 生成的超分辨率图像的纹理比较真实，但在图像的细节区域往往存在一些伪影。为了解决生成的超分辨率图像存在的伪影问题，同时提高重建图像的质量，Wang 等人[1]提出 SRGAN 的增强版本 ESRGAN。相比于 SRGAN，ESRGAN 主要在特征提取模块结构、对抗损失函数和感知损失函数三个方面进行了改进。

ESRGAN 和 SRGAN 的生成器均采用 SRResnet[3]。SRResnet 由浅层特征提取模块、深层特征提取模块和重建模块构成。首先，通过浅层特征提取模块提取低分辨率图像的原始特征；然后，通过深层特征提取模块提取低分辨率图像的深度残差信息，并采用对应元素相加的方式对原始特征和深度残差信息进行融合；最后，利用重建模块完成超分辨率图像的重建任务。SRResnet 的特点是大部分的计算集中在低分辨率特征空间，减少了网络模型的计算量，SRResnet 的基本结构如图 3-1 所示。其中，第一个卷积层（Conv）是浅层特征提取模块，用于提取低分辨率的浅层特征；中间的多个基本模块（Basic Block）和卷积层构成了深层特征提取模块，上采样模块（Upsampling）与后面的卷积层构成了超分辨率图像的重建模块。

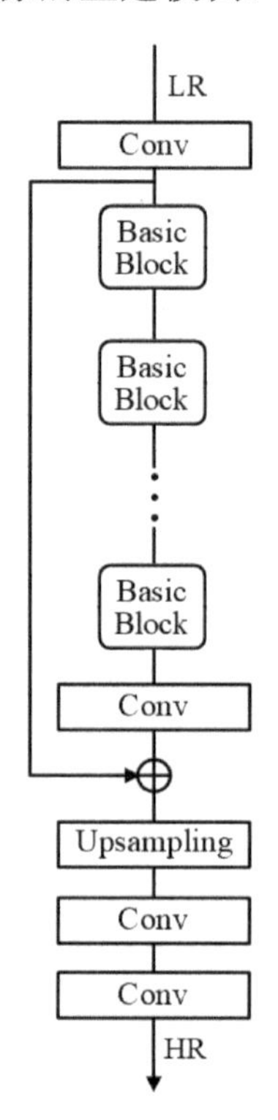

图 3-1 SRResnet 的基本结构

为了进一步提高 SRGAN 的重建图像质量，ESRGAN 在生成器的结构上做了两点改进：一是删除了生成器中的所有批标准化（BN，也称为批量归一化）层；二是用多级残差密集连接模块（Residual-in-Residual Dense Block，RRDB）替换 SRGAN 中的残差模块（Residual Block，RB）。其中，删除 BN 层后，面向不同的峰值信噪比（PSNR）任务，如图像超分辨率[4]和去除图像模糊[5]，已被证明能够提高模型的性能；相比于传统 SRGAN 中的残差模块，多级残差密集连接模块具有更深的层次和更复杂的结构，提升了特征表达能力，能够有效提高模型的性能。此外，为了防止训练的不稳定，ESRGAN 在残差模块加入主路径前，将残差模块提取的特征乘以 β（小于 1 的正数），完成残差模块的缩放。ESRGAN 在特征提取模块结构上的改进如图 3-2 所示。

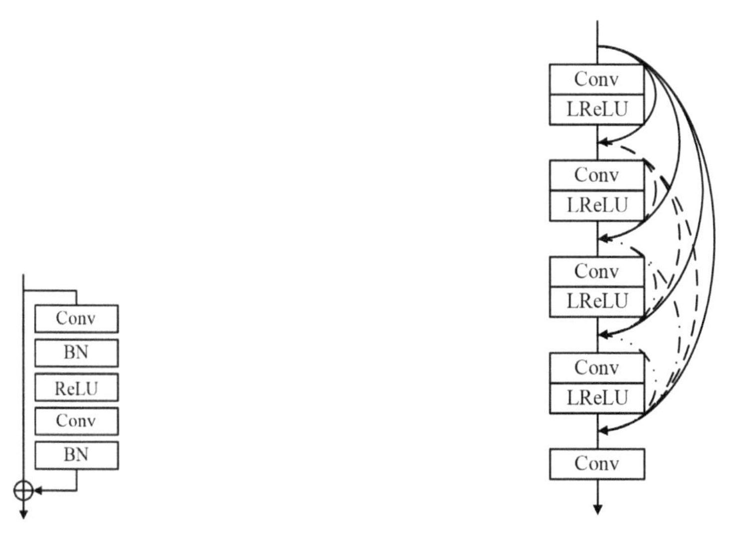

（a）SRGAN 中的残差模块的结构　　（b）RRDB 中的密集连接模块（Dense Block）的结构

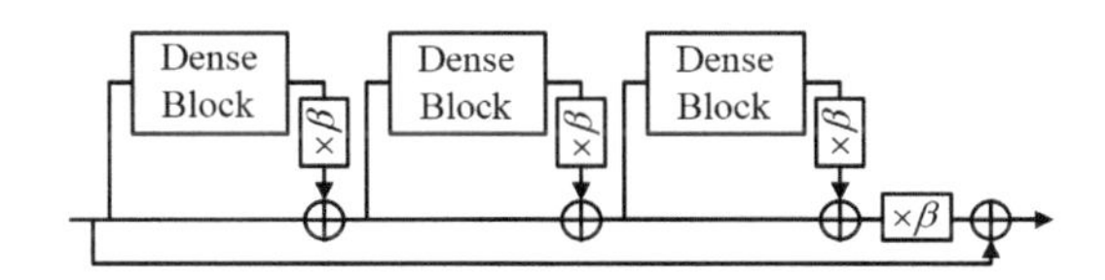

（c）ESRGAN 中的多级残差密集连接模块（RRDB）的结构

图 3-2　ESRGAN 在特征提取模块结构上的改进

除了对 SRGAN 的特征提取模块的结构进行了改进，ESRGAN 还改进了对抗损失函数。ESRGAN 使用了相对平均生成对抗网络（RaGAN）[6]的判别器——相对判别器，与传统 GAN 判别器的任务不同，相对判别器试图预测真实图像比生成图像更加真实且自然的概率。RaGAN 的生成器在训练过程中结合了生成图像和真实图像的梯度，而传统 GAN 的生成器在训练过程中仅使用了生成图像的梯度。相对判别器的数学表达形式如下：

$$D_{\mathrm{Ra}}[y,G(x)]=\sigma\{C(y)-E\{C[G(x)]\}\}\rightarrow 1 \tag{3-1}$$

$$D_{\mathrm{Ra}}[G(x),y]=\sigma\{C[G(x)]-E[C(y)]\}\rightarrow 0 \tag{3-2}$$

式中，x 表示输入的低分辨率图像；y 表示目标超分辨率图像；σ 表示 Sigmoid 激活函数；$G(\cdot)$ 表示生成器的输出；$C(\cdot)$ 表示未激活相对判别器的输出；$E(\cdot)$ 表示对小批量中所有数据取均值的操作。当真实图像比生成图像更加真实自然时，$D_{\mathrm{Ra}}[y,G(x)]$ 的结果趋向于 1，如式（3-1）所示；当生成图像比真实图像的质量差时，$D_{\mathrm{Ra}}[G(x),y]$ 的结果越接近 0，如式（3-2）所示。

根据相对判别器的原理，ESRGAN 的相对判别器和生成器的损失函数可定义为：

$$L_{\mathrm{D}}=-E\{\log D_{\mathrm{Ra}}[y,G(x)]\}-E\{\log\{1-D_{\mathrm{Ra}}[G(x),y]\}\} \tag{3-3}$$

$$L_{\mathrm{G}}=-E\{\log\{1-D_{\mathrm{Ra}}[y,G(x)]\}\}-E\{\log\{D_{\mathrm{Ra}}[G(x),y]\}\} \tag{3-4}$$

式中，L_{D}和L_{G}分别表示相对判别器和生成器的损失函数；$D_{\mathrm{Ra}}(\cdot)$表示相对判别器的输出，其计算方式如式（3-1）和式（3-2）所示。

此外，ESRGAN 还改进了感知损失函数。基于感知相似性的思想，Johnson 等人[7]提出了感知损失的概念。感知损失函数在预训练的深度网络激活层之后，通过最小化两个激活特征之间的差异来提高图像的视觉质量。感知损失函数在 SRGAN 中得到了广泛应用，通过最小化 VGG19 网络激活层之后高维特征的距离来提高超分辨率重建图像的质量。ESRGAN 在生成器的训练过程中，通过约束激活之前的特征来构造更加有效的感知损失函数。通过惩罚激活之前的特征差异克服了 SRGAN 感知损失函数的两个缺陷：

（1）激活后的特征非常稀疏，尤其是在一个非常深的网络中，稀疏的特征提供了较弱的监督，从而导致较差的性能。

（2）提升激活后的特征相似性会导致重建图像与目标图像在亮度上的不一致。

改进后的感知损失函数为重建图像的亮度和纹理提供了更强的监督。ESRGAN 使用预训练 VGG19 网络，通过提取第 5 个最大池化层之前第 4 次卷积操作获得的高级特征构造感知损失函数。感知损失函数可表示为：

$$L_{\mathrm{percep}}=E\left[\left\|\Phi[G(x)]-\Phi(y)\right\|_2^2\right] \tag{3-5}$$

式中，$\Phi(\cdot)$表示通过预训练 VGG19 网络所提取的高级特征。

通过以上几点改进，ESRGAN 成功解决了 SRGAN 生成的超分辨率图像存在伪影的问题，提升了超分辨率图像的视觉效果。

3.3 基于 ESRGAN 的水下图像超分辨率重建算法

3.3.1 生成器的结构

ESRGAN 的提出，提高了生成的超分辨率图像的视觉效果。为了提高水下图像的分辨率，增强水下图像的细节纹理，本章对 ESRGAN 的生成器结构进行了以下改进：

（1）使用多尺度密集连接模块（MDB）代替原始的密集连接模块（DB）。

（2）在 MDB 后添加通道注意力机制调整不同通道的特征响应值。

卷积神经网络（CNN）是通过逐层抽象的方式来提取特征的，其中最重要的概念就是感受野。感受野是指卷积层输出特征的像素在输入上的映射区域大小。若感受野太小，则只能观察到局部特征；若感受野太大，则提取的特征可能包含过多的无用信息。多尺度特征融合技术结合了不同尺度的特征，能够有效提取物体及其周围环境的信息，在特征提取中得到了广泛的应用[8-10]。

为了更有效利用每一层的特征，加强特征的传递，大量的算法在卷积神经网络模型中引入密集连接[11]，其主要思想是对每个卷积层之前的所有输入进行拼接，然后将拼接的特征传递给后面所有的卷积层。密集连接结构的引入使得每一层都能够直接利用损失函数的梯度和输入信息，在一定程度上缓解了梯度消失现象，有助于训练更深的网络。在密集连接结构中，每层输出的特征都作为后面所有层的输入，这样的设计减小了特征在传递过程中的信息丢失，使得特征的利用更加有效。同时，密集连接结构比传统的卷积神经网络的参数少，对过拟合有一定的抑制作用。

为了进一步增强网络的特征表达能力，注意力机制被广泛引入计算机视觉任务中[12-14]。注意力机制根据特征的重要性为不同的特征赋予了不同的权重，为重要的特征分配较大的权重，为不重要的特征分配较小的权重，增强了网络的特征表达能力，提高了网络的性能和准确率。在这些思想的启发下，本章设计了带有注意力机制的多尺度密集连接模块（MADB），该模块将多尺度特征融合、密集连接和注意力机制结合在一起，能够有效地从低分辨率的图像中学习高频信息。MADB 和多尺度特征提取模块的结构如图 3-3 所示。

假设 MADB 的输入特征为 F_0，MADB 的特征提取过程如下：首先，F_0 通过一个多尺度特征提取模块，该模块采用并行多分支的多尺度特征融合结构［其结构见图 3-3（b）］，利用大小为 3、卷积层深度分别为 1 和 2 的卷积层提取不同尺度的特征，其中，单个卷积层的感受野为 3，两个串联的卷积层的感受野为 5。然后，将提取的不同尺度特征按照对应元素相加的方式进行融合，其输出表示为：

$$F_1 = f_{3\times3}(F_0) + f_{3\times3}[f_{3\times3}(F_0)] \tag{3-6}$$

式中，F_1 表示第一个多尺度特征提取模块的输出；$f_{3\times3}$ 表示卷积核大小为 3 的卷积运算。同理，后续两个多尺度特征提取模块的输出可表示为：

$$F_2 = f_{3\times3}[C(F_1, F_0)] + f_{3\times3}\{f_{3\times3}[C(F_1, F_0)]\} \tag{3-7}$$

$$F_3 = f_{3\times3}[C(F_2,F_1,F_0)] + f_{3\times3}\{f_{3\times3}[C(F_2,F_1,F_0)]\} \tag{3-8}$$

式中，F_2 和 F_3 分别表示第 2 个和第 3 个多尺度特征提取模块的输出；$C(\cdot)$ 表示特征拼接操作。在 3 个多尺度特征提取模块后，使用卷积核大小为 3 的卷积层实现不同深度特征的融合，同时完成特征的降维。

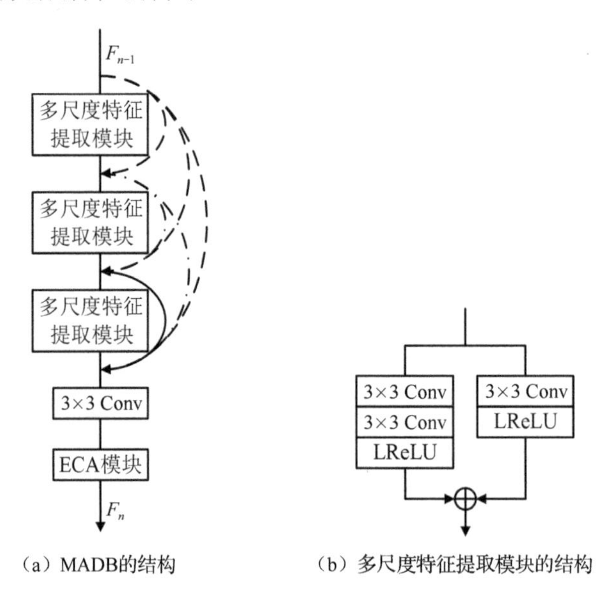

（a）MADB的结构　　（b）多尺度特征提取模块的结构

图 3-3　MADB 和多尺度特征提取模块的结构

为了进一步提升深度学习网络模型的特征表达能力，本章算法在特征融合之后添加了注意力机制，通过自适应地调整各个通道的权重，可以更加关注重要的特征，从而提升了网络的性能。然而，注意力机制的引入在提升性能的同时会不可避免地增加模型的复杂度，考虑到模型的性能和复杂度，本章算法在特征融合之后引入了计算复杂度低且能够保持高性能的通道注意力（Efficient Channel Attention，ECA）[15]模块，该模块的结构如图 3-4 所示。

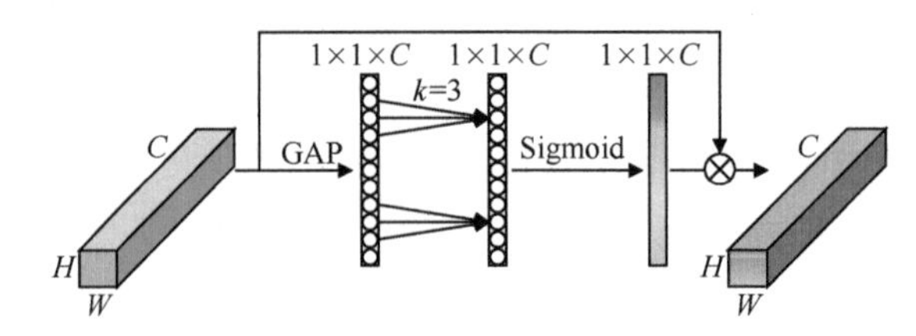

图 3-4　ECA 模块结构

ECA 模块采用了避免降维的局部跨通道交互策略。考虑高、宽和通道数量分别为 H、W 和 C 的输入特征，ECA 模块工作流程如下：首先，在每个通道中独立地使用全局平均池化（GAP），获取每个通道的背景信息，其输出张量的大小为 $1\times1\times C$；然后，通过大小为k的一维卷积完成跨通道信息的交互，并通过Sigmoid函数将交互后的通道信息映射为各通道对应的权重，其中，一维卷积核的大小k表示跨通道交互的范围；最后，将各通道与其权重相乘获得调整权重后的特征。

在MADB的最后，多尺度特征经过ECA模块调整后的输出可以表示为：

$$F_{\text{out}} = \text{ca}\{f_{3\times3}[C(F_3, F_2, F_1, F_0)]\} \tag{3-9}$$

式中，F_{out}表示MADB的输出；$\text{ca}(\cdot)$表示通过ECA模块对不同通道权重进行调整的操作。

本章算法中生成器的整体结构与ESRGAN中生成器的整体结构相同，均基于SRResnet结构设计。本章算法对生成器结构的改进主要集中在深度残差信息提取模块，删除了生成器中的批标准化（BN）层。这是由于BN层在训练过程中使用均值和方差对输入进行归一化处理，并在推理过程中使用整个训练集估计的均值和方差。当测试集和训练集数据的统计特性差异较大时，BN层的引入反而会限制网络的泛化能力，降低模型的鲁棒性。BN层的删除也减少了模型计算的复杂度和内存的使用量。此外，本章算法采取了ESRGAN中的多级残差模块，并使用多级残差MADB（RR-MADB）代替ESRGAN中的密集连接模块（Dense Block）。残差结构的引入简化了学习的过程，加强了梯度的传递，有利于训练层次更深的网络。RR-MADB的结构如图3-5所示。

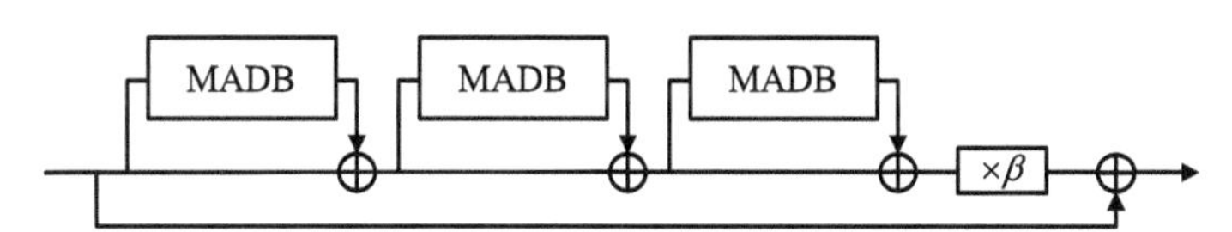

图3-5　RR-MADB的结构

本章算法改进后的生成器结构如图3-6所示。其中，RR-MADB的输入为64通道，输出为32通道，本章算法改进后的生成器共使用18个RR-MADB。此外，上采样（Upsampling）层采用最邻近插值操作，生成器中使用大小为3×3的卷积核。

3.3.2　相对判别器的结构

为了合理地估计目标超分辨率图像比生成器生成的超分辨率图像更加真实且自然的概率，在对抗训练中采用了图3-7所示的相对判别器结构（图中的比值表示卷积核的数量/步长，如64/1、256/2等）。其中，相对判别器的输入为生成器输出图像和对应的目标图像，而相对判别器的输出为目标图像比生成图像更加真实且自然的概率。

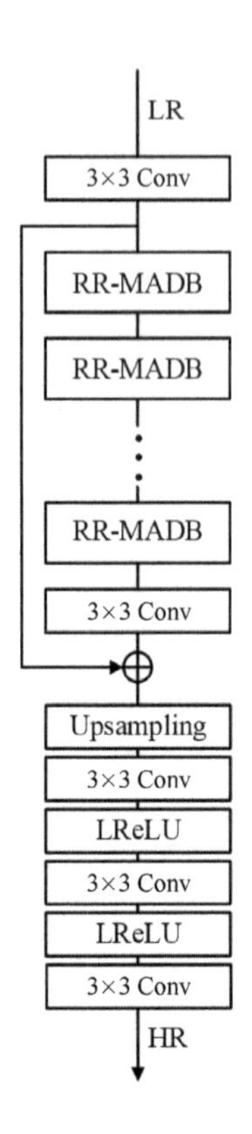

图 3-6　本章算法改进后的生成器结构

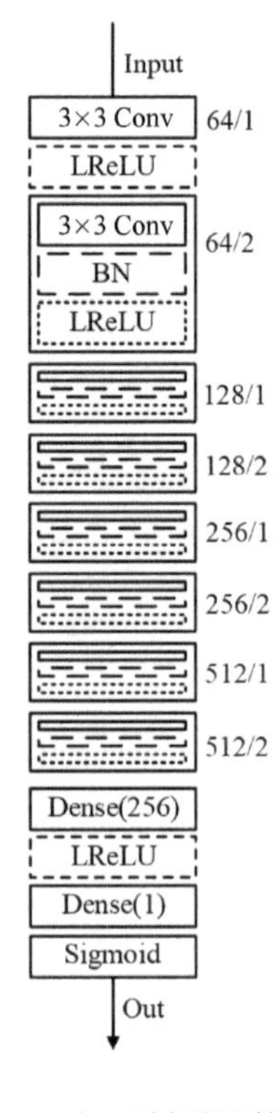

图 3-7　相对判别器的结构

对于相对判别器结构的设计，本章算法遵循深度卷积生成对抗网络（DCGAN）[16]设计的原则：使用 Leaky ReLU（LReLU）激活函数和批标准化（Batch Normalization）层，同时避免使用池化操作。本章算法中的相对判别器共包含 8 个卷积层，所有卷积层均采用大小为 3×3 的卷积核。卷积层中的卷积核数量成倍增长，从 64 逐渐增加到 512。相对判别器由卷积步长分别为 1 和 2 的卷积层交替构成，当特征数量成倍增加时，使用步长为 2 的卷积层来降低图像的分辨率。在相对判别器的最后，通过 1 个全连接层（Dense）和 1 个 Sigmoid 激活函数将特征映射为最终的概率。

3.3.4　损失函数的选择

为了提升重建图像的质量，本章算法的生成器使用多个损失函数的线性组合，其计算公式为：

$$L_{\mathrm{G}} = L_{\mathrm{per}} + \lambda_1 L_{\mathrm{L1}} + \lambda_2 L_{\mathrm{G}}^{\mathrm{Ra}} \tag{3-10}$$

式中，L_{per} 为感知损失函数；L_{L1} 为内容损失函数；$L_{\mathrm{G}}^{\mathrm{Ra}}$ 为对抗损失函数；λ_1和λ_2 分别为各损失函数的加权系数。

（1）感知损失函数。感知损失函数对于生成器的性能是至关重要的，不同于基于像素差异的损失函数，感知损失函数通过惩罚预训练网络提取的高维特征的差异来提升生成器输出图像的质量。本章算法使用预训练网络 VGG19[4]构造更加有效的感知损失函数。具体地，选择预训练网络 VGG19 第 5 个最大池化层之前的第 4 个卷积层提取的特征，通过最小化生成器输出图像和目标图像特征的欧氏距离来提高输出图像的视觉感知质量。感知损失函数的定义为：

$$L_{\mathrm{per}} = E\left\{\left\|\varphi[G(x)] - \varphi(y)\right\|_2^2\right\} \tag{3-11}$$

式中，x 为低分辨率水下图像；y 表示训练集中与 x 相对应的超分辨率图像；$G(\cdot)$ 表示生成器输出图像；$\varphi(\cdot)$ 表示通过 VGG19 提取的高级特征。

（2）内容损失函数。为了减小生成器输出图像与真实超分辨率图像的像素差异，本章算法通过缩小生成图像与训练集真实图像的 L1 距离来提高像素级别的相似度，可表示为：

$$L_{\mathrm{L1}} = E\left[\left\|G(x) - y\right\|_1\right] \tag{3-12}$$

（3）对抗损失函数。本章算法采用 ESRGAN 中的相对判别器，通过该相对判别器来估计目标图像比生成器生成的水下图像更加真实且自然的概率。具体地，本章算法采用 RaGAN 的对抗损失函数，从平均的角度估计目标图像比生成器生成的水下图像更加真实且自然的概率。相对判别器的对抗损失函数的定义为：

$$L_{\mathrm{D}}=-E\{\log\{D_{\mathrm{Ra}}[y,G(x)]\}\}-E\{\log\{1-D_{\mathrm{Ra}}[G(x),y]\}\} \tag{3-13}$$

相应地，本章算法的生成器的对抗损失函数定义为：

$$L_{\mathrm{G}}=-E\{\log\{1-D_{\mathrm{Ra}}[y,G(x)]\}\}-E\{\log\{D_{\mathrm{Ra}}[G(x),y]\}\} \tag{3-14}$$

式中，x 表示输入的低分辨率水下图像；y 表示与 x 对应的目标超分辨率图像；$G(\cdot)$ 表示生成器的输出图像；$D_{\mathrm{Ra}}(\mathrm{input}_1,\mathrm{input}_2)$ 表示输入 input_1 比 input_2 更加真实且自然的概率。

3.4 实验与分析

本节的实验主要针对水下图像进行 2 倍超分辨率重建。为了验证本章算法的有效性，本节实验对比了本章算法与 ESRGAN 算法，以及其他具有代表性的单帧图像超分辨率重建算法，并从主观和客观两方面对实验结果进行了分析。本节实验是在 Linux 操作系统下进行的，采用的深度学习框架是 PyTorch。

3.4.1 实验数据及训练

本节实验中的训练数据集采用公开的超分辨率数据集 DIV2K[17]。数据集 DIV2K 中共有 1000 幅 2K 分辨率的高质量图像、800 幅训练图像、100 幅验证图像和 100 幅测试图像。本节实验在测试时使用 Set5[18]、Set14[19]、BSD100[20]数据集和自建的水下图像数据集。数据集 Set5 中包含 5 幅动植物图像，数据集 Set14 中包含 14 幅动植物图像（比数据集 Set5 中的图像包含更多的细节信息），数据集 BSD100 中包含 100 幅自然景色和人工景物图像。这三个数据集的元素丰富，常用于图像超分辨任务的性能测试任务。自建的水下图像数据集中包含 12 幅水下场景的图像，由 Underwater-Imagenet 测试集中的图像经过本书第 2 章的算法增强后获得。在训练网络模型时，针对数据集图像较少情况，本节实验使用数据增强技术，先对图像进行随机水平或垂直翻转，再对图像进行随机裁剪，获得 128×128 的高质量图像块。训练集和测试集中的低分辨率图像由随机裁剪的高质量图像块通过调用 PIL（Python Image Library）函数实现双三次插值（Bicubic）获得。

本节实验的训练过程分为两个阶段。首先，以生成器输出图像为基础，以超分辨率图像的 L1 距离为损失函数，训练一个面向峰值信噪比（PSNR）的模型，初始学习率（Learning Rate）设置为 2×10^{-4}，每经过 10^5 次迭代学习率衰减为原来的 1/2。然后，使用训练好的面向 PSNR 的模型初始化生成器。生成器和相对判别器初始学习率设置为 1×10^{-4}，每经过 10^5 次迭代学习率衰减为原来的 1/2。使用带有逐像素差异的预训练能够提高基于 GAN 算法生成的超分辨率图像的视觉效果，这是因为该算法能够避免生成器陷入局部最优，并且以面向 PSNR 的模型初始化生成器，相对判别器将接收到质量相对较高的超分辨率图像，而不是质量较差的图像，这有利于对抗训练将重点集中在图像的细节纹理上。本节实验的训练过程最终将获得两个模型：一个侧重于减少像素差异，关注客观评价指标 PSNR；另一个侧重于减少感知差异，旨在提高图像的视觉效果。

模型训练时使用 Adam 优化器，一阶动量项 β_1 设置为 0.9，二阶动量项 β_2 设置为 0.999。模型训练以小批量方式进行，批处理大小（Batch Size）设置 8。在优化生成器时，损失函数的权重 λ_1 和 λ_2 分别设置为 1×10^{-2} 和 5×10^{-5}。

3.4.2　实验结果

本节实验在自建的水下图像数据集上对比了本章算法和双三次插值（Bicubic）、FSRCNN[21]、ESRGAN 等算法的性能。其中，ESRGAN 的生成器采用 23 个 RRDB，共有 16.7×10^6 个参数。此外，本节实验将训练阶段中面向 PSNR 的模型作为对比之一，记作 Ours-L1。

本节实验以峰值信噪比（PSNR）作为图像的客观评价指标，其计算公式为：

$$\mathrm{PSNR}=10\lg\left[\frac{\mathrm{MAX}^2}{\mathrm{MSE}}\right] \tag{3-15}$$

式中，MAX 表示能量峰值信号，对于数字图像，MAX 的取值为 255；MSE 表示重建图像与目标超分辨率图像的均方误差。PSNR 通过计算两幅图像对应像素间的误差来评价重建图像的质量，在图像超分辨率重建任务中的使用最为广泛。PSNR 越大，表明图像的失真越小。不同算法或模型在数据集上的 PSNR 如表 3-1 所示。

表 3-1 不同算法或模型在数据集上的 PSNR

数据集	Bicubic	FSRCNN	ESRGAN	Ours-L1	本章算法
Set5	31.787	33.404	32.637	35.758	33.193
Set14	28.298	29.487	28.787	31.387	29.481
BSD100	26.725	26.763	25.801	26.964	25.953
自建的水下图像	30.288	32.496	29.047	32.751	29.217

从表 3-1 中的数据可以看出，基于像素差异的图像超分辨率重建算法（如 FSRCNN 算法和 Ours-L1 模型），均获得了较高的 PSNR。由于 Ours-L1 模型采用了本章算法改进的生成器，并使用基于像素差异的损失函数进行了优化，因此获得了最高的 PSNR。基于对抗损失与感知损失的生成器模型的图像超分辨率重建算法（ESRGAN 算法）的 PSNR 相对较低。在网络结构不变的情况下，Ours-L1 模型的 PSNR 总大于本章算法。然而基于像素差异的损失函数捕捉纹理细节特征的能力十分有限，由基于像素差异的损失函数优化的模型很难恢复图像丢失的高频细节，重建后的图像往往由于边缘区域过度平滑而导致视觉效果大大降低[2]。

为了更加直观地感受本章算法的有效性，以及基于像素差异的损失函数的缺陷，图 3-8 给出不同算法对 4 幅图像进行 2 倍超分辨重建的结果。图 3-8（a）到（g）分别是原始图像、HR 算法的重建结果、Bicubic 算法的重建结果、FSRCNN 算法的重建结果、ESRCNN 算法的重建结果、Ours-L1 模型的重建结果、本章算法的重建结果。图 3-8（a）所示为 4 幅低分辨率的原始图像，每幅图像右侧的图像是 2 倍超分辨率重建结果，其中上下两行图像分别为原始图像中蓝色框内图像和绿色框内图像的 2 倍超分辨率重建结果。

从图 3-8 中可以看到，使用 Bicubic 算法得到的超分辨率重建图像的边缘区域比较平滑，不能得到边缘锐化的清晰图像，最终的插值图像显得比较模糊，给观察者较差的视觉效果。

与基于插值的图像超分辨率重建算法（如 Bicubic）相比，基于深度学习的图像超分辨率重建算法获得了质量较高的图像。其中，使用 FSRCNN 算法重建的图像质量在整体上优于 Bicubic 算法。FSRCNN 算法以基于像素差异的损失函数优化模型，虽然在部分测试结果中获得了较高的 PSNR，但使用该算法得到的超分辨率重建图像在边缘区域存在模糊，如 Image1 中蓝色框内的鱼尾部分和绿色框内的鱼头部分，以及 Image3 中蓝色框内的鱼头部分。对于同样以像素差异为损失函数的 Ours-L1 模型，重建图像取得了较好的效果，其中的纹理也比较清晰。相比于 Bicubic 算法与 FSRCNN 算法，使用 Ours-L1 模型的超分辨率重建图像的视觉效果大大提升，但该模型对于低分辨率水下图像中的细节区域密集或不明显区域的重建结果会产生轻微的边缘模糊现象，如 Image2 中蓝色框内的浑浊区域、Image3 中绿色框内的石头区域，以及 Image4 中绿色框内的珊瑚区域，这些区域的边缘比较平滑，但纹理不清晰。

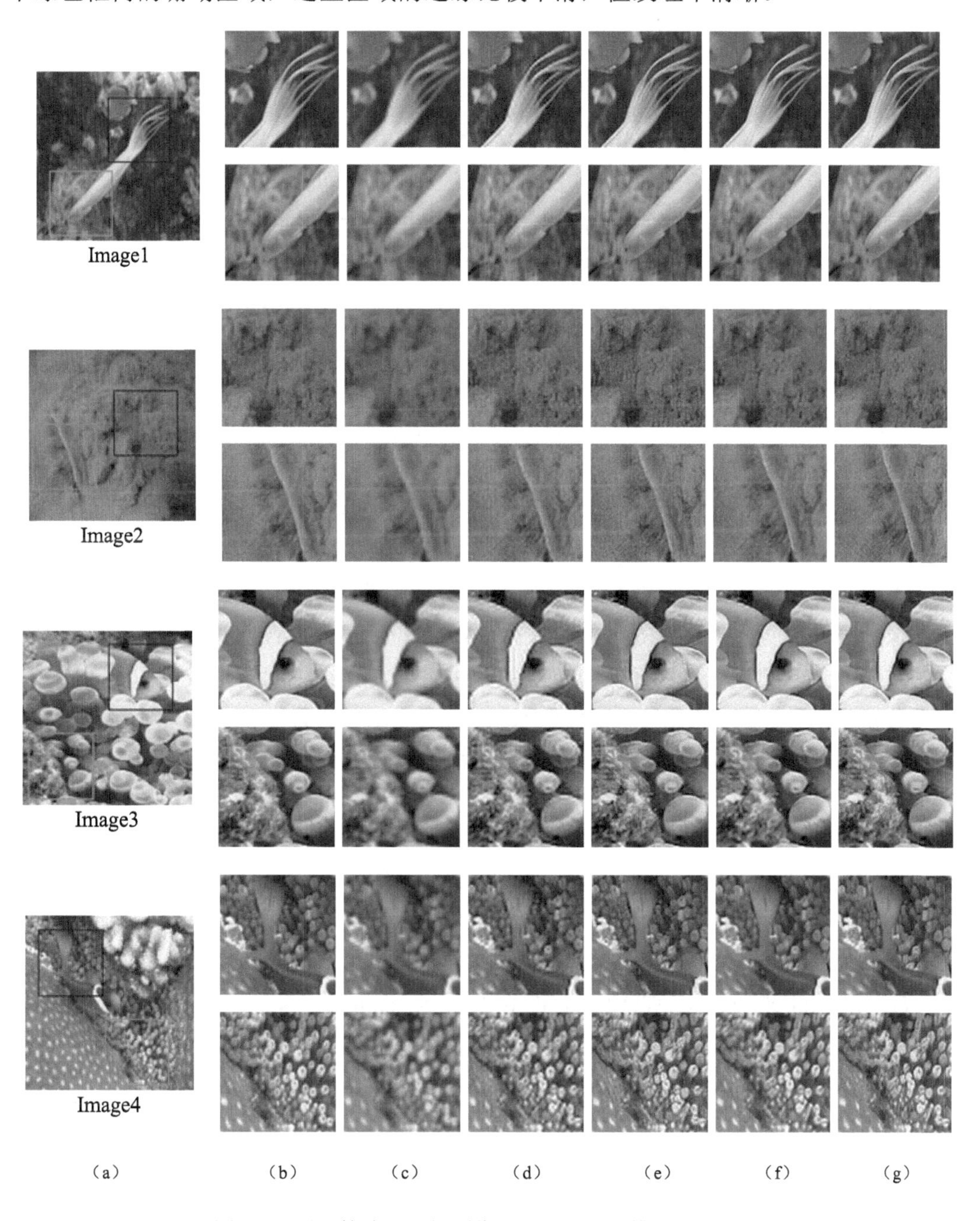

图 3-8　不同算法对 4 幅图像进行 2 倍超分辨重建的结果

相比于由基于像素差异的损失函数优化的模型，ESRGAN 算法和本章算法均使用对抗损失函数和感知损失函数对生成器进行联合优化，能够抑制边缘模糊现象，输出具有锐化边缘的超分辨率图像。在部分重建图像中，使用本章算法获得了质量更高的重建图像，如 Image1 中蓝色框内的鱼尾区域；使用 ESRGAN 算法的重建图像产生了轻微的伪影，使用本章算法的重建图像获得了比较清晰的边缘，如 Image2 中绿色框内图像的重建图像，使用 ESRGAN 算法的重建图像的边缘区域存在轻微的模糊问题，而使用本章算法的重建图像获得了边缘锐化的效果。

经上述分析可知，与 Bicubic 和 FSRCNN 算法相比，本章算法可显著提升重建图像的质量，能够提供相对较多的细节信息，大大提升了重建图像的视觉效果。相对于 ESRGAN 算法，本章算法的 PSNR 提高了 0.17 dB，并且在部分重建图像中提高了视觉效果。值得注意的是，本章算法改进后的生成器大约有 15.66×10^6 个参数，相比于 ESRGAN 算法，参数总量减少了约 6.79%。本章算法在参数较少的情况下提升了重建图像的质量，证明了本章算法的有效性。

3.5 本章小结

本章主要阐述了基于 ESRGAN 的图像超分辨率重建算法。首先，阐述了基于 GAN 的图像超分辨率重建算法 SRGAN 和 ESRGAN，以及 ESRGAN 算法相对于 SRGAN 算法的主要改进。其次，介绍了本章算法的改进之处，详细说明了生成器和相对判别器的结构及作用，同时介绍了训练过程中模型的损失函数。最后，通过实验对比了本章算法与其他典型的图像超分辨率重建算法，证明了本章算法的有效性。

参考文献

[1] WANG X, YU K, WU S, et al. ESRGAN: enhanced super-resolution generative adversarial networks[C]// Proceedings of the European Conference on Computer Vision (ECCV) Workshops, 2018.

[2] LEDIG C, THEIS L, HUSZAR F, et al. Photo-realistic single image super-resolution using a generative adversarial network[C]// Proceedings of the IEEE Conference on Computer Vision and Pattern Recognition, 2017: 4681-4690.

[3] SHI W, CABALLERO J，THEIS L, et al. Is the deconvolution layer the same as a convolutional layer?[J]. arXiv:1609.07009.

[4] LIM B, SON S, KIM H, et al. Enhanced deep residual networks for single image super-resolution[C]// Proceedings of the IEEE Conference on Computer Vision and Pattern Recognition Workshops, 2017: 136-144.

[5] NAH S, KIM T H, LEE K M. Deep Multi-scale Convolutional Neural Network for Dynamic Scene Deblurring[C]// Proceedings of the IEEE Conference on Computer Vision and Pattern Recognition, 2017: 3883-3891.

[6] JOLICOEUR-MARTINEAU A. The relativistic discriminator: a key element missing from standard GAN[J]. arXiv:1807.00734v1.

[7] JOHNSON J, ALAHI A, FEI-FEI L. Perceptual losses for real-time style transfer and super-resolution[C]// European Conference on Computer Vision. Springer, 2016: 694-711.

[8] 郭继昌，郭昊，郭春乐．多尺度卷积神经网络的单幅图像去雨方法[J]．哈尔滨工业大学学报，2018, 50(3): 191-197.

[9] JIANG K, WANG Z, YI P, et al. Multi-scale progressive fusion network for single image deraining[C]// Proceedings of the IEEE/CVF Conference on Computer Vision and Pattern Recognition, 2020: 8346-8355.

[10] SHAO M W, LI L, MENG D Y, et al. Uncertainty guided multi-scale attention network for raindrop removal from a single image[J]. IEEE Transactions on Image Processing, 2021, 30: 4828-4839.

[11] HUANG G, LIU Z, VAN DER MAATEN L, et al. Densely connected convolutional networks[C]// Proceedings of the IEEE Conference on Computer Vision and Pattern Recognition, 2017: 4700-4708.

[12] QIAN R, TAN R T, YANG W, et al. Attentive generative adversarial network for raindrop removal from a single image[C]// Proceedings of the IEEE Conference on Computer Vision and Pattern Recognition, 2018: 2482-2491.

[13] LIU X, MA Y, SHI Z, et al. Griddehazenet: Attention-based multi-scale network for image dehazing[C]// Proceedings of the IEEE/CVF International Conference on Computer Vision, 2019: 7314-7323.

[14] FU J, LIU J, TIAN H, et al. Dual attention network for scene segmentation[C]// Proceedings of the IEEE/CVF Conference on Computer Vision and Pattern Recognition, 2019: 3146-3154.

[15] WANG Q, WU B, ZHU P, et al. ECA-Net: efficient channel attention for deep convolutional neural networks[C]// Proceedings of the IEEE/CVF Conference on Computer Vision and Pattern Recognition(CVPR), 2020: 11531-11539.

[16] RADFORD A, METZ L, CHINTALA S. Unsupervised representation learning with deep convolutional generative adversarial networks[J]. arXiv: 1511.06434.

[17] AGUSTSSON E, TIMOFTE R. Ntire 2017 challenge on single image super-resolution: Dataset and study[C]// Proceedings of the IEEE Conference on Computer Vision and Pattern Recognition Workshops, 2017: 126-135.

[18] BEVILACQUA M, ROUMY A, GUILLEMOT C, et al. Low-complexity single-image super-resolution based on nonnegative neighbor embedding[C]// Proceedings of the British Machine Vision Conference, 2012.

[19] ZEYDE R, ELAD M, PROTTER M. On single image scale-up using sparse-representations[C]// International Conference on Curves and Surfaces. Springer, Berlin, Heidelberg, 2010: 711-730.

[20] MARTIN D, FOWLKES C, TAL D, et al. A database of human segmented natural images and its application to evaluating segmentation algorithms and measuring ecological statistics[C]// Proceedings Eighth IEEE International Conference on Computer Vision(ICCV), 2001, 2: 416-423.

[21] DONG C, LOY C C, TANG X. Accelerating the super-resolution convolutional neural network[C]// European Conference on Computer Vision. Springer, 2016: 391-407.

第 4 章 基于嵌套 UNet 的图像分割算法

4.1 引言

利用脉冲耦合神经网络（Pulse Coupled Neural Network，PCNN）能够有效解决裂缝图像检测中存在的噪声干扰和自适应分割等问题，但 PCNN 仍属于传统的神经网络方法，无法大批量地处理裂缝图像数据，速度达不到要求。传统的路面裂缝图像检测算法通常先采集裂缝图像数据，然后在后台中离线处理数据。随着路面检测系统对准确率和实时性要求的提高，对路面裂缝进行快速、准确的检测在路面养护工作中显得尤为重要。

近年来，深度学习在图像目标识别中表现出了优异的性能。虽然深度学习在前期需要消耗较多的时间和人力，但图像目标识别速度快，且识别效果也要明显优于传统的图像目标识别方法，能做到在实际环境中一边采集裂缝图像数据一边检测裂缝图像，适用于大样本裂缝图像数据的快速处理。文献[1]提出了一种基于深度全卷积神经网络的混凝土裂缝图像分割算法，其平均精度达到 90%，可准确地检测到裂缝，并对裂缝密度做出正确的评价，但出现了较多嘈杂的裂缝图像特征。UNet[2]是基于卷积网络的改进网络，没有全连接层，可以实现任意尺寸图像的分割。UNet 刚开始是用于医学图像分割的，如肝脏、眼球等图像的分割。

本章将 UNet 用于裂缝图像的分割，并提出了一种新的结合注意力机制的嵌套 UNet 卷积神经网络裂缝分割模型（Att_Nested_UNet）。嵌套的 UNet 可通过长、短连接更好地对不同层次的特征进行融合，能更好地保留裂缝细节特征，但在裂缝图像中往往存在大量的噪声点，因此本章引入注意力机制来抑制裂缝图像中的不相关区域。本章提出的 Att_Nested_UNet 模型在 9990 幅不同类型的裂缝数据集上进行了评估，主观实验结果、客观性能指标都表明，Att_Nested_UNet 模型要优于 UNet++、Att_UNet、UNet 等在裂缝图像分割上的表现，能够提高裂缝图像分割的准确性，消除噪声，并保留裂缝图像的细节，可在大规模裂缝图像数据上实现快速、准确的检测效果。

4.2 卷积神经网络的相关技术

随着人工智能时代的到来，深度学习在众多领域（如图像目标分类、目标检测、图像分割等）都表现出了优越的性能。卷积神经网络（CNN）是深度学习中的一个典型网络，也是应用最为广泛的网络。CNN 能够共享权重，且只作用于局部区域。较其他深度学习网络而言，CNN 大大减少了参数数量。CNN 的典型结构如图 4-1 所示，主要包括输入层、输出层、中间层，中间层是 CNN 的核心，由卷积层、池化层、全连接层组成，其主要作用是提取图像中的高维特征。

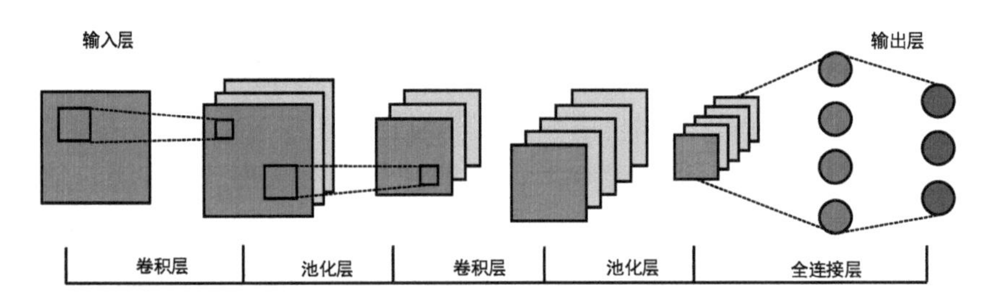

图 4-1　CNN 的典型结构

CNN 中的卷积层主要实现卷积操作，卷积操作的主要过程是使用卷积核与输入图像中某点邻域内的对应像素相乘，乘积和作为输出图像中该位置的像素值。卷积操作如图 4-2 所示。

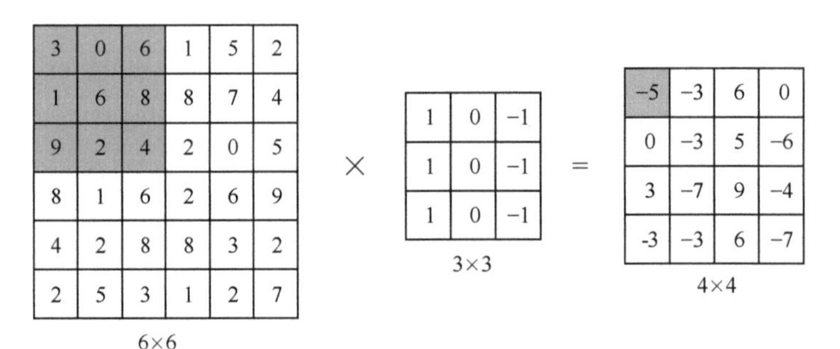

图 4-2　卷积操作

当输入图像大小为 n、滤波器的尺寸为 k、步幅为 s、填充大小为 p 时，图像和滤波器卷积之后的输出大小为 $\left[\frac{n+2p-k}{s}\right]+1$。在 CNN 中，每个卷积核在各个位置的参数不是预先设定好的，而是通过模型在训练过程中的反向传递来更新模型的各个参数的。

池化层的作用是去除冗余信息，简化模型，提升运算速度。池化操作如图 4-3 所示。池化操作可分为最大池化（Max Pooling）和平均池化（Mean Pooling）。顾名思义，最大池化是指选择某个范围内的像素最大值，平均池化是指计算邻域内像素的平均值。从图 4-3 所示的池化操作可以看出，局部区域的具体位置并不影响结果，这种旋转、平移、伸缩的不变性，是 CNN 的一个重要特点。

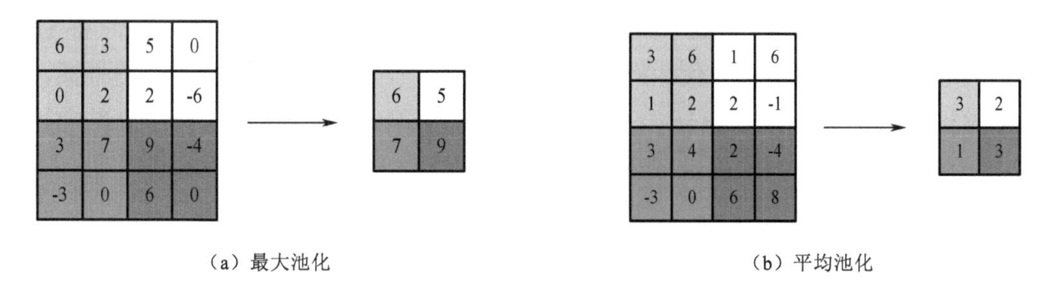

（a）最大池化　（b）平均池化

图 4-3　池化操作

在 CNN 中，卷积的主要作用是从图像中提取特征。在图像目标识别中，提取到的局部特征会被发送到全连接层进行组合，从而得到所需的分类结果或识别结果。在图像目标分割中，局部特征的空间结构特性是不能被忽略的，所以全连接层不适合在方位上查找目标的任务。

4.3 全卷积网络

使用传统的 CNN 进行图像分割时，通常的做法是选择整幅图像中的一小块区域作为 CNN 输入，这种做法存在以下的问题：

（1）存储开销大。因为要遍历图像的每个像素，将以每个像素为中心的图像块作为输入，若图像块的大小为 15×15，则存储空间将增加到原图像的 225 倍。

（2）计算效率低。滑动窗口在遍历相邻的像素时，窗口内的很多像素都是重复的，此时的卷积运算结果有很大的重复性。

（3）滑动窗口的尺寸被称为感受野范围，限制着分类性能。滑动窗口的尺寸通常是 15×15 或 25×25，远远小于原图像的大小，因此只能作用于局部特征。

CNN 在图像分割中的使用受到了很大限制，针对上述问题，Long 等人[3]提出了全卷积网络（FCN）的概念。FCN 是一种端到端的网络，能够实现像素级的预测。

图像分割任务最终需要得到一幅二维分割图，而在传统的 CNN 中，全连接层输出的是各个种类的概率，所以 FCN 丢弃了 CNN 中的全连接层。FCN 使用 VGG 网络作为预训练模型来多次通过下采样提取特征，并将最后 3 个全连接层改成卷积层。FCN 中的卷积结构如图 4-4 所示。VGG 网络是传统 CNN 的一个经典模型，包括卷积层和全连接层，其中 1 至 5 层是卷积层，6 至 8 层是全连接层，输出的分别是长度为 4096、4096、1000 的一维向量，这些一维向量中的元素对应着相应类别的概率。FCN 将 VGG 网络的最后三层用卷积层替代，将一维向量表示为一个二维向量，长度保持不变，对应的卷积核的大小分别为 1×1×4096、1×1×4096、1×1×1000。由于 FCN 中全是卷积结构，没有全连接层，因此可以将任意尺寸的图像作为 FCN 的输入。

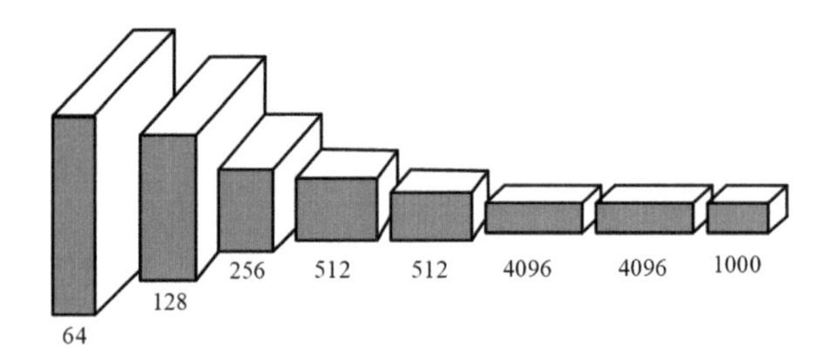

图 4-4　FCN 中的卷积结构

作为图像分割的开山之作，FCN 主要由三部分组成：卷积结构、反卷积结构、跳跃连接结构，如图 4-5 所示。

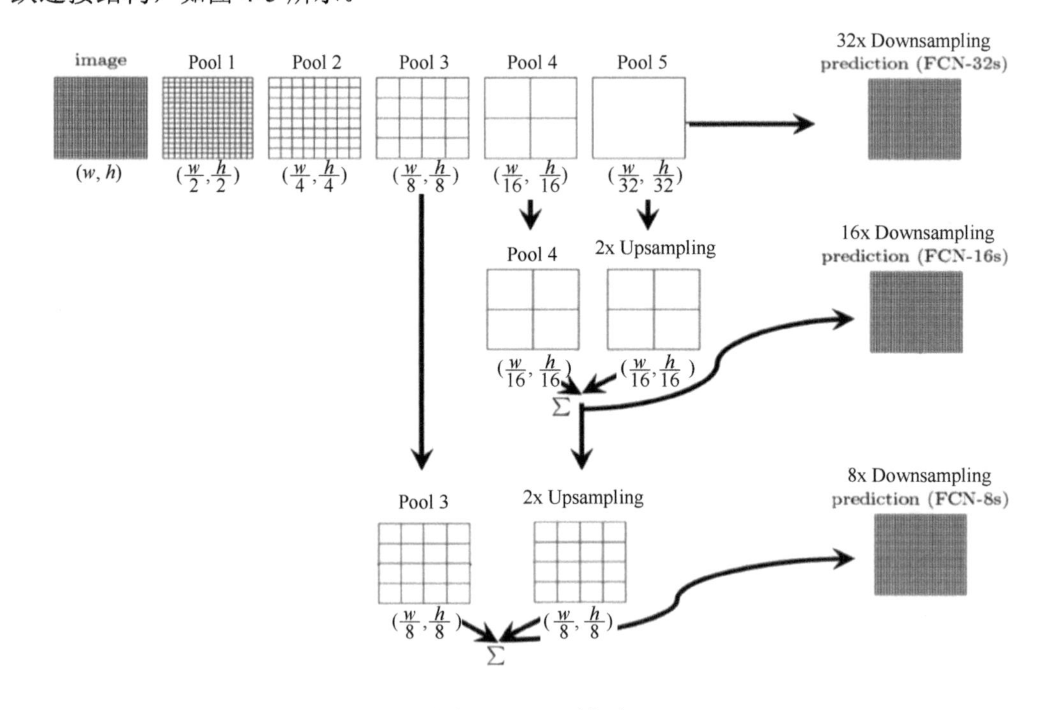

图 4-5　FCN 模型

卷积结构的作用是对输入图像进行下采样（Downsampling），以提取高维特征。在下采样的过程中，图像尺寸是逐渐缩小的，在 1 至 5 层（即 Pool 1 到 Pool 5），每层依次进行卷积、池化操作，图像缩小为原图像的 1/2，最终缩小为原图像的 1/32。反卷积操作是在最后 3 层上进行的，保持最后 3 层的大小不变，对第 5 层（即 Pool 5）的输出进行上采样（Upsampling），将其恢复到原图像的大小，输出预测的分割图，称为 FCN-32s 模型，该模型的预测精度还不够精确，丢失了部分细节信息。为了得到更高的预测精度，可以将第 4 层（即 Pool 4）的输出与第 5 层的上采样结果进行跳跃连接，得到 FCN-16s 模型，将第 3 层的输出与第 4 层和第 5 层的跳跃连接结果进行跳跃连接，得到 FCN-8s 模型。通过跳跃连接兼顾了不同层的特征，可更加准确地分割图像。

本章首先在包含 525 幅背包图像数据集上使用 FCN 模型进行图像分割，效果如图 4-6 所示；然后将 FCN 模型迁移到包含 1740 幅裂缝图像数据集上，对裂纹图像进行分割，效果如图 4-7 所示。

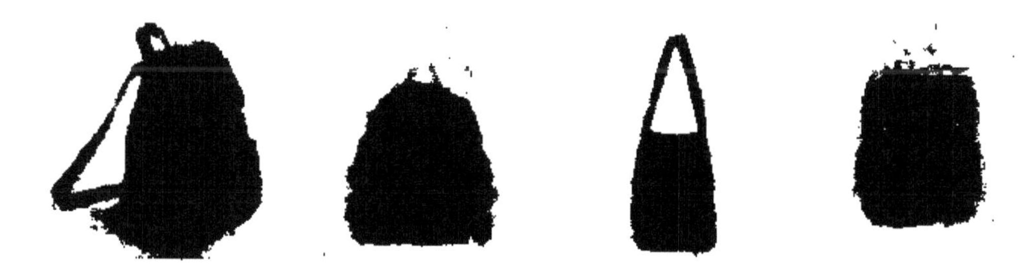

图 4-6　使用 FCN 模型对背包图像进行分割的效果

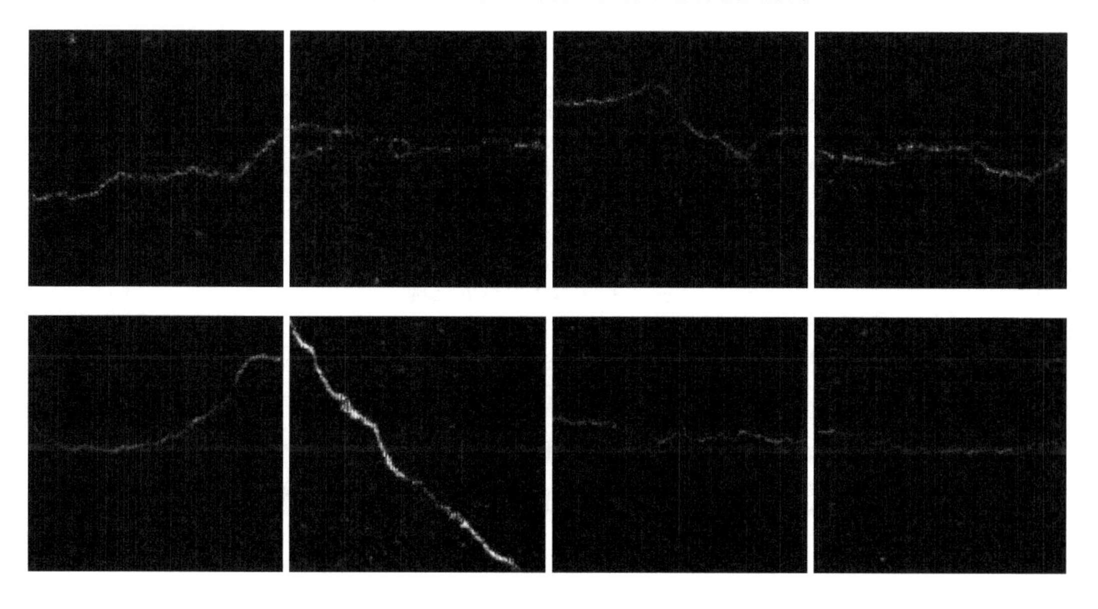

图 4-7　使用 FCN 模型对裂缝图像进行分割的效果

从图 4-7 可以看出，使用 FCN 模型分割裂缝图像的效果很差，分割结果不够精细。虽是 FCN 模型对每个像素进行了分类，但没有考虑像素与像素之间的关系。从图 4-6 可以看出，FCN 模型适合对图像中的区域进行分类，但分割结果仍然比较模糊，丢失了图像中的边缘细节信息。由于裂缝是细长的，所以裂缝图像的分割效果很差。

4.4 UNet 模型

虽然使用 FCN 模型进行图像分割的结果是很粗糙的，但作为语义分割的鼻祖，FCN 模型依然具有重要意义，研究人员在 FCN 模型的基础上展开了图像分割的研究。UNet 是一种基于 FCN 模型的医学图像分割模型，其结构可分为左右两部分，形状像字母 U，被称为 UNet。UNet 模型的结构如图 4-8 所示。

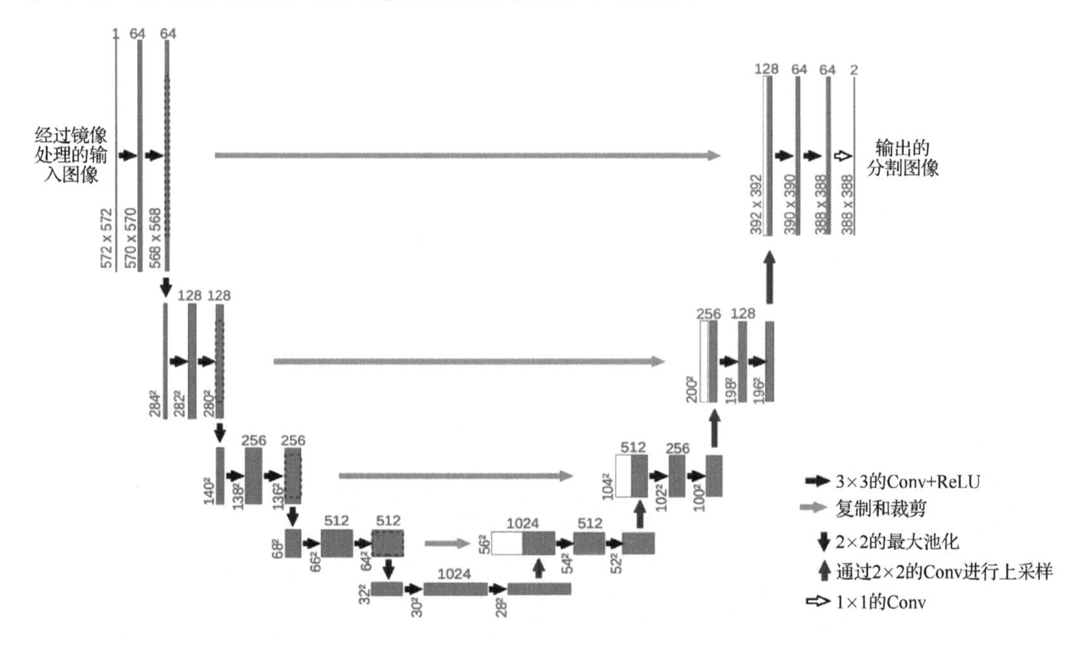

图 4-8 UNet 模型的结构

UNet 模型也包括了 FCN 模型中的卷积结构、反卷积结构和跳跃连接，但 UNet 模型在跳跃连接中使用了不同于 FCN 模型的特征融合方式。在 FCN 模型中，跳跃连接将下一层的上采样结果与上一层的特征图（Feature Map）相加；UNet 模型则对不同层次中的相同维度特征进行拼接。UNet 模型中的下采样过程实际上是对图像的多尺度特征进行提取的过程，上采样过程起到了多尺度特征融合的作用，可还原图像中的细节特征。在医学图像中，需要通过高分辨率的信息来分割边界等复杂位置，同时由于人体器官图像等的分布较固定，语义较简单，UNet 模型可以结合深层特征和浅层特征，使得其在医学图像分割中得到了广泛的应用。裂缝图像特征和医学图像特征存在很大的差异，4.5 节将 UNet 模型迁移到裂缝图像上进行实验，并提出了一种基于 UNet 的裂缝图像分割模型。

4.5 裂缝图像分割模型 Att_Nested_UNet

4.5.1　相关研究

UNet 模型是由 Ronneberger 提出的，最初用于医学图像的分割。UNet 模型包括收缩路径（由左侧的卷积层和池化层组成）与扩张路径（由右侧的卷积层和反卷积层组成），其最大的特点是可以通过跳跃连接对深层特征和浅层特征进行融合。Li 等人[4]提出的 DenseNet 可直接连接特征图大小相同的层有利于特征的传递，缓解梯度消失的问题。受此启发，Zhou 等人[5]提出了 UNet++。由于不同深度的 UNet 模型在不同的数据集上的表现是不同的，Zhou 等人将多层 UNet 模型组合起来，通过长、短连接提取不同层次的特征，因此表现优异。虽然这些模型在医学图像上取得不错的效果，但对于形态复杂的裂缝图像，受到光照条件、成像设备性能、噪声的干扰，这些模型的效果还有待检验。医学图像上的病灶检测任务，往往都是局部的、区域的，而裂缝在图像中分布区域非常广泛，并且形态是复杂多变的。

注意力机制在图像处理、自然语言处理中得到了广泛的应用。注意力机制的本质是加权求和，为重点区域赋予较大的权重，为不相关区域赋予较小的权重。在裂缝图像中，人们关注的焦点在裂缝上，需要抑制噪声、背景等不相关区域，因此本章在裂缝图像分割中引入了自注意力（Self-Attention）机制。上下文信息对于语义分割、目标检测等视觉任务都很关键，而自注意力机制提供了一种有效捕获全局上下文信息的方式。文献[6]在序列模型中取得很大进步。双重注意网络（Dual Attention Network，DANet）[7]分别采用空间（Spatial）和通道（Channel）两种注意力机制对特征进行融合，然后进行图像分割，取得了很好的效果。文献[8]通过引入注意门（Attention Gate，AG）模块来聚焦不同形状、大小的医学图像，提高了模型的预测精度。

4.5.2　Att_Nested_UNet 的工作原理

本章提出了一种新的结合自注意力机制的基于嵌套 UNet 的裂缝图像分割模型

Att_Nested_UNet，其结构如图 4-9 所示。

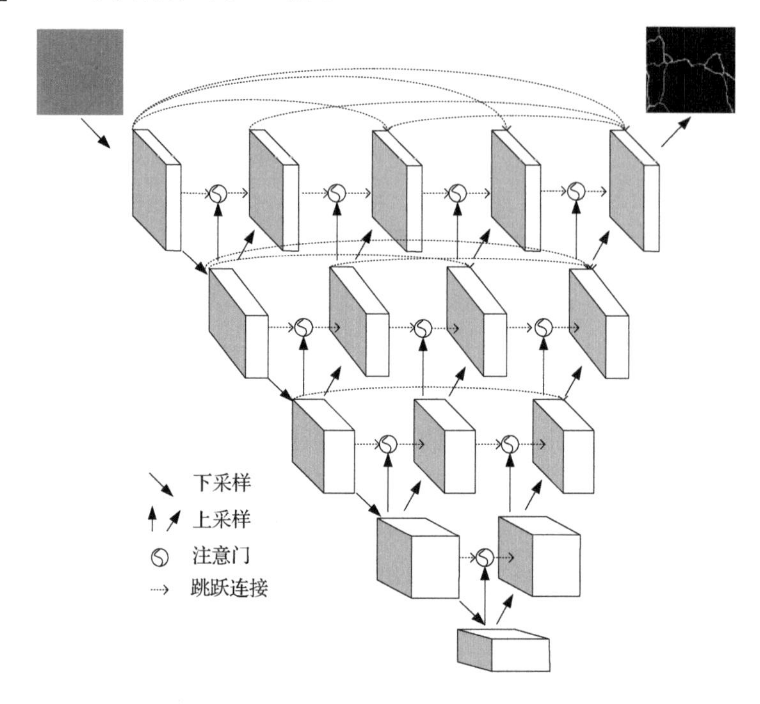

图 4-9 Att_Nested_UNet 模型的结构

Att_Nested_UNet 模型主要分为三个部分：采样、注意力模块、跳跃连接。下采样操作过程如下：将 RGB 三通道的裂缝图像作为整个模型的输入，将 3×3 卷积层、BN 层、ReLU 激活函数的组合执行两次，进入下一层之前先执行最大池化操作；后面每一层都执行上面相同的操作，每层都会将特征扩大 2 倍。在下采样过程中特征是逐层增大的，经过多层下采样后得到的低分辨率信息，能够提供目标在整个图像中的上下文信息。在使用双线性插值进行上采样后，Att_Nested_UNet 模型采用特征拼接的方法融合相同尺度的特征，每次拼接后将 3×3 的卷积层、BN 层、ReLU 激活函数的组合执行两次，特征的数量减半。

注意力模块如图 4-10 中所示，计算如下：

$$\tau_i^l = \beta\{\boldsymbol{\lambda}^{\mathrm{T}}[\alpha(\boldsymbol{w}_{\mathrm{g}}^{\mathrm{T}} g_i + \boldsymbol{w}_x^{\mathrm{T}} x_i^l)]\} \tag{4-1}$$

$$x_i^{-l} = \tau_i^l \cdot x_i^l \tag{4-2}$$

式中，$\boldsymbol{w}_x \in \mathbb{R}^{F_l \times F_{\mathrm{int}}}$；$\boldsymbol{w}_{\mathrm{g}} \in \mathbb{R}^{F_{\mathrm{g}} \times F_{\mathrm{int}}}$，$F_l$ 表示第 l 层的特征数量，F_l 和 F_{g} 相同；$\boldsymbol{\lambda} \in \mathbb{R}^{F_{\mathrm{int}} \times 1}$；$\alpha$ 为 ReLU 激活函数；β 为 Sigmoid 激活函数；注意力系数 τ_i^l 表示像素 i 的权重，$\tau_i^l \in [0,1]$，用于抑制不相关区域的特征响应，仅激活特定区域的特征响应；门控信号 g_i 是更高层次的特征响应，包含的目标区域信息更丰富，将 g_i、x_i 与不同尺度的特征叠

加后，通过训练可使目标区域的注意力系数更加趋向于 1，最后通过 x_i 和注意力系数 τ_i^l 相乘，将 x_i 的注意力集中到了目标区域。

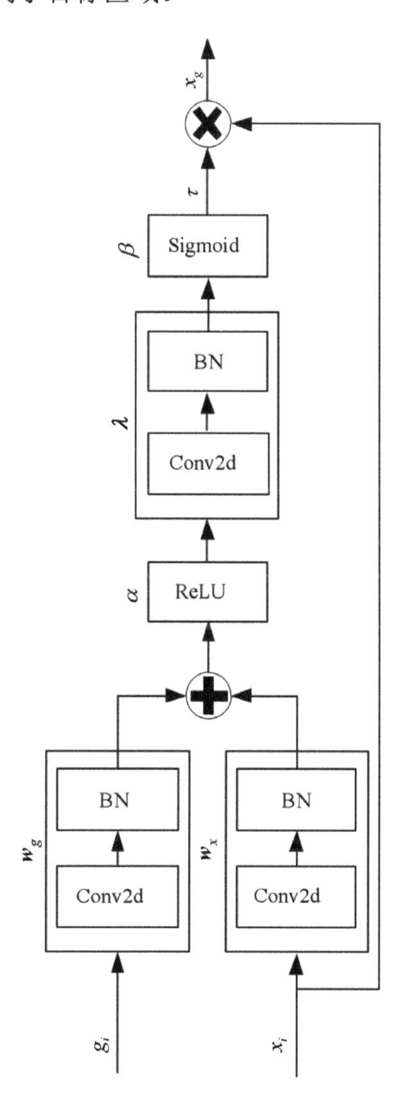

图 4-10　注意力模块

不同于 UNet 中的跳跃连接，嵌套的 UNet 可以看成四层 UNet 的组合，通过长、短连接对每一层的特征进行有效融合。两层嵌套 UNet 的结构如图 4-11 所示。图中，$x^{0,0}$ 通过最大池化操作之后，将 3×3 的卷积层、BN 层、ReLU 激活函数的组合执行两次后可得到 $x^{1,0}$，$x^{1,0}$ 经过上采样后可得到 $\text{up}(x^{1,0})$，$\text{up}(x^{1,0})$ 与 $x^{0,0}$ 一起送进注意力机制模型后可得到 $x_{\text{att}}^{0,0}$，$x_{\text{att}}^{0,0}$ 与 $\text{up}(x^{1,0})$ 进行拼接后将 3×3 的卷积层、BN 层、ReLU 激活函数的组合执行两次，融合相同尺度的特征后可得到 $x^{0,1}$。上述操作可表示为：

$$
\begin{aligned}
x^{0,1} &= f[x_{\text{att}}^{0,0}, \text{up}(x^{1,0})] \\
x_{\text{att}}^{0,0} &= h[x^{0,0}, \text{up}(x^{1,0})] \\
x^{1,1} &= f[x_{\text{att}}^{1,0}, \text{up}(x^{2,0})] \\
x_{\text{att}}^{1,0} &= h[x^{1,0}, \text{up}(x^{2,0})] \\
x^{0,2} &= f[x^{0,0}, x_{\text{att}}^{0,1}, \text{up}(x^{1,1})] \\
x_{\text{att}}^{0,1} &= h[x^{0,1}, \text{up}(x^{1,1})]
\end{aligned}
$$

式中，$h[\cdot]$表示注意力机制，$f[\cdot]$表示拼接操作。

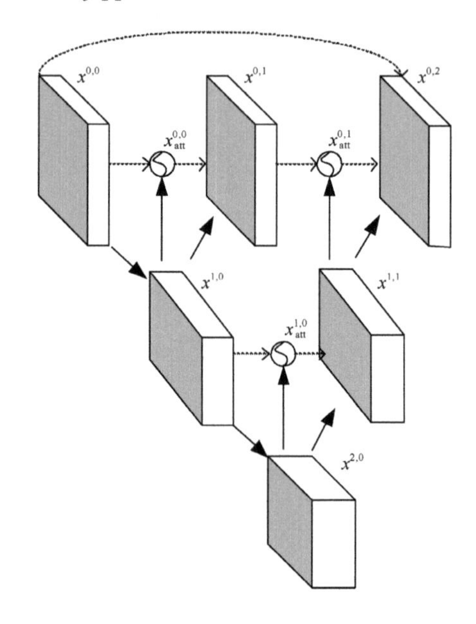

图 4-11　两层嵌套 UNet 的结构

通过类似的操作可得到$x^{0,2}$、$x^{0,3}$、$x^{0,4}$，在$x^{0,1}$、$x^{0,2}$、$x^{0,3}$、$x^{0,4}$后加一个 1×1 的卷积层，最后进行求和取平均。

表 4-1 给出了 Att_Nested_UNet 模块各个单元的结构属性。输入的裂缝图像尺寸为 128×128×3，在下采样模块中，$x^{0,0}$、$x^{1,0}$、$x^{2,0}$、$x^{3,0}$、$x^{4,0}$的尺寸分别为 128×128×64、64×64×128、32×32×256、16×16×512、8×8×1024。可以看出，每经过一次下采样，图像的尺寸将缩小 1/2，通道数增加 1 倍，图像分辨率降低，可提取到高维特征。

表 4-1　Att_Nested_UNet 的结构

单元层	类型	输入尺寸	个数	卷积核尺寸	Padding	输出尺寸
下采样多尺度特征提取	卷积	128×128×3	64	3×3×2	1	128×128×64
	池化	128×128×64	—	2×2	0	64×64×64
	卷积	64×64×64	128	3×3×2	1	64×64×128
	池化	64×64×128	—	2×2	0	32×32×128

续表

单元层	类型	输入尺寸	个数	卷积核尺寸	Padding	输出尺寸
下采样多尺度特征提取	卷积	32×32×128	256	3×3×2	1	32×32×256
	池化	32×32×256	—	2×2	0	16×16×256
	卷积	16×16×256	512	3×3×2	1	16×16×512
	池化	16×16×512	—	2×2	0	8×8×512
	卷积	8×8×512	1024	3×3×2	1	8×8×1024
注意力模块（其中一个模块）	上采样	64×64×128	—	—	—	128×128×64
	卷积注意力	128×128×64	32	1×1×1	0	128×128×32
	卷积	128×128×64	32	1×1×1	0	128×128×32
	求和	128×128×32 128×128×32	—			128×128×32
	卷积	128×128×32	1	1×1×1	0	128×128×1
	相乘	128×128×64 128×128×1	—			128×128×64
多尺度特征融合模块（其中一个模块）	拼接	128×128×64 128×128×64	—			128×128×128
	卷积	128×128×128	64	3×3×2	1	128×128×64

从图 4-9 所示的 Att_Nested_UNet 模型结构可以看出，Att_Nested_UNet 模型中共有 10 个地方用到了注意力模块（注意门）。以 $x^{0,0}$ 和 up($x^{1,0}$) 为例，up($x^{1,0}$) 的尺寸为 128×128×64，$x^{0,0}$ 的尺寸为 128×128×64，输入到注意力模块后，输出的 $x_{att}^{0,0}$ 尺寸为 128×128×64，可以看出注意力模块并不改变图像分辨率，而是一个特征整合的过程。后续的特征融合模块对注意力模块输出的 $x_{att}^{0,0}$ 与上采样得到的 up($x^{1,0}$) 进行特征拼接，拼接后使得通道数翻倍，尺寸为 128×128×128，最后经过卷积层将通道数降下来，特征融合模块输出的 $x^{0,1}$ 尺寸为 128×128×64。

4.5.3　实验及结果

（1）数据集。由于没有标准的裂缝数据集，本章使用数据增强的方式对在互联网上获取的少量裂缝图像进行扩充。数据集共 9990 幅 480×320 的 RGB 裂缝图像，分为训练集和测试集，其中训练集包括 8700 幅图像，测试集包括 1290 幅图像。在训练过程中，在训练集中随机选取 1305 幅图像作为验证集，用于判断模型是否过拟合，从而验证模型的泛化能力。图 4-12 中为不同模型在训练过程和验证过程中的损失曲线。

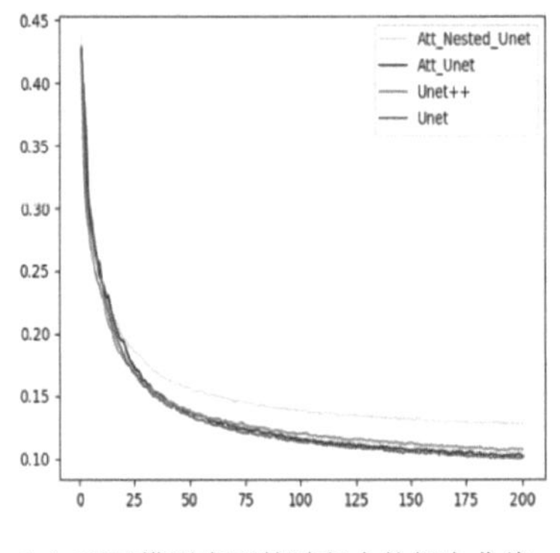

（a）不同模型在训练过程中的损失曲线

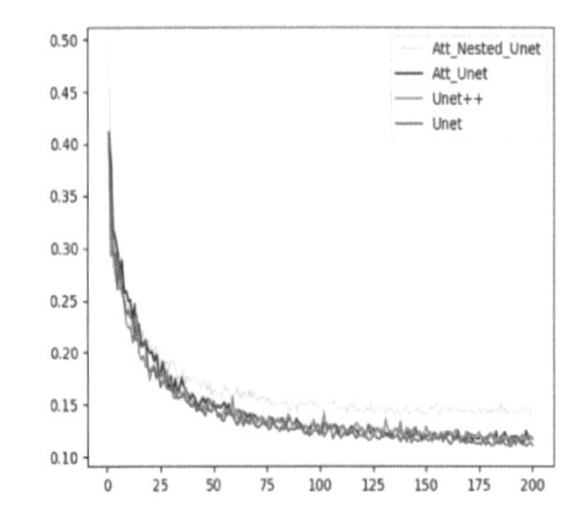

（b）不同模型在验证过程中的损失曲线

图 4-12　不同模型在训练过程和验证过程中的损失曲线

（2）损失函数。裂缝图像分割在本质上是个像素二分类问题，处理二分类问题通常采用二元交叉熵损失（Binary Cross Entropy Loss）函数，以及在医学图像分割中常使用 Dice 系数损失函数，并在其中引入平滑因子 S 。

$$\text{bce} = -\frac{1}{2}\{Y \times \log[\text{Sigmoid}(X)] + (1-Y) \times \log[1-\text{Sigmoid}(X)]\} \tag{4-3}$$

$$\text{Dice} = 1 - \frac{2|X \cap Y|}{|X|+|Y|+S} \tag{4-4}$$

式中， X 表示预测图； Y 表示标签图； $S=1$ 。

两种损失函数适用于不同的样本数据场景下，本节将两种损失函数有效结合起来，如式（4-5）所示。

$$\text{Loss} = w \times \text{bce} + (1-w) \times \text{Dice} \tag{4-5}$$

式中， w 为两种损失函数之间的平衡系数，这里令 $w=0.5$ 。

（3）超参数。

- 学习率：将学习率初始化为 0.001。
- 动量（momentum）：0.9。
- 采用余弦退火调整学习率。
- 批处理大小：4。
- 优化器选择随机梯度下降（SGD）。

（4）实验结果。本节实验采用医学图像中常用的 Dice 系数、准确率（Acc）、召回率（Recall）、精度（Precision）和 F1 等指标评估 Att_Nested_UNet 与其他模型的性能。

$$\text{Dice系数}=\frac{2|X\cap Y|}{|X|+|Y|} \tag{4-6}$$

$$\text{Acc}=\frac{\text{TP+TN}}{\text{TP+TN+FP+FN}} \tag{4-7}$$

$$\text{Recall}=\frac{\text{TP}}{\text{TP+FN}} \tag{4-8}$$

$$\text{Precision}=\frac{\text{TP}}{\text{TP+FP}} \tag{4-9}$$

$$\text{F1}=2\times\frac{\text{precision}\times\text{recall}}{\text{precision+recall}} \tag{4-10}$$

式中，TP 表示将裂缝像素预测为裂缝像素的数量；TN 表示将裂缝像素预测为非裂缝像素的数量；FP 表示将非裂缝像素预测为裂缝像素的数量；FN 表示将非裂缝像素预测为非裂缝像素的数量。

本节实验在包含 9990 幅裂缝图像的数据集对 Att_Nested_UNet、UNet++、Att_UNet、UNet 等模型进行了定性和定量分析。本节实验的软件环境是 Ubuntu 5.3.1+ Python 3.6+PyTorch 1.2.0，显卡是显存为 8 GB 的 GeForce RTX 2080。受到硬件条件、模型大小的制约，本节实验将数据集的数据类型设置为 half 类型（半精度浮点数类型），训练时间大约为 18 h，测试时使用 1290 幅裂缝图像测试集，处理每幅图像大约需要 0.5 s。使用 Att_Nested_UNet、UNet++、Att_UNet、UNet 等模型进行裂缝图像分割的效果如图 4-13 所示。图 4-13(a)到(f)分别是原始图像、带标签的图像、Att_Nested_UNet 模型的分割结果、UNet++模型的分割结果、Att_UNet 模型的分割结果、UNet 模型的分割结果。

为了更好地显示裂缝图像分割效果，本节将带标签的图像和分割后的裂缝图像转换成 RGB 格式。从主观视觉效果来看，相较于其他模型，使用 Att_Nested_UNet 模型对裂缝图像的分割更加准确，裂缝图像的细节保留得更加完整，削弱了噪声，错误检测的像素数目更少。对于易丢失细节的复杂网状裂缝图像，如图 4-13 中第 2 行和第 3 行，使用 UNet++、Att_UNet、UNet 模型分割后的裂缝图像出现了较多的裂缝断裂、裂缝细节区域漏检等情况，Att_Nested_UNet 模型在很大程度上能较完整地保留裂缝区域。对于图 4-13 中第 1 行、第 4 行和第 5 行图像，相较于其他三种模型，使用 Att_Nested_UNet 模型分割后的裂缝图像，非裂缝区域的噪声干扰更少。

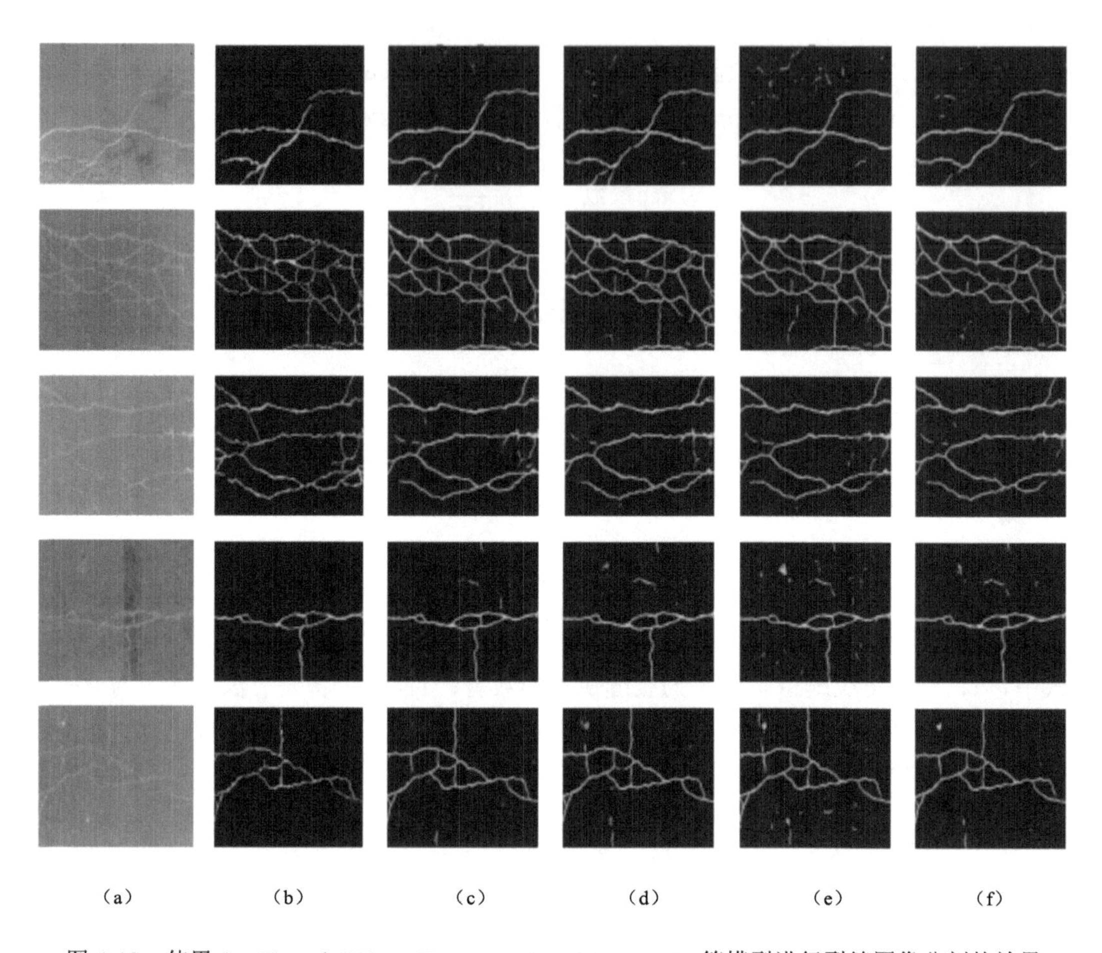

图 4-13 使用 Att_Nested_UNet、UNet++、Att_UNet、UNet 等模型进行裂缝图像分割的效果

为进一步验证 Att_Nested_UNet 模型的可靠性，本节实验在测试集中的 1290 幅图像上进行了定量分析，使用不同模型分割裂纹图像的评价指标如表 4-2 所示，表中加粗的数值表示最优结果。

表 4-2 使用不同模型分割裂纹图像的评价指标

指标	Att_Nested_UNet 模型	UNet++模型	Att_UNet	UNet 模型
Dice 系数	**0.6656**	0.6614	0.6299	0.6652
Acc	**0.9827**	0.9823	0.9801	0.9823
Recall	0.6129	0.6212	0.6344	**0.6364**
Precision	**0.7810**	0.7611	0.6751	0.7493
F1	**0.6656**	0.6614	0.6299	0.6652

从评价指标中可以看出，Att_Nested_UNet 模型的 Dice 系数、Acc、Precision 和 F1 分别为 0.6656、0.9827、0.7810、0.6656，比 UNet++、Att_UNet 和 UNet 模型高。

从整体的评价指标来看，Att_Nested_UNet 模型优于其他三种模型。

4.6 本章小结

在对实时性要求较高的裂缝图像检测系统中，传统方法无法完成对大量裂缝的检测，因此需要对裂缝图像进行分割。为了更加快速、精确地分割裂缝图像，研究人员在裂缝图像分割中引入了深度学习方法。本章首先介绍了卷积神经网络（CNN）中的相关技术；然后介绍了全卷积网络（FCN）的结构特点，及其在裂缝图像分割上的表现；接着提出了一种新的结合自注意力机制的基于嵌套 UNet 的裂缝图像分割模型 Att_Nested_UNet，该模型沿用 UNet 模型的设计思想，使用将多层 UNet 嵌套在一起的 UNet++模型，并在每层的 UNet 模型中融入了注意力机制；最后，本章在包含 8700 幅裂缝图像的训练集、包含 1290 幅裂缝图像的测试集上验证了 Att_Nested_UNet 模型的有效性，并与 UNet++、Att_UNet、UNet 模型进行了对比。从主观视觉效果和客观性能指标来看，Att_Nested_UNet 模型在裂缝图像分割中的表现要优于 UNet++、Att_UNet、UNet 模型，能够准确地检测不同形态、不同背景条件下的裂缝图像。

参考文献

[1] DUNG C V, ANH L D. Autonomous concrete crack detection using deep fully convolutional neural network[J]. Automation in Construction, 2018, 99: 52-58.

[2] RONNEBERGER O, FISCHER P, BROX T. U-Net: convolutional networks for biomedical image segmentation[C]// Medical Image Computingand Computer-Assisted Intervention: 9351. Cham: Springer, 2015: 234-241.

[3] LONG J, SHELHAMER E, DARRELL T. Fully convolutional networks for semantic segmentation[J]. IEEE Transactions on Pattern Analysis & Machine Intelligence, 2014, 39(4): 640-651.

[4] HUANG G , LIU Z , LAURENS V D M, et al. Densely connected convolutional networks[C]// IEEE Conference on Computer Vision and Pattern Recognition (CVPR), 2017.

[5] ZHOU Z, SIDDIQUEE M M R, TAJBAKHSH N, et al. UNet++: a nested U-Net architecture for medical image segmentation[C]// Deep Learn Med Image Anal Multimodal Learn Clin Decis Support, 2018.

[6] VASWANI A, SHAZEER N, PARMAR N, et al. Attention is all you need[C]// Proceedings of the 31st International Conference on Neural Information Processing Systems, 2017.

[7] FU J, LIU J, TIAN H, et al. Dual attention network for scene segmentation[C]// In Proceedings of the IEEE conference on computer vision and pattern recognition, 2019.

[8] OKTAY O, SCHLEMPER J, FOLGOC L L, et al. Attention U-Net: learning where to look for the pancreas[C]// 1st Conference on Medical Imaging with Deep Learning, 2018.

第 5 章 基于对抗迁移学习的水下大坝裂缝图像分割算法

5.1 引言

大坝等水下建筑物面临着裂缝等灾害的威胁。定期对水下大坝进行巡检修复，对保障水利水电设施的正常运转至关重要。采用水下机器人进行视觉检测成为水下建筑物自动巡检的主流方式，但由于水下环境较为复杂，以及水下裂缝图像数据集较少，导致现有的基于形态学的有监督学习方法无法用于水下大坝的裂缝图像检测。本章提出了一种基于对抗迁移学习的水下大坝裂缝图像分割算法，该算法通过多级对抗迁移学习实现了对裂缝图像的无监督学习和领域自适应，能有效地将提取到的裂缝图像特征应用于裂缝图像的分割，并保证对裂缝图像的检测精度。

随着技术的不断进步，水利水电设施建设得到了长足发展[1]。大坝作为水利水电设施中极为重要的基础设施，对农业灌溉、水力发电、防灾抗洪等有着深远意义[2]。然而，大坝裂缝却是威胁大坝正常运行的重大隐患。大坝裂缝的存在会影响坝体的强度和寿命，甚至引发渗漏、溃决等问题[3-4]。裂缝不仅存在于大坝的表面，还会向内部延伸，其引发的灾害是难以预计的，是触发险情、恶化灾情和诱发惨剧的主要原因之一[5]。及时准确地对大坝裂缝进行检测与识别，对险情的诊断、大坝的加固修复，以及保障大坝的正常工作有着深远意义。

传统人工检测方法的速度慢、精度低，易受检测人员主观因素的干扰，已逐渐被基于水下机器人的视觉检测方法取代[6]。目前，基于水下机器人的视觉检测方法已成为构筑物裂缝图像检测领域最为重要的无损检测方法之一[7]。大坝裂缝图像检测最常用的方式是使用水下机器人采集图像，然后对裂缝图像进行处理分析，以获取裂缝的类型、位置和尺寸，为大坝的健康状况诊断和加固修复提供指导意见[8-9]。

裂缝图像分割算法可分为形态学方法和深度学习方法两类[10]。形态学方法是研究人员利用数字图像处理、拓扑学、数学等方面知识来实现图像分割的方法[11]，该类方法容易受到图像质量、噪声等因素的影响，对使用环境有较高的要求。相较于深度学习方法，形态学方法的适用性较差，且图像分割性能也和深度学习方法存在一定的差距。

5.2 相关工作

5.2.1 裂缝图像分割

随着深度学习的不断发展，越来越多的研究人员将其应用到裂缝图像分割[12]。裂缝因其纹理特征较为复杂，对图像分割性能提出了较高的要求。目前，在图像分割领域中应用较多的是全卷积网络（Fully Convolutional Network，FCN）及其变体[13]。FCN是由 Jonathan Long 等人于 2015 年提出的[14]，由编码器子网络和解码器子网络构成。其中，编码器子网络用于提取图像特征，解码器子网络负责对图像的像素进行分类。由于 FCN 的解码器子网络过于简单，图像分割效果并不理想，常出现误判的情况。

Olaf Ronneberger 等人在 FCN 的基础上提出了 UNet[15]，UNet 通过跳跃连接实现了医学图像不同层的特征在语义上的融合。与之类似的还有 SegNet[16]，它使用由编码器子网络池化操作生成的索引来实现图像语义特征的融合。与 FCN 相比，这些改进的方法将网络结构改成对称结构，丰富了解码器子网络输出的语义特征，有效提升了图像分割的精度。

虽然 UNet 和 SegNet 的提出并不是为了解决裂缝图像分割问题，但它们的有效性已经得到了验证。Ju 等人[17]基于 UNet 提出了一种改进的道路裂缝图像分割网络 CrackUNet，借助填充（Padding）操作，该网络可以保持特征图（Feature Map）的尺寸不变。Cheng 等人[18]基于 UNet 提出了一种像素级道路裂缝图像分割算法，该算法通过引入基于距离变换的损失函数（Loss Function based on Distance Transform），取得了较高的像素级精度（Pixel-Level Accuracy）。Li 等人[19]在 SegNet 的基础上融入 Dense Block，提出了一种新的混凝土结构裂缝图像检测算法。Zou 等人[20]将多尺度特征跨层融合应用到了 SegNet 中，提出了一种名为 DeepCrack 的裂缝图像检测算法。

虽然上述网络或算法可以有效提升裂缝图像分割的精度，但将它们直接应用到水下大坝裂缝图像分割中还存在一些问题。由于这些网络或算法均采用有监督学习方法，其模型训练需要大量的有标签数据。鉴于水下大坝裂缝图像获取困难、数据集标注耗时费力，对水下大坝裂缝图像分割采用有监督学习方法是难以实现的。

5.2.2　水下大坝裂缝图像分割

水下大坝裂缝图像不同于地面裂缝图像，由于图像采集系统的限制，大部分水下大坝裂缝图像质量均较差[21]。水下大坝裂缝图像的对比度低，所含的信息量较少，且含有大量的随机噪声和黑点，这给裂缝特征提取和图像分割带来了很大的困难[5]。水下大坝裂缝图像的常规处理方法为：先对原始图像进行图像增强，再对增强后的图像进行分割。马金祥等人[22]提出了一种基于改进暗通道先验的水下大坝裂缝图像自适应增强算法，该算法可以有效抑制水下图像的噪声，增加图像的清晰度。陈文静[23]提出了一种基于导向滤波的 Retinex 算法，该算法在进行水下大坝裂缝图像滤波时，可以有效保留图像的边缘信息。Chen 等人[24]提出了一种新的水下大坝裂缝图像检测算法，该算法将 2D 裂缝图像按像素强度转换为 3D 空间曲面，通过分析曲率特征实现了对裂缝的检测。这些算法虽然一定程度上改善了水下大坝裂缝图像的检测效果，但准确度仍然有待提高。

图像增强结合形态学方法是处理水下大坝裂缝图像分割问题的最常见方法，但该方法的分割性能受图像增强效果的影响较大，且自适应性较差。本章希望通过深度学习方法实现了对水下大坝裂缝图像的分割，以提升图像分割算法的自适应性和分割精度。目前，开源的水下大坝裂缝图像数据集很少，而深度学习对数据集的要求很高，数据集的不足很可能导致模型训练不充分，最终导致水下大坝裂缝图像分割效果变差。因此，使用深度学习方法对水下大坝裂缝图像进行分割，需要考虑水下大坝裂缝图像数据集样本不足的问题。

5.2.3　迁移学习

由于直接使用有监督学习方法处理各类学习任务常面临数据样本不足的问题，所以研究人员提出了一些解决方案，如半监督学习、小样本学习和迁移学习等。半监督学习[25]通过提取并学习具有相同分布的有标签数据和无标签数据的特征，在降低对样本标签数量需求的同时，保证了模型的性能。小样本学习[26]在少量的带有标签的目标域数据上对预训练模型做进一步的训练，实现了对目标域上特定任务的学习。迁移学习[27]是一种应用较为广泛的深度学习方法，该方法可以将模型在源域上进行预训练时学习到的先验知识应用到目标域的学习任务中，可以有效缩短训练时长，并保证模型的精度。相较于半监督学习，迁移学习的优势是有标签的源域数据和无标签的目标域数据的分布可以不一致。

经过多年发展，迁移学习已衍生出多个分支。深度迁移学习在图像目标分类[28]、语义分割[29]等多个领域取得了令人满意的结果。迁移学习大致可以分为两类：领域自适应方法和领域泛化方法。二者的区别在于：在训练过程中，领域自适应方法可以同时访问有标签的源域数据和无标签的目标域数据，而领域泛化方法只能访问有标签的源域数据[30]。考虑在实际的水下大坝裂缝图像检测中，我们既可以获得一定数量的有标签的开源裂缝图像，也可以采集到无标签的裂缝图像，因此本章采用领域自适应方法。

领域自适应方法可以将具有不同分布的源域数据和目标域数据映射到同一个特征空间，并寻找一种度量准则，使源域数据和目标域数据在这个空间上的“距离”尽可能接近[31]，在源域数据上获得的模型可以直接用于目标域数据，并取得理想的结果。

Eric Tzeng 等人[32]将领域自适应方法引入了语义分割任务，通过在全卷积网络的特征表示层上应用对抗学习来约束 CNN。虽然该方法可以实现像素级的领域自适应，但图像分割的精度并不理想，因为该方法忽略了语义分割所需的空间信息和局部信息。受 Tsai Yi-Hsuan 等人[33]的启发，本章改进了判别器结构，将其改为多级结构，通过同时对抽象的高维特征和包含了丰富结构信息的输出空间信息进行域分类，可以有效提升图像分割的精度，实现输出（分割图像）空间中的像素级领域自适应。

5.3 本章算法

5.3.1 网络模型

本章提出了一种基于对抗迁移学习的水下大坝裂缝图像分割算法（本章算法），其网络模型 MA_AttUNet 的结构如图 5-1 所示，主要由两部分构成：裂缝图像分割网络 G 和判别器网络 D_i，i 表示多级判别器的级别。参与模型训练的数据包含两个部分：源域图像 I_s 和目标域图像 I_t，I_s 是有标签的地面裂缝图像，I_t 为无标签的水下大坝裂缝图像。

（1）分割网络。为了获得高质量的图像分割结果，需要选择一个优秀的基线模型（Baseline Model）。本章算法以 UNet 模型为基线模型，该模型是一个采用编码器-解码器结构的图像分割模型，其中的编码器子网络负责提取水下大坝裂缝图像的特征，解码器子网络负责根据提取到的特征来预测水下大坝裂缝图像的分割结果。分割网络的结构如图 5-2 所示。

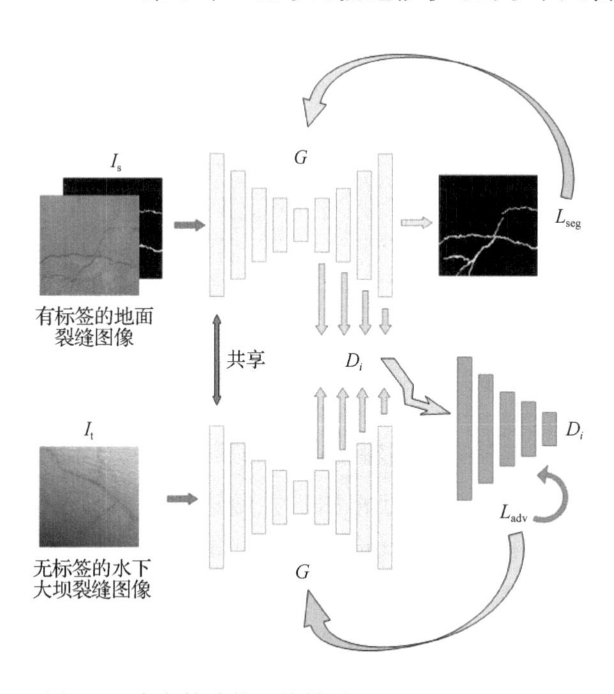

图 5-1　本章算法的网络模型 MA_AttUNet 的结构

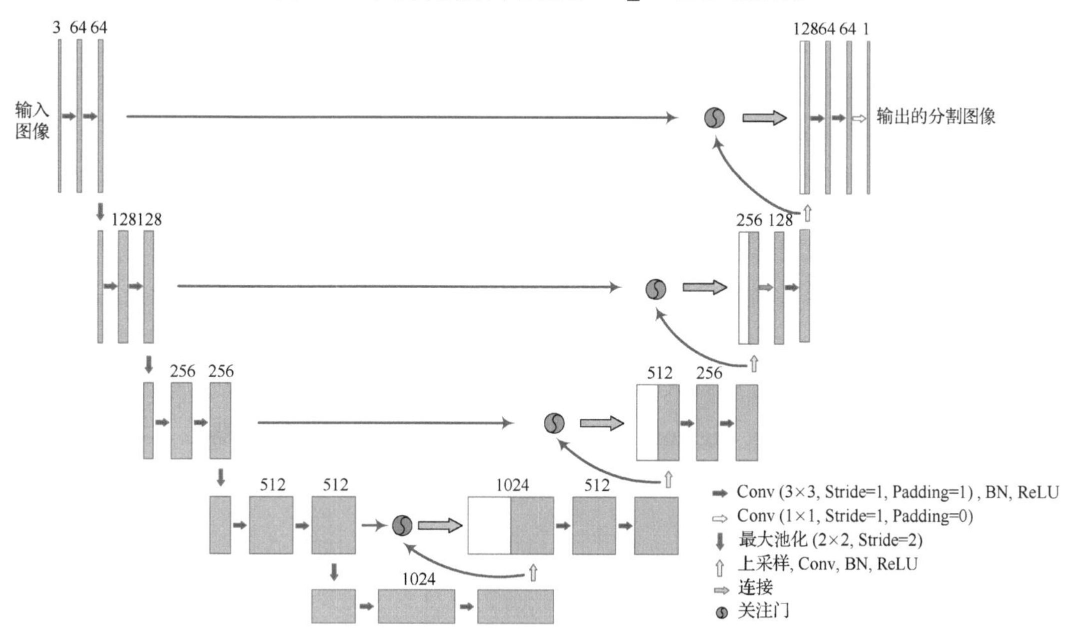

图 5-2　分割网络的结构

为了进一步提升水下大坝裂缝图像的分割精度，消除噪声对水下大坝裂缝图像分割结果的影响，本章算法在 UNet 模型的跳跃连接上融入了注意力模块。注意力模块的输入是当前层编码器的输出和下一层解码器的输出的上采样结果。注意力模块的结构如图 5-3 所示。

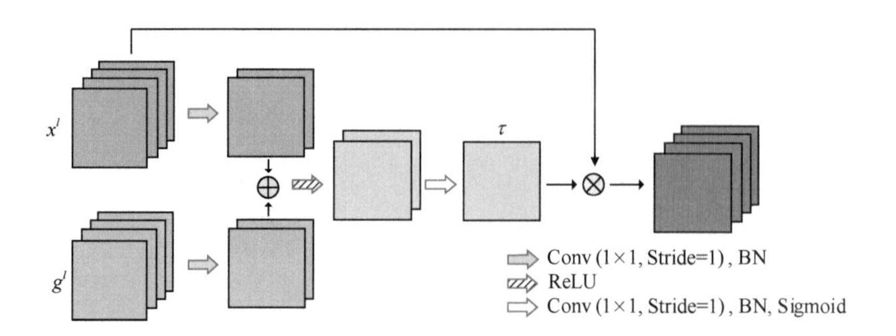

图 5-3 注意力模块

图 5-3 中，x^l 为第 l 层编码器的输出；g^l 为第 $l-1$ 层解码器的输出的上采样结果。通过对卷积网络提取到的特征进行相加，并做进一步的训练，可生成注意力系数 τ($\tau\in[0,1]$)，该系数是高阶特征的反馈，可以为目标区域（裂缝）分配一个较大的权重，为不相关区域（背景噪声）分配一个较小的权重。将注意力系数 τ 与编码器输出 x^l 相乘，可以有效消除裂缝图像中不相关区域的噪声，使本章算法聚焦于目标（裂缝）。

（2）判别器网络。本章算法中的判别器采用的是全卷积网络，其与分类任务中使用的判别器的差异是本章算法中的判别器舍弃了全连接层，这样可以更好地保留水下大坝裂缝图像的空间信息。判别器网络包含 5 个卷积层，每层的通道数分别为 64、128、256、512、1，卷积核的大小为 3×3，步长为 2，Padding 为 1。此外，除了最后一个卷积层，其他 4 个卷积层后面都紧接着一个 BN 层和斜率为-0.2 的 Leaky ReLU。

为了更好地约束分割网络，本章算法采用的判别器是多级的，每个判别器均以分割网络对应层解码器的输出为输入。分割网络的解码器共 4 层，前 3 层输出的是高维特征，最后一层（输出空间）输出的是预测结果。由于输出的高维特征都经过了 Leaky ReLU 激活，所以可以直接输入对应级别的判别器。最后一层（输出空间）的输出为卷积输出，需要经过一次 Sigmoid 激活后才能输入对应级别的判别器。

5.3.2 对抗迁移学习

在模型训练的前向传递过程中，分割网络 G 会提取源域图像 I_s 的特征和目标域图像 I_t 的特征，并对图像的分割结果 P 进行预测。本章分别用 F_s、F_t 表示源域图像 I_s 的特征和目标域图像 I_t 的特征，用 P_s、P_t 表示预测的源域图像 I_s 的分割结果和目标域图像 I_t 的分割结果。由于希望在目标域上可以达到与源域相似的图像分割性能，因此需要缩小目标域和源域之间的“距离”。

本章算法通过判别器约束分割网络，使其在源域图像和目标域图像上提取到分布一致的特征。具体方案是：在训练网络模型时，将提取到的抽象特征和预测的分割结果作为多级判别器 D_i 的输入，并判断判别器的输入是来自源域还是目标域。如果判别器无法区分输入的来源，则说明提取到的特征为源域图像（地面裂缝图像）和目标域图像（水下大坝裂缝图像）的共有特征（即裂缝特征）。通过从判别器向分割网络反向传递目标域上的对抗损失，可以促使分割网络在目标域上生成和源域相似的图像分割结果，从而实现水下大坝裂缝图像分割的领域自适应。

5.3.3　损失函数

本章算法中的损失函数 $L(\cdot)$ 包含两个部分：水下大坝裂缝图像的分割损失 $L_{\text{seg}}(\cdot)$ 和对抗损失 $L_{\text{adv}}(\cdot)$。

$$L(I_{\text{s}},I_{\text{t}})=L_{\text{seg}}(I_{\text{s}})+L_{\text{adv}}(I_{\text{t}}) \tag{5-1}$$

（1）分割损失。水下大坝裂缝图像分割在本质上是一个二分类问题，本章算法采用二元交叉熵损失（BCE Loss）函数来正则化分割网络，使其能对源域地面裂缝图像分割进行有监督学习。此外，鉴于水下大坝裂缝图像中裂缝像素数量与背景像素数量是不平衡的，本章算法引入了 Dice 系数损失函数。

$$L_{\text{seg}}(I_{\text{s}})=\lambda_{\text{bce}}L_{\text{bce}}(P_{\text{s}},G_{\text{s}})+(1-\lambda_{\text{bce}})L_{\text{Dice}}(P_{\text{s}},G_{\text{s}}) \tag{5-2}$$

$$L_{\text{bce}}(P_{\text{s}},G_{\text{s}})=-\frac{1}{N}\sum_{i}^{N}\{G_{\text{s}}^{i}\log(P_{\text{s}}^{i})+(1-G_{\text{s}}^{i})[1-\log(P_{\text{s}}^{i})]\} \tag{5-3}$$

$$L_{\text{Dice}}(P_{\text{s}},G_{\text{s}})=1-\frac{|P_{\text{s}}\cap G_{\text{s}}|+\varepsilon}{|P_{\text{s}}|+|G_{\text{s}}|+\varepsilon} \tag{5-4}$$

式中，P_{s}、G_{s} 分别为源域图像分割结果的预测值和地面裂缝图像的真实值；N 为裂缝图像的总像素数；P_{s}^{i} 为像素 i 是裂缝像素的预测概率；G_{s}^{i} 为像素 i 的标签值，若该像素为裂缝像素，则 G_{s}^{i} 为 1，否则为 0；λ_{bce} 为平衡系数，用于平衡二元交叉熵损失和 Dice 系数损失，此处取 0.5；ε 为平滑系数，用于防止分子或分母为 0，此处取 1。

（2）对抗损失。本章算法的判别器网络采用多级结构，各级判别器的输入为输出空间的预测结果，以及分割网络提取到的高维特征。鉴于域分类是一个二分类问题，本章算法采用二元交叉熵损失函数作为域分类损失函数。Judy Hoffman 等人指出，在图像的自适应语义分割任务中，相较于特征空间，在输出空间实现领域自适应要更容易些。因此，本章算法给输出空间域判别器和特征空间域判别器分配了不同的权重系数。

$$L_{\text{adv}} = \lambda_{\text{out}} L_{\text{out}}(D, D_1) + \lambda_{\text{feature}} \sum_{i=1}^{3} L_{\text{feature}}(D_{\text{p}}, D_1) \tag{5-5}$$

式中，λ_{out}、λ_{feature} 分别为输出空间域判别器损失 L_{out} 和特征空间域判别器损失 L_{feature} 的权重系数，λ_{out} 为 0.001，λ_{feature} 为 0.0002；D_{p} 为输入图像特征域分类结果的预测值；D_1 为图像的域标签，源域标签 D_1^{s} 为 0，目标域标签 D_1^{t} 为 1。

模型的对抗学习需要经过多次迭代，每次迭代包含两个步骤：训练分割网络和训练判别器网络。为了实现分割网络的领域自适应，使分割网络在源域和目标域上提取到相似的特征，需要最大化目标域被判定为源域的概率。

$$\max_{D} \min_{G} L_{\text{adv}}(I_{\text{s}}, I_{\text{t}}) \tag{5-6}$$

具体方案是：在训练分割网络时，将目标域标签 D_1^{t} 设置为 1，并计算梯度；此时，源域图像不参与领域的对抗训练（不计算梯度）；在训练判别器网络时，将源域标签 D_1^{s} 设置为 1，而将目标域标签 D_1^{t} 设置为 0。

5.4 实验与分析

5.4.1 数据集

本节实验采用的数据集包含两部分：地面裂缝图像数据集和水下大坝裂缝图像数据集。其中，地面裂缝图像数据集由多个开源、有标签的地面裂缝图像混合而成，主要包括 CrackTree260[20]、CRKWH100[20]、Stone311[20]、CrackForest[34]、CRACK500[35]、DeepCrack[36]、UAV75[37]。这些开源数据集共有 1905 幅地面裂缝图像。鉴于模型训练需要大量的有标签数据，本节实验通过翻转、裁剪、缩放、旋转等操作对原始数据集进行扩充，共获得 11298 幅 448×448 的地面裂缝图像。这些带有标签的地面裂缝图像被当成源域图像参与模型训练。

本节实验使用的水下大坝裂缝图像是通过水下相机在水下大坝实地拍摄的，主要包括两部分：无标签的目标域图像和有标签的验证集数据。水下相机共拍摄了 1128 幅有效的原始水下大坝裂缝图像。通过数据扩充，本节实验共获得了 6168 幅 448×448 的无标签水下大坝裂缝图像，这些图像被当成目标域图像参与模型训练。此外，本节实验标注了 250 幅原始水下大坝裂缝图像，通过数据扩充获得了 1200 幅 448×448 的标注好的水下大坝裂缝图像，这些图像作为验证集来检验模型的有效性。

5.4.2 训练策略

本章实验的软件环境是 Ubuntu 18.04.06 + Python 3.8.3 + PyTorch 1.7.0，显卡是显存为 8 GB 的 GeForce RTX 3070（用于梯度计算）。为了缩短训练时长，本节实验在执行对抗迁移学习前，将模型放在源域图像上进行预训练，加快了模型的收敛速度。

为了更好地实现水下大坝裂缝图像分割的领域自适应，模型在每次训练时都会载入相同数量的源域图像和目标域图像，保证每次训练时源域图像和目标域图像的平衡。考虑到源域图像（地面裂缝图像）数量多于目标域图像（水下大坝裂缝图像），按顺序载入图像可能导致部分源域图像的浪费。为了充分运用源域图像，模型在每个训练轮次（Epoch）都会随机抽取和目标域图像数量相等的源域图像参与训练。

模型在训练和对抗迁移学习时使用的超参数如表 5-1 所示。其中，余弦退火函数用于在训练过程中动态地调整学习率。需要注意的是，虽然对抗迁移学习过程中的 Batch Size 为 2，但实际训练时模型每次载入 4 幅图像（源域图像和目标域图像各 2 幅）。

表 5-1　模型在训练和对抗迁移学习时使用的超参数

超参数		训练	对抗迁移学习
Batch Size		4	2
分割网络	初始学习率	0.001（使用余弦退火函数调整）	0.0005（使用余弦退火函数调整）
	优化器	SGD（momentum=0.9）	Adam
判别器网络	初始学习率	—	0.00005
	优化器	—	Adam

5.4.3 实验结果

为了验证本章算法网络模型 MA_AttUNet 的有效性，本节实验对比了 MA_AttUNet 和其他模型，对比结果如图 5-4 所示。为了更好地展示模型的图像分割性能，本节实验将地面裂缝图像真实值和分割结果转换为了热力图。图 5-4（a）到（f）分别是源域图像、地面裂缝图像真实值、基于 UNet 的单级对抗迁移学习模型（SA_UNet）的图像分割结果、结合了注意力机制的 UNet 的单级对抗迁移学习模型（SA_AttUNet）的图像分割结果、基于 UNet 的多级对抗迁移学习模型（MA_UNet）的图像分割结果、结合了注意力机制的 UNet 的多级对抗迁移学习模型（MA_AttUNet）的图像分割结果。其中，单级对抗迁移学习模型只使用了一个判别器，其输入为输出空间的预测结果；

多级对抗迁移学习模型使用了多个判别器，其输入分别为输出空间的预测结果和解码器输出的高维特征。

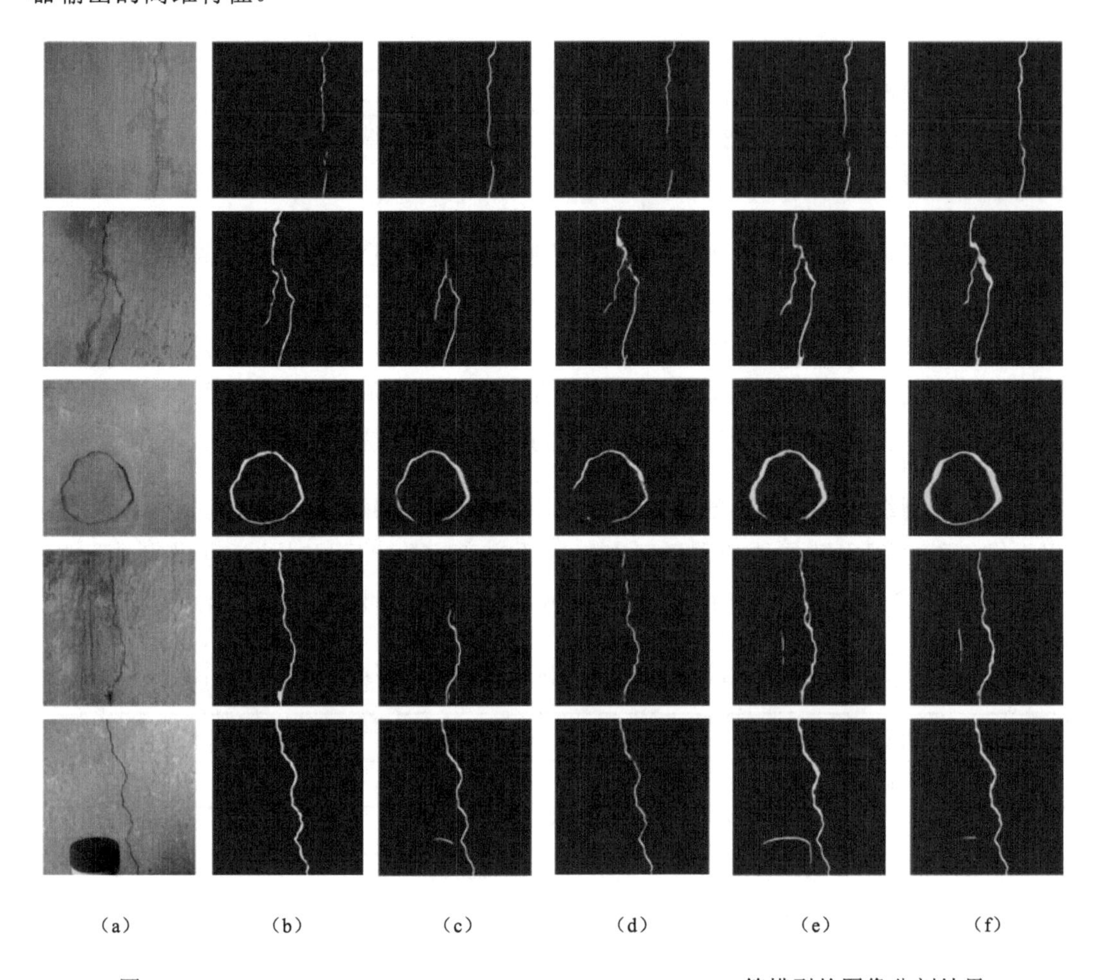

图 5-4　SA_UNet、SA_AttUNet、MA_UNet、MA_AttUNet 等模型的图像分割结果

从图 5-4 可以看出，相较于单级对抗迁移学习模型，多级对抗迁移学习模型可以保留更多的裂缝细节，不会出现漏检的情况。对比图 5-4（e）中的第 3 行图像和图 5-4（f）中的第 3 行图像可以发现，在 MA_UNet 模型的跳跃连接上加入注意力机制，可以有效提升模型的抗噪性能，避免误检的发生，从而提升裂缝图像的分割精度。

5.4.4　评价指标

为了更好地和其他模型进行比较，本节实验引入了一些常用的图像分割性能评价指标：像素准确率（Piexl Accuracy，PA）、交并比（Intersection over Union，IoU）、Dice 系数（也称为骰子系数）、召回率（Recall）、精度（Precision）和 F1，各评价指标的计算公式如下：

$$\text{PA}=\frac{\text{TP+TN}}{\text{TP+TN+FP+FN}} \tag{5-7}$$

$$\text{Dice}=\frac{2|P\cap G|}{|P|+|G|}=\frac{\text{2TP}}{\text{2TP+FP+FN}} \tag{5-8}$$

$$\text{loU}=\frac{|P\cap G|}{|P\cup G|}=\frac{\text{TP}}{\text{TP+FP+FN}} \tag{5-9}$$

$$\text{Recall}=\frac{\text{TP}}{\text{TP+FN}} \tag{5-10}$$

$$\text{Precision}=\frac{\text{TP}}{\text{TP+FP}} \tag{5-11}$$

$$\text{F1}=2\times\frac{\text{Precision}\times\text{Recall}}{\text{Precision+Recall}} \tag{5-12}$$

式中，P 为模型预测的图像分割结果；G 为地面裂缝图像真实值；TP、TN、FP、FN 分别为真阳性数、真阴性数、假阳性数和假阴性数。

为了验证本章算法网络模型 MA_AttUNet 的有效性，本节实验在有标签的 1200 幅水下裂缝图像数据集上对 SA_UNet、SA_AttUNet、MA_UNet、MA_AttUNet 等模型进行了测试，测试结果如表 5-2 所示。为了更清晰地展示不同模型的图像分割性能，本节实验在源域图像上对这些模型进行了测试，并将测试结果作为图像分割性能的上限。

表 5-2 不同模型的图像分割性能

评价指标	性能上限	SA_UNet 模型	SA_AttUNet 模型	MA_UNet 模型	MA_AttUNet 模型
PA	0.9232	**0.9838**	0.9800	0.9806	0.9680
Dice 系数	0.4199	0.2962	0.2970	0.2728	**0.3025**
IoU	0.3014	0.2043	0.2043	0.1802	**0.2081**
Recall	0.6197	**0.4279**	0.3828	0.3628	0.3895
Precision	0.5088	0.4677	**0.4957**	0.4455	0.4774
F1	0.4202	0.3000	0.2980	0.2734	**0.3032**

从表 5-2 可以看出，MA_AttUNet 模型在多项评价指标上取得了最优分数（见表中加粗的数值）。尽管 MA_AttUNet 模型在部分评价指标上未能达到最优分数，但该模型评价指标的得分与其他模型之间的差距并不明显。需要注意的是，虽然上述 4 个模型在像素准确率（PA）这一评价指标上的得分超过了性能上限，但这并不意味着这

些模型的图像分割性能超过了性能上限，这是因为存在漏检而造成的。漏检问题也是将来的研究方向之一。

5.5 本章小结

针对水下大坝裂缝图像分割任务面临的可用数据集少、人工标注耗时费力、难以实现有监督学习等问题，本章提出了一种基于对抗迁移学习的水下大坝裂缝图像分割算法。本章通过构建多级特征对抗网络，将在源域（有标注的地面裂缝图像）上提取到的特征应用到了水下大坝裂缝图像分割中，有效缓解了对水下大坝裂缝图像标注数据集的需求，并在一定程度上保证了分割精度。但受限于地面裂缝图像类型不够丰富等原因，本章算法还有进一步改善的空间，这也是未来的研究方向。

参考文献

[1] 中华人民共和国水利部. 2019 年全国水利发展统计公报[M]. 北京：中国水利水电出版社，2020.

[2] HUANG L, LI X, FANG H, et al. Balancing social, economic and ecological benefits of reservoir operation during the flood season: A case study of the Three Gorges Project, China[J]. Journal of Hydrology, 2019, 572: 422-434.

[3] LIN P, GUAN J, PENG H, et al. Horizontal cracking and crack repair analysis of a super high arch dam based on fracture toughness[J]. Engineering Failure Analysis, 2019, 97: 72-90.

[4] TANG J, MAO Y, WANG J, et al. Multi-task enhanced dam crack image detection based on Faster R-CNN[C]//2019 IEEE 4th international conference on image, vision and computing (ICIVC), 2019: 336-340.

[5] FAN X, WU J, SHI P, et al. A novel automatic dam crack detection algorithm based on local-global clustering[J]. Multimedia Tools and Applications, 2018, 77(20): 26581-26599.

[6] FENG C, ZHANG H, WANG H, et al. Automatic pixel-level crack detection on dam surface using deep convolutional network[J]. Sensors, 2020, 20(7). DOI:10.3390/s20072069.

[7] LI L, ZHANG H, PANG J, et al. Dam surface crack detection based on deep learning[C]//Proceedings of the 2019 International Conference on Robotics, Intelligent Control and Artificial Intelligence, 2019: 738-743.

[8] TAN J, WANG M, TIAN J, et al. Research on dam leakage detection based on visual and acoustic integration: a case study of CFRD[C]//IOP Conference Series: Earth and Environmental Science, 2020. DOI:10.1088/1755-1315/525/1/012053.

[9] HIRAI H, ISHII K. Development of dam inspection underwater robot[J]. Journal of Robotics, Networking and Artificial Life, 2019, 6(1): 18-22.

[10] WANG W, WANG M, LI H, et al. Pavement crack image acquisition methods and crack extraction algorithms: A review[J]. Journal of Traffic and Transportation Engineering (English Edition), 2019, 6(6): 535-556.

[11] CAO W, LIU Q, HE Z. Review of pavement defect detection methods[J]. IEEE Access, 2020, 8: 14531-14544.

[12] KANG D, BENIPAL S S, GOPAL D L, et al. Hybrid pixel-level concrete crack segmentation and quantification across complex backgrounds using deep learning[J]. Automation in Construction, 2020, 118: 103291. DOI:10.1016/j.autcon.2020.103291.

[13] Dung C V. Autonomous concrete crack detection using deep fully convolutional neural network[J]. Automation in Construction, 2019, 99: 52-58.

[14] LONG J, SHELHAMER E, DARRELL T. Fully convolutional networks for semantic segmentation[C]//Proceedings of the IEEE conference on computer vision and pattern recognition. 2015: 3431-3440.

[15] RONNEBERGER O, FISCHER P, BROX T. U-net: Convolutional networks for biomedical image segmentation[C]//International Conference on Medical image computing and computer-assisted intervention. Springer, Cham, 2015: 234-241.

[16] BADRINARAYANAN V, KENDALL A, CIPOLLA R. Segnet: a deep convolutional encoder-decoder architecture for image segmentation[J]. IEEE transactions on pattern analysis and machine intelligence, 2017, 39(12): 2481-2495.

[17] JU H Y, LI W, TIGHE S, et al. CrackU-net: A novel deep convolutional neural network for pixelwise pavement crack detection[J]. Structural Control and Health Monitoring, 2020, 27(8): e2551. DOI:10.1002/stc.2551.

[18] CHENG J, XIONG W, CHEN W, et al. Pixel-level crack detection using u-net[J]. IEEE, 2018. DOI:10.1109/TENCON.2018.8650059.

[19] LI S, ZHAO X. Automatic crack detection and measurement of concrete structure using convolutional encoder-decoder network[J]. IEEE Access, 2020, 8: 134602-134618.

[20] ZOU Q, ZHANG Z, LI Q, et al. Deepcrack: Learning hierarchical convolutional features for crack detection[J]. IEEE Transactions on Image Processing, 2018, 28(3): 1498-1512.

[21] O'BYRNE M, PAKRASHI V, SCHOEFS F, et al. Semantic segmentation of underwater imagery using deep networks trained on synthetic imagery[J]. Journal of Marine Science and Engineering, 2018, 6(3): 93. DOI:10.3390/jmse6030093.

[22] 马金祥，范新南，吴志祥，等. 暗通道先验的大坝水下裂缝图像增强算法[J]. 中国图象图形学报，2016, 21(12):1574-1584.

[23] 陈文静. 水下堤坝裂缝图像检测方法的研究[D]. 郑州：华北水利水电大学，2019.

[24] CHEN C, WANG J, ZOU L, et al. A novel crack detection algorithm of underwater dam image[C]//2012 International Conference on Systems and Informatics (ICSAI2012), 2012: 1825-1828.

[25] VAN ENGELEN J E, HOOS H H. A survey on semi-supervised learning[J]. Machine Learning, 2020, 109(2): 373-440.

[26] SUNG F, YANG Y, ZHANG L, et al. Learning to compare: Relation network for few-shot learning[C]//Proceedings of the IEEE conference on computer vision and pattern recognition, 2018: 1199-1208.

[27] TAN C, SUN F, KONG T, et al. A survey on deep transfer learning[C]//International conference on artificial neural networks, 2018: 270-279.

[28] PIRES DE LIMA R, MARFURT K. Convolutional neural network for remote-sensing scene classification: Transfer learning analysis[J]. Remote Sensing, 2020. DOI:10.3390/rs12010086.

[29] WURM M, STARK T, ZHU X X, et al. Semantic segmentation of slums in satellite images using transfer learning on fully convolutional neural networks[J]. ISPRS journal of photogrammetry and remote sensing, 2019, 150: 59-69.

[30] WANG M, DENG W. Deep visual domain adaptation: A survey[J]. Neurocomputing, 2018, 312: 135-153.

[31] MOTIIAN S, PICCIRILLI M, ADJEROH D A, et al. Unified deep supervised domain adaptation and generalization[C]//Proceedings of the IEEE international conference on computer vision, 2017: 5715-5725.

[32] TZENG E, HOFFMAN J, DARRELL T, et al. Simultaneous deep transfer across domains and tasks[C]//Proceedings of the IEEE international conference on computer vision, 2015: 4068-4076.

[33] TSAI Y H, HUNG W C, SCHULTER S, et al. Learning to adapt structured output space for semantic segmentation[C]//Proceedings of the IEEE conference on computer vision and pattern recognition, 2018: 7472-7481.

[34] CUI L , QI Z , CHEN Z, et al. Pavement distress detection using random decision forests[C]// International Conference on Data Science, 2015.

[35] YANG F, ZHANG L, YU S, et al. Feature pyramid and hierarchical boosting network for pavement crack detection[J]. IEEE Transactions on Intelligent Transportation Systems, 2019, 21(4): 1525-1535.

[36] LIU Y, YAO J, LU X, et al. DeepCrack: a deep hierarchical feature learning architecture for crack segmentation[J]. Neurocomputing, 2019, 338:139-153.

[37] BENZ C, DEBUS P, HA H K, et al. Crack segmentation on UAS-based imagery using transfer learning[C]//2019 International Conference on Image and Vision Computing New Zealand (IVCNZ), 2019: 1-6.

第 6 章 基于改进 Faster-RCNN 的海洋生物检测算法

6.1 引言

海洋生物是海洋生态环境的重要组成部分，一直以来都备受关注。研究人员可以通过人工潜水、水下机器人拍摄等方式对海洋生物的分布情况、生活习性进行研究，但水下的低质量成像使得研究人员难以准确发现海洋生物。目前，业界急需一种有效的目标检测算法来替代肉眼检测海洋生物。

目标检测是计算机视觉中的重要任务之一，是一种与计算机视觉、图像处理相关的计算机技术。目标检测系统处理的是数字图像或视频中特定类别的语义对象（如人、汽车或动物等）。目标检测的研究领域包括边缘检测[1]、多目标检测[2-4]、显著性目标检测[5-6]等。

传统的目标检测算法存在识别效果差、准确率低、识别速度慢等缺点，难以有效地进行海洋生物检测。近年来，深度学习的快速发展给目标检测领域带来巨大突破，基于深度学习的目标检测算法具有检测精度高、鲁棒性强等优点，在安全监控[7]、自动驾驶[8]、无人机场景分析[9]等领域得到了广泛的应用。

但是，由于水下图像质量差、环境复杂、海洋生物大小形态不一、重叠遮挡等因素，一般的基于深度学习的目标检测算法对海洋生物的检测效果并不理想，因此本章对基于深度学习的目标检测算法加以改进，提出了基于 Faster-RCNN 的海洋生物检测算法（本章算法），使之能够有效地检测海洋生物。

6.2 相关工作

目前，基于深度学习的目标检测算法可分为两阶段（Two-Stage）目标检测算法和单阶段（One-Stage）目标检测算法两种。

单阶段目标检测算法只需要一个阶段就能同时完成目标定位和目标分类。YOLOv1[10]通过先验的锚定框（Anchor Box）直接将目标区域预测和目标类别预测整合为一步，极大地提升了目标检测速度，但每个预测框只能预测一个对象，检测精度也不高。YOLOv2[11]在 YOLOv1 的基础上进行了改进，通过在卷积层中添加批标准化来降低模型过拟合，有效提高了模型的收敛能力。在 YOLOv2 的基础上，YOLO9000 通过分层视图对目标进行分类，可以同时检测 9000 多种目标。YOLOv3[12]在 YOLOv2 的基础上，取消了所有的池化层，通过增加卷积核的步长来达到池化层的效果，从而大幅提升了目标检测的速度，并且可以同时输出多尺度特征图，强化了对小目标的检测能力。YOLOv4[13]在 YOLOv3 的基础上，筛选了一些能够提升检测器检测精度的技巧，并将 YOLOv3 中的 Darknet53 替换成 CSPDarknet53，进一步提升了目标检测速度和精度。

两阶段目标检测算法先通过某种方式生成一些候选区域，再对这些候选区域的内容进行分类和修正。Girshick 等人于 2014 年提出了区域卷积神经网络（RCNN）[14]，该算法先通过选择性搜索算法生成候选区域，再以 CNN 取代传统的滑窗算法来提取候选区域的特征，提高了目标检测的精度，但 RCNN 有大量重复计算，严重影响检测性能。Fast-RCNN[15]针对 RCNN 仍存在的计算冗余问题，选择先通过 CNN 提取输入图像的特征，再通过选择性搜索算法生成候选区域，这样只需要经过一次 CNN 就可以得到全部的候选区域，减少了重复计算，但检测速度依然不理想。在 Fast-RCNN 的基础上，Faster-RCNN[16]使用区域建议网络（Region Proposal Network，RPN）替代选择性搜索算法来生成候选区域，进一步提升了目标检测速度。Faster-RCNN 算法的核心过程是先利用特征提取网络提取目标的特征；然后通过区域建议网络生成候选区域，判断候选区域是否包含目标，对候选区域尺寸进行修正；最后利用 ROI Pooling 对候选区域进行分类。Faster-RCNN 的结构如图 6-1 所示。

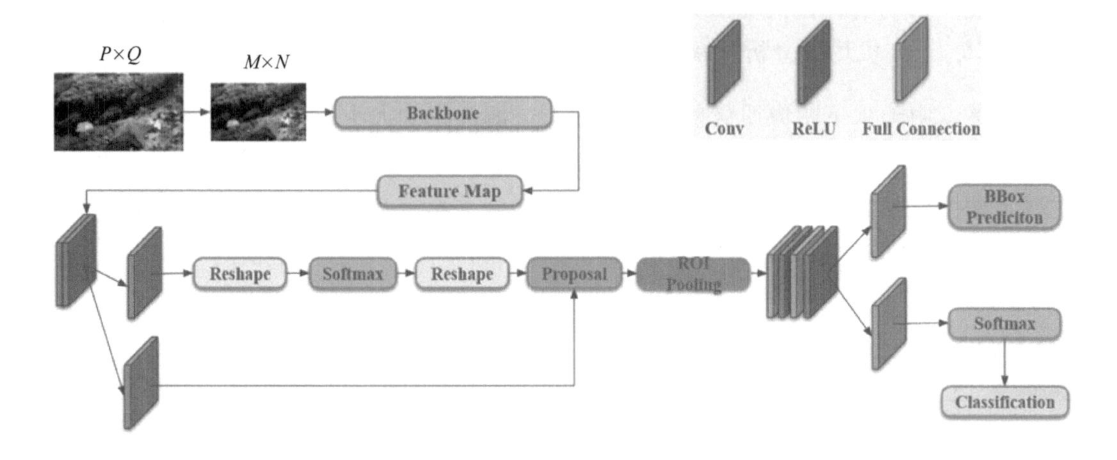

图 6-1 Faster-RCNN 的结构

针对海洋生物检测场景，本章在 Faster-RCNN 算法的基础上进行了以下三点改进：

（1）针对水下图像质量差，海洋生物大小不一、形态各异等因素导致目标检测精度低的问题，本章使用 ResNet 替换 Faster-RCNN 中的 VGG 特征提取网络，并且在 ResNet 后添加了 BiFPN（加权双向特征金字塔网络），形成了 ResNet-BiFPN 结构，提高了网络模型的特征提取能力和多尺度特征融合能力。

（2）使用 EIoU 代替 Faster-RCNN 中的 IoU，通过添加中心度权重降低了训练数据集中冗余边界框的占比，改善了边界框质量。

（3）在海洋生物数据集中使用 K-means++算法生成了更适合的锚定框，提高了目标检测精度。

6.3 本章算法

6.3.1　ResNet-BiFPN 简介

光的散射会降低水下图像的质量，水下场景往往非常复杂，如水底的岩石、水草等，这些因素都会干扰目标特征的提取。大小不一、形态各异的海洋生物对网络模型的多尺度特征融合能力也是一种考验。本章以特征提取能力强的 ResNet[17]作为 Faster-RCNN 的特征提取网络，并在 ResNet 后添加了 BiFPN[18]，可增强网络模型的多尺度特征融合能力。

ResNet 采用了一种恒等映射的残差结构，可以使梯度顺利地从浅层传递到深层，从而允许训练非常深层的神经网络，提升特征提取能力。相较于 VGG 网络模型，拥有恒等映射残差结构的 ResNet 能保留浅层特征，并将浅层特征传递到更深层参与训练。ResNet 的结构如图 6-2 所示。

对于任意输入，经过 ResNet 的 5 个阶段（Stage 0～Stage 4）可得到处理后的特征。其中 Stage 0 是输入的预处理阶段，之后的 4 个阶段都由瓶颈层（Bottleneck，BTNK）组成，结构较为相似。Stage 1 包含 2 个瓶颈层，剩下的 Stage 2～Stage 4 分别包含 4、6、3 个瓶颈层。Stage 0 的输入是通道数量、高度、宽度，在 Stage 0 中，形如（3, 224, 224）的输入先后经过卷积层、BN 层、ReLU 激活函数、MaxPooling 层，得到形如（64, 56, 56）的输出。瓶颈层分别对应两种情况：输入通道数量和输出通道数量相同的情况对应 BTNK2，输入通道数量和输出通道数不同的情况对应 BTNK1。对于 BTNK2，令（C, W, W）表示输入为图像 x，用函数 $F(x)$ 表示 BTNK2 左侧 3 个卷积层的输出，两者相加后再通过 ReLU 激活函数即可得到 BTNK2 的输出。与 BTNK2 相比，BTNK1 在右侧多了一个卷积层，用函数 $G(x)$ 表示这个卷积层的输出。BTNK1 对应输入通道数量和输出通道数量不同的情况，它增加的卷积层将输入图像 x 变为 $G(x)$，起到匹配输入通道数量与输出通道数量差异的作用。

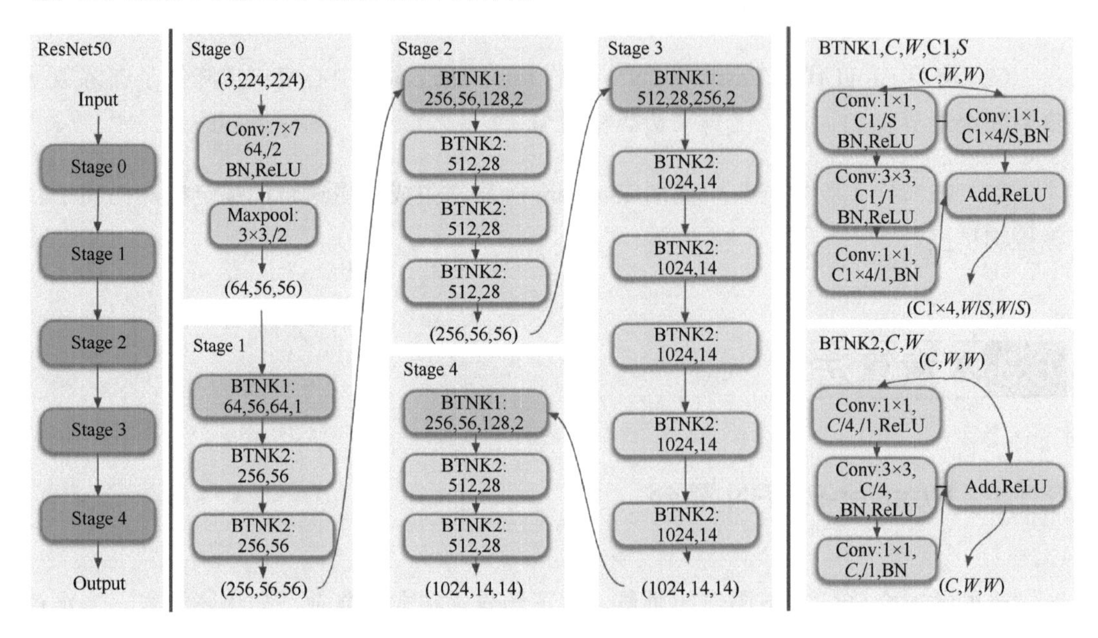

图 6-2　ResNet 的结构

2020 年，Google Brain 团队在目标检测算法 EfficientDet 中使用了 BiFPN 结构。BiFPN 的形成过程如图 6-3 所示。

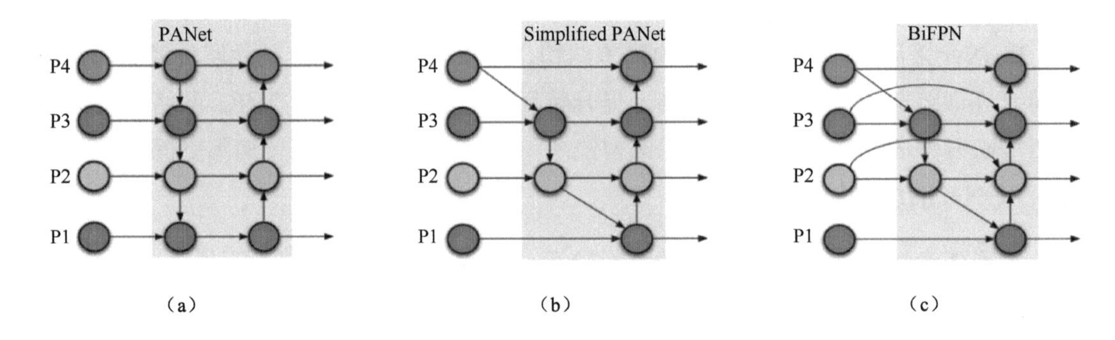

图 6-3　BiFPN 的形成过程

受到 PANet 结构［见图 6-3（a）］的启发，Google Brain 团队首先对 PANet 的结构进行了简化，去除了冗余节点，形成了 Simplified PANet［其结构见图 6-3（b）］；然后在 Simplified PANet 的基础上添加了短接结构，形成了 BiFPN［其结构见图 6-3（c）］。BiFPN 引入了可学习的权重，用来学习不同输入特征的重要性，同时反复应用自顶向下和自下而上的多尺度特征融合。

要想引入可学习的权重来学习不同输入特征的重要性，只需要在特征上乘以一个可学习的权重即可。

$$O=\sum_i w_i \cdot I_i \tag{6-1}$$

式中，w_i 可以是一个标量（对于每个特征而言），也可以是一个向量（对于每条通道而言），还可以是一个多维度的张量（对于每个像素而言）；I_i 是输入特征；O 是输出特征。如果不对 w_i 加以限制，则很容易造成训练不稳定，因此对每个权重使用 Softmax 函数进行处理，即：

$$O=\sum_j \frac{\mathrm{e}^{w_i}}{\mathrm{e}^{w_j}} \tag{6-2}$$

但 Softmax 函数的实际计算速度较慢，因此改为：

$$O=\sum_j \frac{w_i}{\varepsilon+\sum_j w_j} \tag{6-3}$$

式中，$\varepsilon=0.0001$，目的是避免数值不稳定。为保证权重大于 0，可在权重模块（Weight Module）前采用 ReLU 激活函数。本章采用式（6-3）实现了 BiFPN 中的权重机制。

ResNet-BiFPN 的实现如图 6-4 所示。

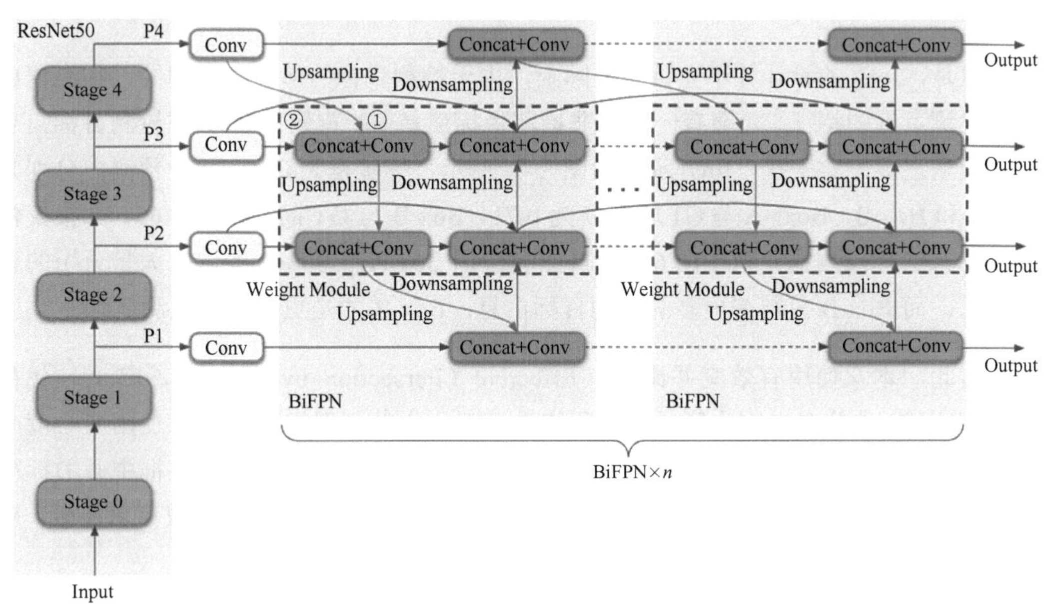

图 6-4　ResNet-BiFPN 的实现

在图 6-4 中，4 个尺度不一的特征 P1～P4 是通过 ResNet50 的 Stage 1～Stage 4 获得的，1×1 的卷积层用于调整通道数量。P4 通过上采样（Upsampling）操作变成与 P3 尺度相同的特征①后，再与 P3 通过卷积层后的特征②进行堆叠和卷积。在权重模块（Weight Module）中，所有的堆叠（Concat）和卷积（Conv）操作都会对其输入使用式（6-3）来学习不同特征的重要程度。例如 P4 和 P3，左上角的堆叠和卷积操作会通过权重机制确定 ResNet-BiFPN 更关注①还是更关注②；权重机制的筛选结果会继续与 P2 经过卷积层后的特征进行堆叠和卷积操作，以及与 P3 经过卷积层、跳跃连接后的特征进行堆叠和卷积，如此操作即可实现 BiFPN。

为获得更好的检测效果，目标检测算法 EfficientDet 对 BiFPN 结构进行重复堆叠。相关实验证明，在一定程度内，BiFPN 的堆叠可以提升精度，但也会导致参数数量的增加，从而影响模型的运行性能。本章对 BiFPN 的堆叠次数进行了测试，以选取 BiFPN 的最优堆叠次数。

6.3.2 有效交并比

在基于 Faster-RCNN 的目标检测算法中，模型先一次性地生成大量的候选区域，然后根据每个预测框的置信度对预测框进行排序，进而一次性地计算预测框之间的交并比（IoU），并以非极大值抑制的方式来判断哪个预测框内才是需要寻找的物体，哪些预测框应该被删除。

但是，IoU 的设计并不完善。实际上，由于检测目标的形态各不相同，预测框内除了检测目标的特征，还会有一定的非检测目标信息（如背景信息），非检测目标信息会对模型造成一定干扰。IoU 示例如图 6-5 所示，标签框为 GT，两个预测框分别为 Box A 和 Box B，Box A 与 GT 的 IoU 为 0.71，Box B 与 GT 的 IoU 为 0.65。如果仅依据 IoU 来选择预测框，则在图 6-5 中自然会选择 Box A，但 Box A 内有大量无用的背景信息，而 Box B 内则有更多的检测目标信息，Box B 才是更有效的预测框。

因此，本章使用有效交并比[19]（Effective Intersection over Union，EIoU）代替 Faster-RCNN 中的 IoU 作为区域建议网络中正负样本的判别标准。EIoU 使用中心度来衡量一个预测框在目标内的程度，中心度用来表示预测框的中心到标签框中心的标准化距离。EIoU 认为，更靠近标签框中心的预测框，包含的检测目标有效信息更多，应当是更重要的预测框。

假设预测框 Box A 的边界坐标为$(\hat{x}_1,\hat{y}_1,\hat{x}_2,\hat{y}_2)$，其中 $\hat{x}_1$和$\hat{y}_1$ 表示预测框左上角的横坐标与纵坐标，$\hat{x}_2$和$\hat{y}_2$ 表示预测框右下角的横坐标与纵坐标，则预测框 Box A 的中心

点 C_A 坐标为 $(\hat{x}_c, \hat{y}_c) = \left(\dfrac{\hat{x}_1 + \hat{x}_2}{2}, \dfrac{\hat{y}_1 + \hat{y}_2}{2}\right)$。

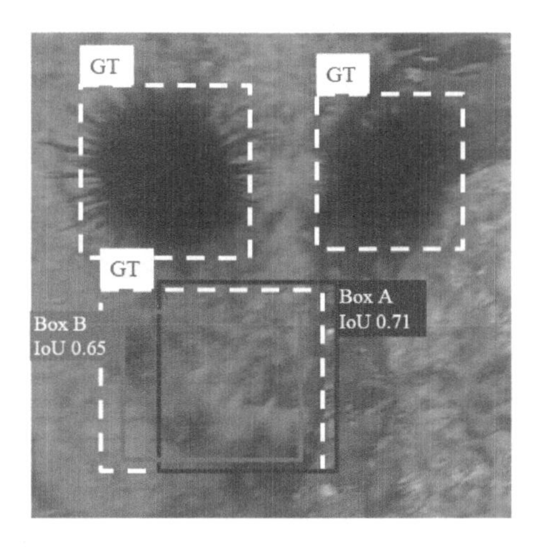

图 6-5　IoU 示例

预测框 Box A 对应的标签框 GT 的坐标为 (x_1, y_1, x_2, y_2)，其中 x_1和y_1 表示标签框左上角的横坐标与纵坐标，x_2和y_2 表示标签框右下角的横坐标与纵坐标。接下来计算 C_A 与标签框边界的距离，定义 d_l、d_r、d_t、d_b 为预测框 Box A 的中心点 C_A 到标签框边界的距离为：

$$\begin{aligned} d_l &= \left|\hat{x}_c - x_1\right| \\ d_r &= \left|x_2 - \hat{x}_c\right| \\ d_t &= \left|\hat{y}_c - y_1\right| \\ d_b &= \left|y_2 - \hat{y}_c\right| \end{aligned} \tag{6-4}$$

将中心度权重 W_A 定义为：

$$W_A = \sqrt{\frac{\min(d_l, d_r) \times \min(d_t, d_b)}{\max(d_l, d_r) \times \max(d_t, d_b)}} \tag{6-5}$$

可得到 EIoU 的定义，即：

$$\text{EIoU} = W_A \times \text{IoU} \tag{6-6}$$

式中，IoU 为预测框 Box A 和标签框 GT 的交并比。

EIoU 的示例如图 6-6 所示，在 IoU 中添加中心度权重 W_A 后，距离标签框更近的预测框的 EIoU 更高，更契合目标检测的目的。

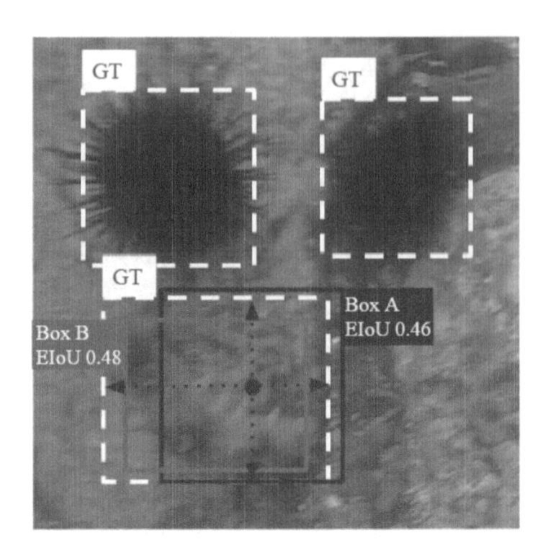

图 6-6 EIoU 示例

6.3.3 K-means++算法

K-means[20]算法是一种常用的聚类方法，其核心思想是“物以类聚”。K-means 算法首先随机地选择几个中心点，然后通过计算其他点与这些中心点的距离，将其他点分类到距离其最近的中心点所代表的类中，从而完成对所有数据的聚类。K-means 算法的聚类过程如下：

（1）在所有需要聚类的点中随机选择 K 个中心点作为聚类中心。

（2）计算其他点到 K 个聚类中心的距离，并将其他点划分到其距离最近的聚类中。

（3）重新计算每个聚类的中心，将聚类中心移到当前簇的中心。

（4）重复步骤（2）和（3），直到所有需要聚类的点都被分配完毕为止。

Faster-RCNN 的锚定框大小是人工设定的，共设置了 3 个锚定框，每个锚定框有 3 种大小（分别是 128×128，256×256，512×512）和 3 种长宽比（分别为 1∶1、1∶2、2∶1），3 种大小和 3 种长宽比的两两组合可得到 9 种锚定框。这种人工设定的锚定框在通用的数据集上具有一定的普适性，但无法在本章使用的 URPC2018 数据集（海洋生物数据集上）达到最好的检测效果。另外，在聚类算法中，初始聚类中心的选择很重要，往往决定着聚类结果的好坏。K-means 算法的聚类中心选择采用的是随机方式，因此无法确定如何选择聚类中心才能得到较好的结果。

本章将使用 K-means 算法的优化版本 K-means++[21]算法在 URPC2018 数据集上进行聚类分析，生成了一组更加适合海洋生物的锚定框，能够提升检测的精度。

K-means++算法的聚类过程如下：

（1）从所有需要聚类的点中随机选择 K 个点作为聚类中心。

（2）计算其他点到其最邻近的聚类中心的距离，并对这些距离求和。

（3）在步骤（2）的距离求和值内选取一个随机值，然后将这随机值依次与（2）中的距离值相减，直至该随机值不大于 0，则该点为下一个聚类中心点。

（4）重复步骤（2）和（3），直至选出所有的 K 个聚类中心。

（5）执行 K-means 算法。

K-means++算法在通过上述步骤（1）到（3）初始化聚类中心时，选择了相互距离尽可能远的点作为聚类中心，可改善聚类效果，具备更强的泛化能力。在 URPC2018 数据集中，合适的锚定框大小可以提高模型的检测精度。

图 6-7 所示为 URPC2018 数据集的标签框大小分布情况。从图中可以发现，绝大部分的点都聚集在左下角。由于 K-means++算法会选择相互距离尽可能远的点作为聚类中心，为避免部分特殊点对聚类效果的影响，本章算法舍弃了约 5%的数据，设置大小不超过 225×125 的所有标签框后使用 K-means++算法进行聚类。

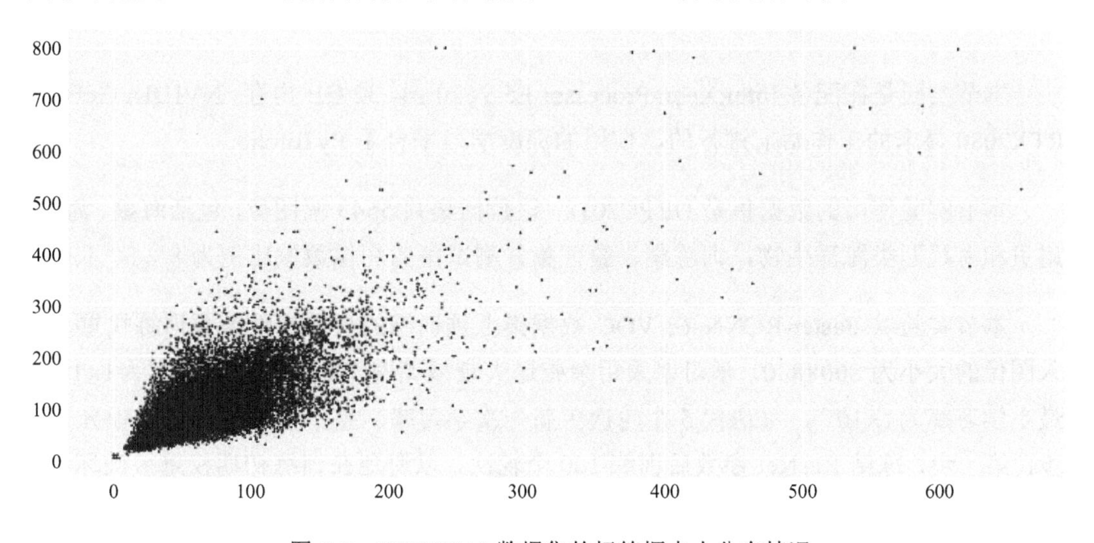

图 6-7 URPC2018 数据集的标签框大小分布情况

聚类结果如图 6-8 所示，本章算法将使用 9 个聚类中心的坐标值作为锚定框的长和宽对 Faster-RCNN 模型进行了训练。

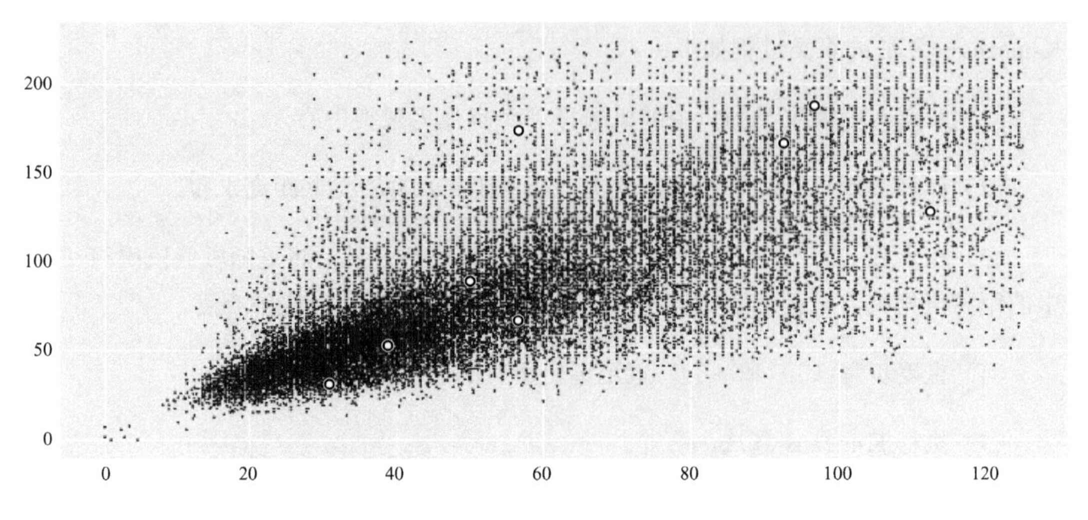

图 6-8 使用 K-means++算法的聚类结果

6.4 实验与分析

6.4.1 实验配置及数据集

本节实验是在配备 Intel Xeon Processor E5-2620 v4、32 GB 内存、NVIDIA GeForce RTX2080 显卡的工作站上进行的，使用的深度学习平台是 PyTorch。

本节实验使用的数据集是 URPC2018，该数据集共 5543 幅图像，包括海参、海胆、扇贝和海星四类海洋生物，训练集、验证集、测试集的图像数量比例为 8 : 1 : 1。

本节实验以 Faster-RCNN 在 VOC 数据集上预训练的权重文件为预训练权重，输入图像的大小为 800×800，学习率采用余弦退火衰减调整策略，初始学习率为1×10^{-4}，最小学习率为1×10^{-5}，每迭代 5 个轮次更新一次学习率。整个模型的训练过程分为两步：第一步，冻结 ResNet 参数后训练 100 个轮次，以避免在训练初期权重被破坏，将 Batch Size 设置为 16；第二步，解冻 ResNet 参数后训练 100 个轮次，将 Batch Size 设置为 4。本节实验的网络模型均在训练 200 个轮次之前收敛。

6.4.2 评价指标

为了定量分析本章算法的目标检测效果，本章采用多类平均精度（mAP）作为评价指标。mAP 依赖于精度（Precision，也称为查准率）与召回率（Recall，也称为查全率）。Precision 表示某个类别 C 在一幅图像上正确识别类别 C 的个数 TP（True Positives）与在该图像上识别出的类别 C 的总数［包括正确识别的数量 TP，以及不是类别 C 但被识别为 C 的数量 FP（False Positives）］的比值：

$$\text{Precision}=\frac{\text{TP}}{\text{TP+FP}} \tag{6-7}$$

召回率（Recall）表示类别 C 在一幅图像上被正确识别出来的个数 TP 与在该图像上类别 C 的总数［包括正确识别的数量 TP，以及是类别 C 但被识别为其他类的数量 FN（False Negatives）］的比值：

$$\text{Recall}=\frac{\text{TP}}{\text{TP+FN}} \tag{6-8}$$

单类平均精度（Average Precision，AP）是指以 Recall 为 x 轴，Precision 为 y 轴，画出 R-P 曲线，曲线下的面积，即：

$$\text{AP}=\int_0^1 p(r)\mathrm{d}r \tag{6-9}$$

式中，r 表示召回率。对于有 N 个类别的测试集来说，mAP 的计算公式为：

$$\text{mAP}=\frac{\sum_{k=1}^{N}\text{AP}}{N} \tag{6-10}$$

6.4.3　实验结果

本节实验对比了以下算法的性能：

- 基于 Faster-RCNN 的海洋生物检测算法（Baseline）；
- 在 Faster-RCNN 上单独使用 ResNet-BiFPN 特征提取网络的海洋生物检测算法（①）；
- 在 Faster-RCNN 上单独使用 EIoU 的海洋生物检测算法（②）；
- 在 Faster-RCNN 上单独使用 K-means++算法的海洋生物检测算法（③）；
- 在 Faster-RCNN 上使用 ResNet-BiFPN 特征提取网络和 EIoU 的海洋生物检测算法（①+②）；

- 在 Faster-RCNN 上使用 ResNet-BiFPN 特征提取网络和 K-means++算法的海洋生物检测算法（①+③）；
- 在 Faster-RCNN 上使用 EIoU 和 K-means++算法的海洋生物检测算法（②+③）；
- 在 Faster-RCNN 上使用 ResNet-BiFPN 特征提取网络、EIoU 和 K-means++算法的海洋生物检测算法（Proposed）。

不同算法在 URPC2018 数据集上的测试结果如表 6-1 所示。

表 6-1 不同算法在 URPC2018 数据集上的测试结果

算 法	mAP	对海胆检测的 AP	对海星检测的 AP	对扇贝检测的 AP	对海参检测的 AP
Baseline	80.68%	87.39%	86.62%	75.55%	73.17%
①	85.29%	90.03%	88.58%	83.21%	79.36%
②	81.04%	87.48%	86.35%	76.23%	74.09%
③	81.79%	88.80%	87.39%	76.34%	74.61%
①+②	86.34%	91.36%	89.02%	83.85%	81.14%
②+③	81.87%	88.14%	87.20%	76.81%	75.32%
①+③	86.92%	91.93%	90.25%	84.29%	81.24%
Proposed	88.94%	92.36%	90.78%	86.04%	82.93%

本节实验在 IoU 为 0.5、置信度为 0.5 的前提下，Baseline 算法的 mAP 为 80.68%。

在使用 ResNet-BiFPN 特征提取网络后，即①算法的 mAP 为 85.29%，相比于 Baseline 算法的增幅为 4.61%，并且①算法对 4 类海洋生物的检测效果均有一定提升，其中对扇贝检测的 AP 提升最多，相比于 Baseline 算法的增幅为 7.66%；对海星检测的 AP 提升最小，相比于 Baseline 算法的增幅为 1.96%。

在使用 EIoU 后，即②算法的 mAP 为 81.04%，相比于 Baseline 算法的增幅为 0.36%；除对海星的检测外，对其他 3 类海洋生物检测的 AP 也均有提升，其中对海参检测的 AP 提升最多，相比于 Baseline 算法的增幅为 0.92%；对海星检测的 AP 略有降低，相比于 Baseline 算法的降幅为 0.27%。对海星检测的 AP 降低的原因是 EIoU 侧重于预测框的“质量”，使预测框更符合检测的“主观意愿”，即更接近标签框，而不是侧重于提升检测精度。这也是 EIoU 对其他三类海洋生物检测的 AP 提升不明显的原因。

在使用 K-means++算法（如 PredMix 数据增强）后，即③算法的 mAP 为 81.79%，相比于 Baseline 算法的增幅为 1.11%，对 4 类海洋生物的检测中，对海参检测的 AP 提升最多，相比于 Baseline 算法的增幅为 1.44%。

本节实验还充分验证了任意两种算法组合的效果，组合算法可以在单一算法的基础上继续提升检测的 mAP。

使用 ResNet-BiFPN 与 EIoU（即①+②算法）的 mAP 为 86.34%，相比于 Baseline 算法的增幅为 5.66%。在 4 类海洋生物的检测中，对扇贝检测的 AP 提升最多，相比于 Baseline 算法的增幅为 8.30%。

使用 EIOU 和 K-means++算法（即②+③算法）的 mAP 为 81.87%，相比于 Baseline 算法的增幅为 1.19%。在 4 类海洋生物的检测中，对海参检测的 AP 提升最多，相比于 Baseline 算法的增幅为 2.15%。

使用 ResNet-BiFPN 和 K-means++算法（即①+③算法）的 mAP 为 86.92%，相比于 Baseline 算法的增幅为 6.24%，在 4 类海洋生物的检测中，对扇贝检测的 AP 提升最多，相比于 Baseline 算法的增幅为 8.74%。

与 Baseline 算法相比，本章算法（即 Proposed 算法）的 mAP 为 88.94%，增幅为 8.26%；在 4 类海洋生物的检测中，AP 的增幅为 4.97%～10.49%，证明了本章算法的有效性。

Proposed 算法和 Baseline 算法在不同情况下对海洋生物的检测结果如图 6-9 所示。

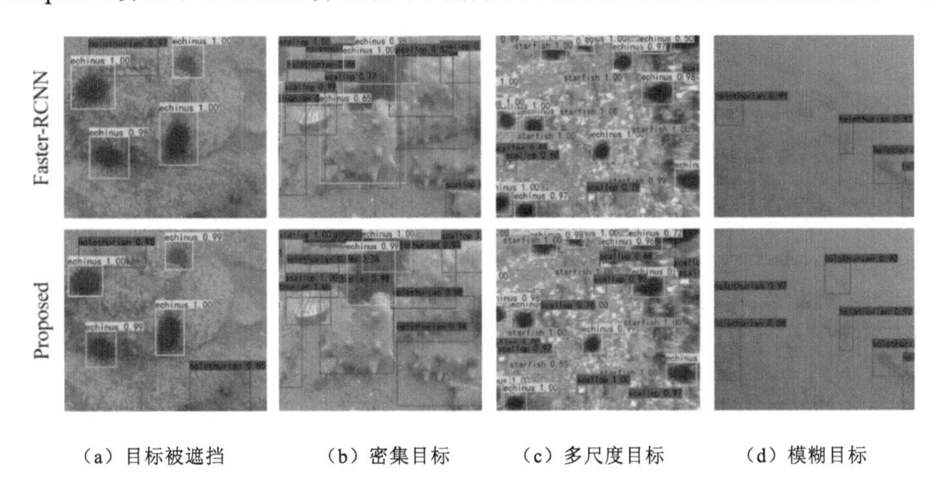

（a）目标被遮挡　（b）密集目标　（c）多尺度目标　（d）模糊目标

图 6-9　Proposed 算法和 Baseline 算法在不同情况下对海洋生物的检测结果

从图 6-9 中可以看出，在目标被遮挡、密集目标、多尺度目标和模糊目标的情况下，Proposed 算法都有非常优秀的检测结果。

对于存在目标被遮挡（显示不完全）的情况，如图 6-9（a）右下角的海参，Proposed 算法能够以较高的置信度发现这只显示不完全的海参，具有更好的检测效果。

对于存在密集目标的情况，如图 6-9（b）所示，在 Baseline 算法的检测结果中出现了大量误检、漏检的现象，如左下角的海参并未被检测出来，并把多处的海参识别成了扇贝、海胆，在框选目标时也不够精细；Proposed 算法能在海洋生物存在互相遮挡、重叠的情况下精确地划清界限、区分彼此，能精确定位并识别图像中的每个海洋生物，并对大多数检测对象给予了非常高的置信度。

对于存在多尺度目标的情况，如图 6-9（c）所示，Proposed 算法对多尺度目标的检测能力也十分强大，这是因为添加 BiFPN（双向特征金字塔网络）后的 Faster-RCNN 对扇贝这种小尺度目标的检测能力也得到了强化。相较于 Baseline 算法，Proposed 算法中的 Faster-RCNN 不但能发现更多的扇贝，而且都能给予很高的置信度。

对于存在模糊目标的情况，如图 6-9（d）所示，Proposed 算法的检测能力也得到了很大的提升。由于图像失真严重、清晰度极低，Baseline 算法漏检了两只海参，而 Proposed 算法中的 ResNet-BiFPN 使 Faster-RCNN 具有更强大的特征提取能力，在模糊目标的情况下也能实现高精度的检测。另外，Proposed 算法中的 EIoU 可以使得预测框更加“贴合”目标生物，对海胆的预测框要更贴近海胆。

总体来说，Proposed 算法通过 ResNet-BiFPN 增强了 Faster-RCNN 的特征提取和多尺度特征融合能力，通过 EIoU 改善预测框质量，以及通过 K-means++算法生成了更合适的锚定框，在海洋生物检测中达到了更高的检测精度。

此外，本节还通过实验对 ResNet-BiFPN 中 BiFPN 堆叠的次数进行了测试。在综合考虑检测精度和检测速度的情况下，本节算法（Proposed 算法）将 BiFPN 堆叠次数设置为 3 次。不同 BiFPN 堆叠次数的测试结果如表 6-2 所示。

表 6-2 不同 BiFPN 堆叠次数的测试结果

堆叠次数	0 次	1 次	2 次	3 次	4 次	5 次
mAP	83.47%	84.95%	85.18%	85.29%	85.32%	85.30%
检测速度/FPS	5.31	4.63	4.50	4.39	4.22	4.10

本节还通过实验对比了基于 Faster-RCNN 的海洋生物检测算法（Baseline），在 Faster-RCNN 上单独使用 ResNet-BiFPN 特征提取网络的海洋生物检测算法（①），在 Faster-RCNN 上单独使用 EIoU 的海洋生物检测算法（②），本章算法（Proposed），以①+②的组合算法的运行性能。由于锚定框的大小并不会影响算法的运行性能，因此没有对包含 K-means++算法的海洋生物检测算法进行性能测试。不同算法的性能测试结果如表 6-3 所示。ResNet-BiFPN 作为特征提取网络的参数量远大于 VGG 作为特征提取网络的参数量，所以 ResNet-BiFPN 对整个算法的性能影响是最大的；EIoU 在 IoU

的基础上添加了中心度权重，只增加了很少的计算量，所以对整个算法性能影响不大。

表 6-3　不同算法的性能测试结果

算　法	检测速度/FPS
Baseline	5.31
①	4.39
②	5.18
①+②	4.30
Proposed	4.30

6.5 本章小结

本章提出了一种基于改进 Faster-RCNN 的海洋生物检测算法（Proposed），使用 ResNet 替代基于 Faster-RCNN 的海洋生物检测算法（Baseline）中的 VGG 特征提取网络，并辅以 BiFPN 提升特征提取能力和多尺度特征融合能力；使用有效交并比（EIoU）替换交并比（IoU）以减少边界框的冗余；使用 K-means++算法生成合适的锚定框。实验结果表明，Proposed 算法有效提高了海洋生物的检测精度，可以实现对海洋生物的有效检测。

参考文献

[1] WANG T, CHEN Y, QIAO M, et al. A fast and robust convolutional neural network-based defect detection model in product quality control[J]. The International Journal of Advanced Manufacturing Technology, 2018, 94(9):3465-3471.

[2] WANG R, ZHANG Y, TIAN W, et al. Fast implementation of insect multi-target detection based on multimodal optimization[J]. Remote Sensing,2021, 13(4). DOI:10.3390/rs13040594.

[3] XU X, LI X, ZHAO H, et al. A real-time, continuous pedestrian tracking and positioning method with multiple coordinated overhead-view cameras[J]. Measurement, 2021,178. DOI:10.1016/j.measurement.2021.109386.

[4] BRYS T, HARUTYUNYAN A, VRANCX P, et al. Multi-objectiveization and ensembles of shapings in reinforcement learning[J]. Neurocomputing, 2017, 263: 48-59.

[5] GAO S H, TAN Y Q, CHENG M M, et al. Highly efficient salient object detection with 100k parameters[C]// European Conference on Computer Vision. Springer, Cham, 2020: 702-721.

[6] FAN D P, ZHAI Y, BORJI A, et al. BBS-Net: RGB-D salient object detection with a bifurcated backbone strategy network[C]//European Conference on Computer Vision. Springer, Cham, 2020: 275-292.

[7] YU W D, LIAO H C, HSIAO W T, et al. Automatic Safety Monitoring of Construction Hazard Working Zone: A Semantic Segmentation based Deep Learning Approach [C]//Proceedings of the 2020 the 7th International Conference on Automation and Logistics (ICAL), 2020: 54-59.

[8] HUVAL B, WANG T, TANDON S, et al. An empirical evaluation of deep learning on highway driving[J]. Computer Science, 2015.DOI:10.48550/arXiv.1504.01716.

[9] ZHAO Y, MA J, LI X, et al. Saliency detection and deep learning-based wildfire identification in UAV imagery[J]. Sensors, 2018, 18(3): 712. DOI: 10.3390/s18030712.

[10] REDMON J, DIVVALA S, GIRSHICK R, et al. You only look once: Unified, real-time object detection[C]//Proceedings of the IEEE conference on computer vision and pattern recognition, 2016: 779-788.

[11] REDMON J, FARHADI A. YOLO9000: better, faster, stronger[C]//Proceedings of the IEEE conference on computer vision and pattern recognition, 2017: 7263-7271.

[12] REDMON J, FARHADI A. Yolov3: An incremental improvement[J]. arXiv e-prints, 2018. DOI:10.48550/arXiv.1804.02767.

[13] BOCHKOVSKIY A, WANG C Y, LIAO H Y M. Yolov4: Optimal speed and accuracy of object detection[J]. arXiv e-prints, 2020. DOI:10.48550/arXiv.2004.10934.

[14] GIRSHICK R, DONAHUE J, DARRELL T, et al. Rich feature hierarchies for accurate object detection and semantic segmentation [C]//Proceedings of the IEEE conference on computer vision and pattern recognition, 2014: 580-587.

[15] GIRSHICK R. Fast R-CNN[C]//Proceedings of the IEEE international conference on computer vision, 2015: 1440-1448.

[16] REN S, HE K, GIRSHICK R, et al. Faster R-CNN: towards real-time object detection with region proposal networks[J] .IEEE Transactions on Pattern Analysis & Machine Intelligence, 2017, 39(6):1137-1149.

[17] HE K, ZHANG X, REN S, et al. Deep residual learning for image recognition[C]//Proceedings of the IEEE conference on computer vision and pattern recognition, 2016: 770-778.

[18] TAN M, PANG R, LE Q V. Efficientdet: scalable and efficient object detection[C]//Proceedings of the IEEE/CVF conference on computer vision and pattern recognition, 2020: 10781-10790.

[19] 马佳良，陈斌，孙晓飞. 基于改进的 Faster R-CNN 的通用目标检测框架[J]. 计算机应用，2021, 41(9):2712-2719.

[20] ESTLICK M, LEESER M, SZYMANSKII J J, et al. Algorithmic transforms in the implementation of k-means clustering on reconfigurable hardware[R]. Los Alamos National Lab., NM (US), 2000.

[21] VASSILVITSKII S, ARTHUR D. K-means++: the advantages of careful seeding[C]//Proceedings of the eighteenth annual ACM-SIAM symposium on Discrete algorithms, 2006: 1027-1035.

第 7 章 基于 YOLOv4 的目标检测算法

7.1 引言

目标检测是一种与计算机视觉和图像处理相关的计算机技术，处理的是数字图像或者视频中特定类别的语义对象。目标检测技术在学术界得到充分关注，在现实中也得到广泛应用，如安全监控[1]、自动驾驶[2]、无人机场景分析[3]等。传统的目标检测算法存在识别效果差、识别速度慢等缺点，难以进行有效的水下目标检测。深度学习的快速发展给目标检测领域带来了巨大突破，基于深度学习的目标检测算法具有检测精度高、鲁棒性强等优点。目前，大部分的目标检测都以深度学习网络为主干网络，从输入图像中提取特征，并进行分类和定位。目标检测的研究领域包括边缘检测[4-5]、多目标检测[6]、显著性目标检测[7]等。

在许多场景中，基于深度学习的目标检测算法都取得了不错的成效。但文献[8-9]指出，水下图像质量差、水下环境复杂、水下目标大小不一、形态各异等因素都会干扰水下场景的目标检测效果。水下目标的相互重叠、遮挡（见图 7-1）也会干扰检测结果。在本章中，重叠表示同一类对象之间的覆盖，遮挡表示不同类对象的覆盖。

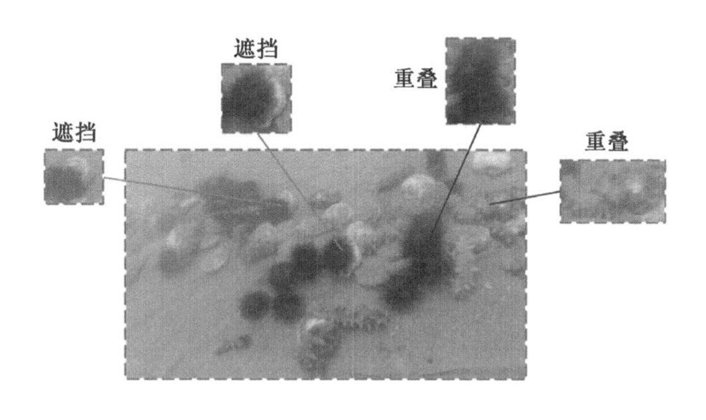

图 7-1　水下目标的相互重叠、覆盖

现有的数据增强方法[10]没有充分考虑水下目标的重叠、遮挡等现象，这些现象会对目标检测造成一定的干扰。如果模型只是在原有的数据集上进行训练，那么在目标对象较密集的场景中，就容易出现漏检、误检等问题，并且检测精度也将有一定程度的降低。本章使用的数据增强方法将重点解决漏检、误检等问题。

目前，基于深度学习的目标检测算法可分为两阶段（Two-Stage）目标检测算法和单阶段（One-Stage）目标检测算法两种。

最典型的两阶段目标检测算法是 RCNN 及其改进算法，最典型的单阶段目标检测算法是 YOLO 及其改进算法，详见 6.2 节。YOLOv4 的结构如图 7-2 所示。

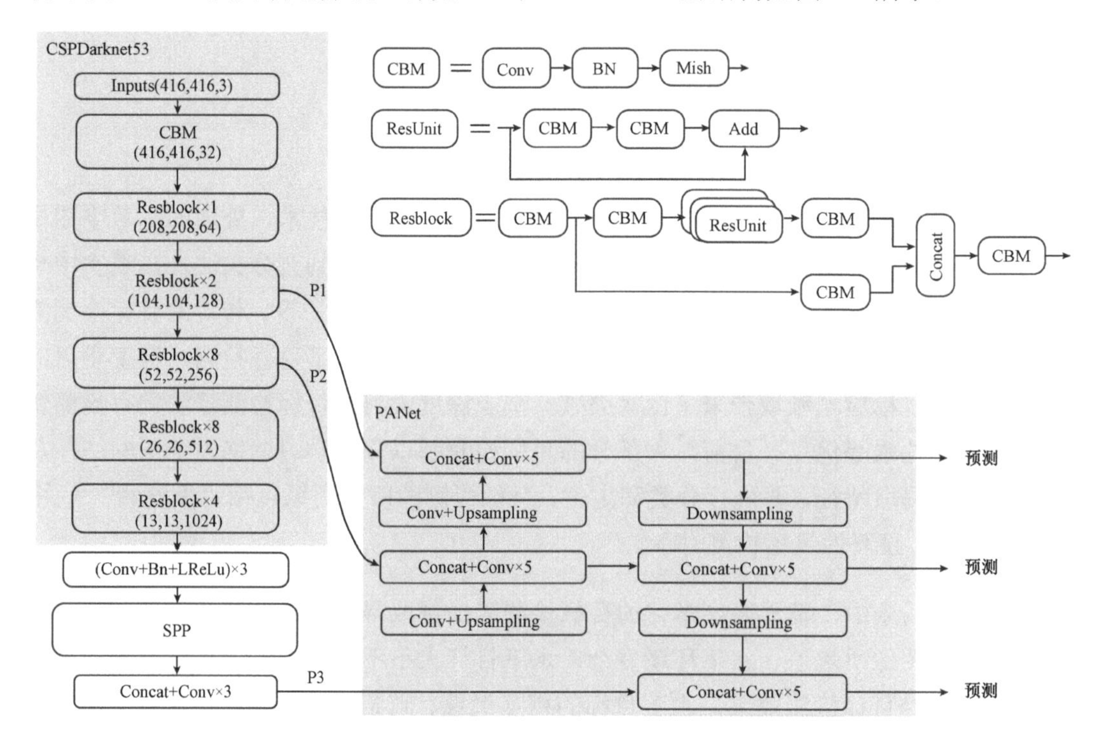

图 7-2　YOLOv4 的结构

数据增强是扩充数据样本规模的一种方法，可以增强模型的泛化能力。数据增强算法是通过空间几何变换、像素颜色变换、高斯模糊、随机擦除等方式实现的，常用的数据增强算法包括：

- AutoAugment 算法[11]通过搜索找到适合特定数据集的图像增强方案。
- RandAugment 算法[12]直接在数据集上搜索该数据集的最优策略。
- CutOut 算法[13]对输入图像进行遮挡，模拟检测对象被部分遮挡的场景。
- HideAndSeek 算法[14]将输入图像分成若干区域，对每个区域以一定概率生成掩码。

- MixUp 算法[15]基于邻域风险最小化原则，使用线性插值对两幅输入图像进行融合，得到新的样本数据。
- RoIMix 算法[16]针对水下图像对比度低、互相遮挡等问题，对 RPN 产生的候选区域进行线性插值操作。

本章的主要贡献是在 YOLOv4 的基础上进行以下三点改进，使之适合水下目标检测。

（1）针对水下图像质量差、水下复杂环境等因素导致目标检测精度低的问题，本章在 YOLOv4 的 CSPDarknet53 中添加了特征注意力模块 CBAM（Convolutional Block Attention Module），使得 YOLOv4 在通道维度上关注内容，在空间维度上关注位置，增强了 YOLOv4 的特征提取能力。

（2）针对水下目标大小不一、形态各异等因素导致目标检测精度低的问题，本章在 YOLOv4 中的 PANet 中添加了同层跳跃连接结构和跨层跳跃连接结构，从而更充分地结合语义信息中丰富的深层特征，以及位置信息、细节信息中丰富的浅层特征，从而提升了 YOLOv4 的多尺度特征融合能力。

（3）针对海洋生物互相重叠、遮挡等现象导致目标检测精度低的问题，本章在 YOLOv4 中增加了数据增强算法 PredMix，通过线性加权的方式对目标图像进行混合，用来模拟水下目标相互重叠、遮挡等场景。

7.2 结合数据增强和改进 YOLOv4 的水下目标检测算法

7.2.1 CBAM-CSPDarknet53

由于光学散射导致的水下图像质量变差，以及水下复杂环境（如水底的岩石和水草）对目标特征提取的干扰，因此目标检测算法更有针对性地提取目标特征变得非常有意义。为了使目标检测算法能更有针对性地提取目标特征，本章在 YOLOV4 的 CSPDarknet53 中添加了 CBAM。

CBAM[17]是由 Woo 等人于 2018 年提出的一种用于前馈卷积神经网络的简单而有效的特征注意力模块。CBAM 主要由通道注意力模块和空间注意力模块构成，其结构如图 7-3 所示。对于给定的输入特征，CBAM 将沿着通道注意力模块和空间注意力模块两个单独的维度依次推断注意力映射，然后将注意力映射和输入特征映射相乘，从而自适应地提炼特征。CBAM 不仅“告诉”目标检测算法应该关注哪里，还能提升关键区域的特征表达，让目标检测算法只关注重要的特征，抑制或忽视无关的特征。

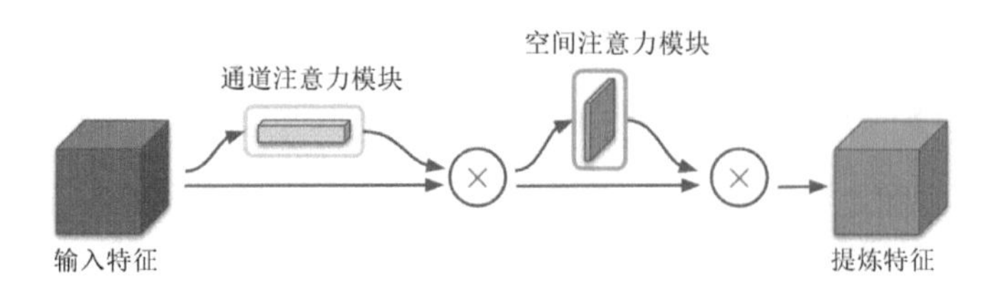

图 7-3 CBAM 的结构

通道注意力模块利用特征通道之间关系，生成通道注意力映射。在目标检测算法中，对于输入的 C 维特征，通道注意力模块分别通过平均池化层和最大池化层来聚合空间信息，得到两个 C 维的池化特征映射，然后将这两个 C 维的池化特征映射送入一个包含隐藏层的多层感知器（Multi-Layer Perceptron，MLP）中，得到两个 $1\times1\times C$ 的通道注意力映射，最后对这两个通道注意力映射进行逐元素相加，可得到最终的通道注意力映射 $M_c \in \mathbb{R}^{1\times1\times C}$ 。通道注意力模块的结构如图 7-4 所示。

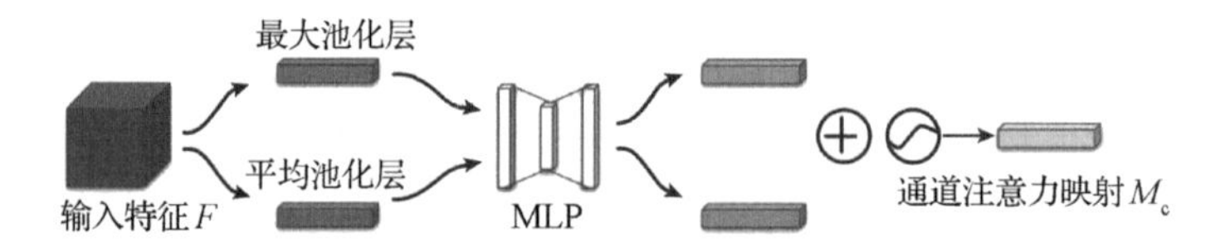

图 7-4 通道注意力模块的结构

空间注意力模块是利用特征之间的空间关系来生成空间映射的。在目标检测算法中，对于由通道注意力模块提炼的特征 F'，首先将其沿通道方向经过最大池化层和平均池化层，得到两个 $1\times H\times W$ 的特征映射；然后对这两个 $1\times H\times W$ 的特征映射进行维度上的拼接操作；对于拼接后的特征映射，利用尺度为 7×7 的卷积层生成空间注意力映射 $M_s \in \mathbb{R}^{1\times H\times W}$ 。空间注意力模块的结构如图 7-5 所示。

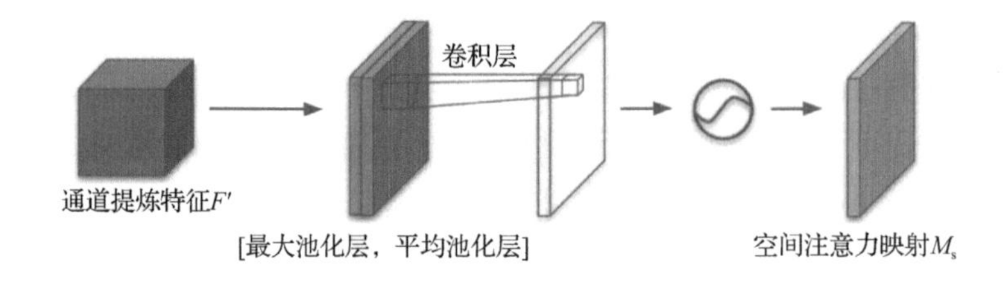

图 7-5 空间注意力模块的结构

CSPDarknet53 中有连续 5 个残差模块（Resblock），5 个残差模块中的 ResUnit 堆叠数量分别是 1、2、8、8、4。本章将 CBAM 插入到每个残差模块的首个 ResUnit 中，在经过两个 CBM 之后先添加通道注意力模块，再添加空间注意力模块，形成串联结构。添加 CBAM 的 ResUnit 结构如图 7-6 所示。

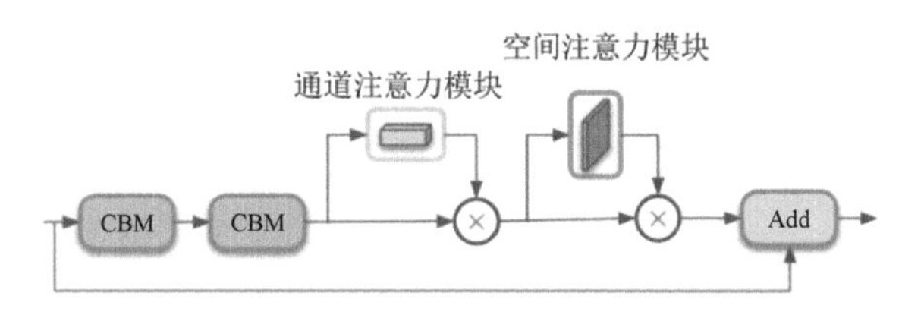

图 7-6　添加 CBAM 的 ResUnit 结构

7.2.2　DetPANet

由于海洋生物的生长状况不一，以及拍摄角度的不同等，所呈现的海洋生物大小形态各异。YOLOv4 原有的路径聚合网络 PANet 难以应对复杂多样的海洋生物，所以本章在 PANet 模块中添加了同层跳跃连接结构与跨层跳跃连接结构，将语义信息丰富的深层特征，以及位置信息、细节信息丰富的浅层特征充分融合起来。语义信息丰富的深层特征有助于目标的分类，位置信息、细节信息丰富的浅层特征有助于目标的定位及小目标的检测。本章将添加同层跳跃连接结构与跨层跳跃连接结构后的 PANet 称为 DetPANet（Detailed-PANet）。PANet 和 DetPANet 的结构如图 7-7 所示。

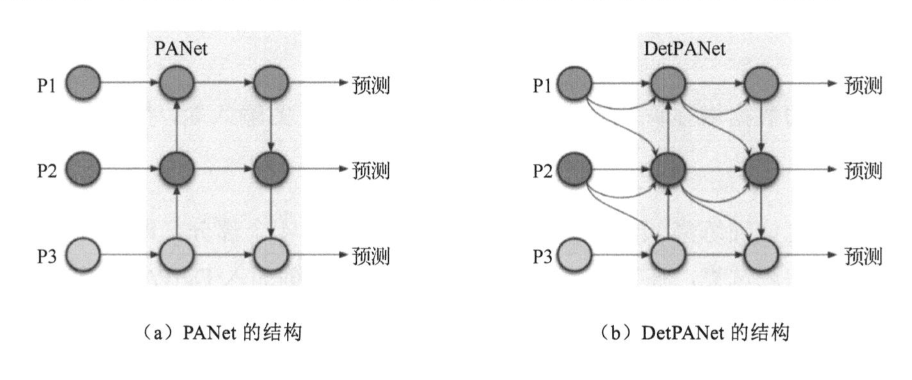

（a）PANet 的结构　　（b）DetPANet 的结构

图 7-7　PANet 与 DetPANet 结构对比

YOLOv4 中的 CSPDarknet53 已经使用大量的卷积层来提取图像特征，使得分辨率大大降低，这样会导致图像细节信息的丢失，不利于目标的精确定位与正确分类。为了避免细节信息的丢失，本章在同一水平层中添加了跳跃连接（Skip Connection）结构，这样可以把浅层特征流动到深层网络，细节信息丰富的浅层特征有助于目标的精确定位与正确分类。在训练过程中，同层跳跃连接结构使浅层特征更容易流动到深层网络。

为了将低分辨率、语义强的特性与高分辨率、语义强的特性相结合，本章在不同大小的预测层之间中添加了 4 个最大池化层，从而实现了深层特征和浅层特征的融合，以及多尺度目标的精确预测。通过深层特征和浅层特征的融合，目标检测算法能够保留更多浅层特征图蕴含的高分辨率细节信息，从而提高了图像定位的精度。DetPANet 的实现如图 7-8 所示。

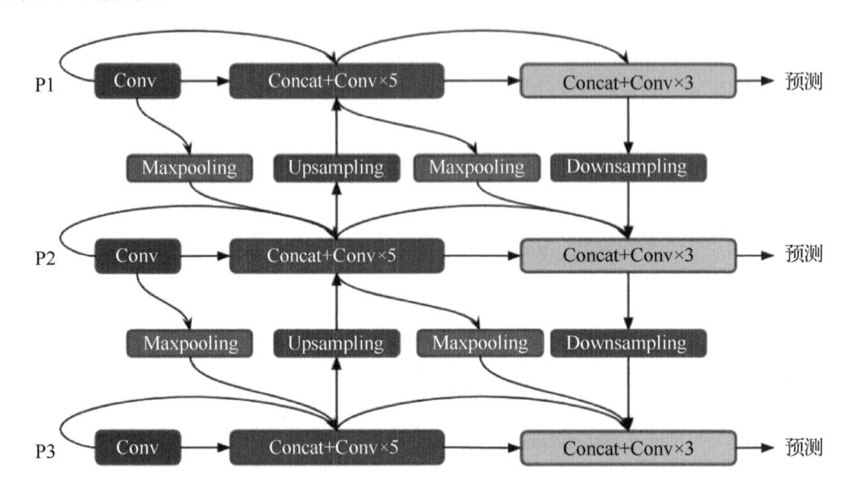

图 7-8　DetPANet 的实现

7.2.3 PredMix

本章提出的数据增强算法 PredMix 应用在 YOLOv4 的输入端，整个数据增强算法分为两步。

第一步，生成训练集预测数据。将整个数据集分为 4 个部分，即训练集 A、训练集 B、验证集和测试集，在训练集 A、B 上分别单独训练加入 DetPANet 的 YOLOv4，利用训练生成的模型 A、B 分别对数据集 B、A 进行训练集的交叉预测，将训练集中的每幅图像的检测结果（具体坐标位置）保存下来，用于后续的数据增强操作。生成训练集预测数据的具体操作如图 7-9 所示。

第二步，以随机权重比混合标签图像与预测图像，生成新的训练样本。

令 $x_i^{\text{truth}} \in \mathbb{R}^{H\times W\times C}$ 表示训练集中某幅图像的一个标签部分，y_i^{truth} 表示预测图像标签；$x_i^{\text{pred}} \in \mathbb{R}^{H\times W\times C}$ 表示第一步预测结果中某幅图像的一个预测框部分，y_i^{pred} 表示预测分类。PredMix 旨在通过将数据集某幅图像中的一个随机标签部分图像（x_i^{truth}，y_i^{truth}）和数据集另一幅图像中的一个随机被预测框部分图像（x_i^{pred}，y_i^{pred}）相结合，从而生成新的训练样本。预测框和标签框的大小通常是不一致的，所以要先把 x_i^{pred} 的大小调整至和 x_i^{truth} 一致的大小。新的训练样本 $(\tilde{x},\tilde{y})$ 用于模型训练，其中

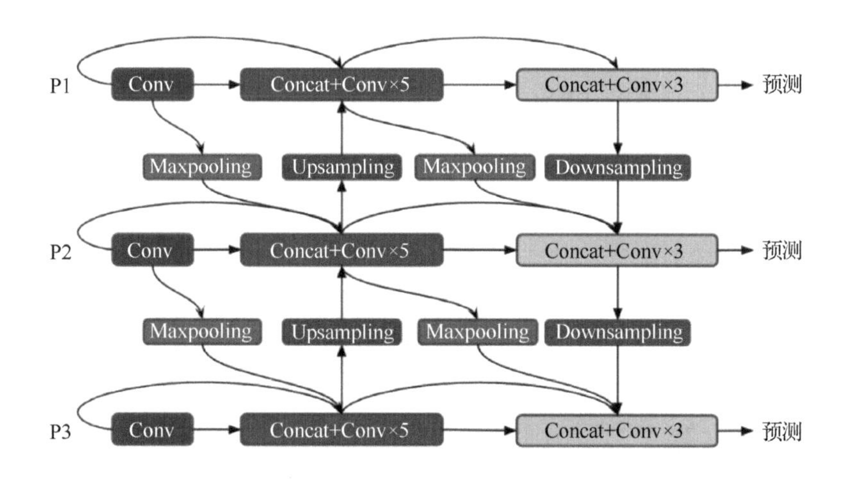

图 7-9　生成训练集预测数据的具体操作

$$\begin{aligned}\tilde{x} &= \lambda' x_i^{\text{truth}} + (1-\lambda') x_j^{\text{pred}} \\ \tilde{y} &= y_i^{\text{truth}}\end{aligned} \tag{7-1}$$

式中，由于 y_i^{pred} 是 y_i^{truth} 的遮挡物，所以 y_i^{truth} 是 $\tilde{y}$ 的标签；λ' 是标签框部分图像与预测框部分图像的混合比例。λ' 的计算公式为：

$$\lambda' = \max(\lambda, 1-\lambda) \tag{7-2}$$

式中，$\max(\cdot)$ 是选取两者中较大值的函数。使用 PredMix 后，可以模拟水下目标重叠、遮挡的现象。本章使用这些新的混合区域代替原来的 x_i^{truth} 区域，并生成新的训练样本。

λ 的定义为：

$$\lambda = \beta(\alpha, \alpha) \tag{7-3}$$

式中，$\beta(\cdot)$ 是贝塔函数，用于归一化概率。

本章对预测结果与真实标签进行混合，而不是直接对两个真实标签进行混合，目的是模拟水下目标的相互重叠、覆盖等情况。预测框有时会有一定偏差，有时会错把其他目标（如石块、水草等）当成标签对象进行预测，因此对不同的预测结果与真实标签进行混合可以模拟水下目标的相互重叠、覆盖等情况。PredMix 的操作示例如图 7-10 所示。

通过 PredMix 操作来模拟水下目标的相互重叠、覆盖等情况，可以提高模型对密集目标和显示不完全目标的检测能力。从统计学角度来看，PredMix 是预测框区域和标签框区域的一种线性插值，可以使决策边界更加平滑，而不会出现突然过渡状态。PredMix 遵循的是邻域风险最小化（Vicinal Risk Minimization，VRM）原则而不是经验风险最小化（Empirical Risk Minimization，ERM）原则，这可以使得模型具有更好的鲁棒性和泛化能力。遵循 ERM 原则训练的模型将实现经验风险最小化，可以帮助模型更好地拟合训练数据。我们将经验风险定义为：

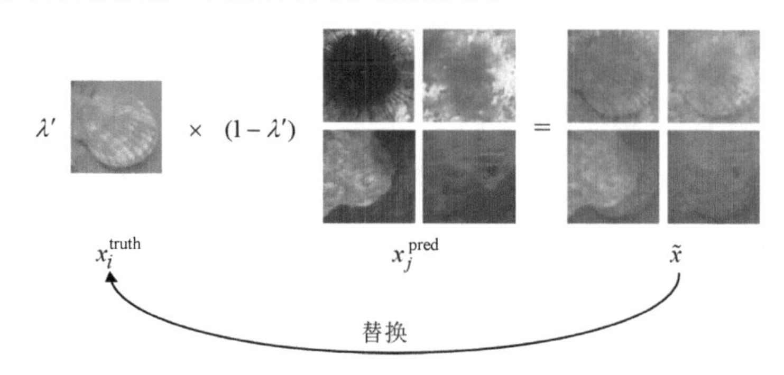

图 7-10 PredMix 操作示例

$$R_{\delta}(f)=\frac{1}{n}\sum_{i=1}^{n}l[f(x_i),y_i]x_j^{\text{pred}}\times f \tag{7-4}$$

式中，f 表示 x和y 之间的非线性表达式；n 是样本数量；$l(\cdot)$ 是预测结果 $f(x_i)$ 和真实标签 y_i 之间的距离损失函数。遵循 ERM 原则的训练策略使决策边界过多地拟合训练数据，导致过拟合现象。PredMix 首先遵循 VRM 原则生成训练数据的邻域分布，然后用邻域数据$(\tilde{x},\tilde{y})$替换训练数据(x_i^{truth}，y_i^{truth})，在训练过程中最小化预期风险。预期风险的定义为：

$$R_{\text{v}}(f)=\frac{1}{n}\sum_{i=1}^{n}l[f(\tilde{x}),\tilde{y}](\tilde{x},\tilde{y}) \tag{7-5}$$

PredMix 使用邻域数据进行训练可以有效增强模型的鲁棒性。

7.3 实验与分析

7.3.1 实验配置及数据集

YOLOv4 是在配备 Intel Xeon Processor E5-2620 v4(2.1 GHz)、32 GB 内存、NVIDIA GeForce RTX2080 显卡的工作站上训练的，使用的深度学习平台是 PyTorch。

本节实验使用的数据集是 URPC2018，该数据集共 5543 幅图像，包括海参、海胆、扇贝和海星四类海洋生物。在 PredMix 操作的第一步中按照 4：4：1：1 的比例将

URPC2018 数据集中的图像分配给训练集 A、训练集 B、验证集、测试集。在训练中，将训练集 A、B 合并，按照 8∶1∶1 的比例将 URPC2018 数据集中的图像分配给训练集、验证集、测试集。PredMix 操作只在训练集中进行。

本节实验将 YOLOv4 在 VOC 数据集上的预训练权重文件作为预训练权重，将 PredMix 中的超参数 α 设置为 0.2，将输入图像的大小设置为 416×416，学习率采用余弦退火衰减调整策略，每经过 5 次迭代更新一次学习率，将初始学习率设置为1×10^{-4}，将最小学习率设置为1×10^{-5}。YOLOv4 的训练过程分为两步：第一步冻结 CSPDarknet53 参数训练 80 个轮次，以避免在训练初期破坏权重，将 Batch Size 设置为 16；第二步解冻 CSPDarknet53 参数后训练 80 个轮次，将 Batch Size 设置为 4。YOLOv4 在训练 160 个轮次前达到收敛。

7.3.2　实验结果

本节实验对比了以下算法的性能：

- 基于 YOLOv4 的目标检测算法（Baseline）；
- 基于 SSD 的目标检测算法（SSD）；
- 基于 Faster-RCNN 的目标检测算法（Faster-RCNN）；
- 在 YOLOv4 上单独使用 PredMix 的目标检测算法（①）；
- 在 YOLOv4 上单独使用 CBAM 的目标检测算法（②）；
- 在 YOLOv4 上单独使用 DetPANet 的目标检测算法（③）；
- 在 YOLOv4 上使用 PredMix 和 CBAM 的目标检测算法（①+②）；
- 在 YOLOv4 上使用 PredMix 和 DetPANet 的目标检测算法（①+③）；
- 在 YOLOv4 上使用 CBAM 和 DetPANet 的目标检测算法（②+③）；
- 在 YOLOv4 上使用 PredMix、CBAM 和 DetPANet 的目标检测算法（①+②+③，本章算法）。

不同算法在 URPC2018 数据集上的测试结果如表 7-1 所示。

表 7-1 不同算法在 URPC2018 数据集上的测试结果

算　法	mAP	对海胆检测的 AP	对海星检测的 AP	对扇贝检测的 AP	对海参检测的 AP
Baseline	71.36%	83.40%	79.66%	61.46%	60.93%
SSD	63.43%	76.68%	69.44%	49.15%	58.47%
Faster-RCNN	75.25%	85.39%	**86.62%**	55.81%	**73.17%**
①	73.38%	86.70%	80.71%	63.99%	62.12%
②	73.79%	85.31%	82.27%	63.36%	64.23%
③	74.62%	86.09%	81.79%	65.56%	65.07%
①+②	76.42%	87.18%	83.61%	65.99%	68.91%
②+③	75.02%	86.94%	83.27%	65.52%	64.35%
①+③	76.67%	86.37%	83.39%	67.37%	69.05%
①+②+③	**78.39%**	**88.11%**	85.97%	**68.95%**	70.51%

在 IoU 为 0.5、置信度为 0.5 的情况下，SSD 算法的 mAP 为 63.43%，Faster-RCNN 算法的 mAP 为 75.25%，Baseline 算法的 mAP 为 71.36%。可以发现，同样作为单阶段目标检测算法，SSD 算法的检测效果要远逊于 Baseline 算法；而 Faster-RCNN 算法（两阶段目标检测算法）的检测效果略强于 Baseline 算法，仅在对扇贝的检测 AP 不及 Baseline 算法。这是由于扇贝体积较小，而 Faster-RCNN 算法对小目标的检测能力较弱。

在经过 PredMix 操作（数据增强）后，①算法的 mAP 相比于 Baseline 算法的增幅为 2.02%，对 4 类海洋生物检测的 AP 均有一定提升，其中提升最多的是对海胆的检测，增幅为 3.30%。这是因为海胆是黑色的，很容易与背景的阴影部分混淆，而 PredMix 充分模拟了海胆被其他物体遮挡的情况，网络模型对这种进行了充分的学习。

在添加 CBAM 后，②算法的 mAP 相比于 Baseline 算法的增幅为 2.43%，其中对海参检测的 AP 增幅最大。这是因为海参在有些场景下与岩石近似，两者容易混淆，在添加 CBAM 后，网络模型对海参的特征得到了充分的关注。

在添加 DetPANet 后，③算法的 mAP 相比于 Baseline 算法的增幅为 3.26%，对 4 类海洋生物检测的 AP 均有所提升，对扇贝检测的 AP 增幅为 4.10%。这是因为大多数扇贝是小尺度目标，在检测时极易忽略，DetPANet 充分结合了深层特征和浅层特征，充分融合了语义信息、位置信息、细节信息，有效提高了对小目标的检测效果。

本节实验还验证了任意两种对 YOLOv4 改进的算法组合的性能，组合算法可以进一步提升目标检测效果。在 YOLOv4 上使用 PredMix 和 CBAM 的目标检测算法（①+

②）的 mAP 相对于 Baseline 算法的增幅为 5.06%，在对 4 类海洋生物的检测中，对海参检测的 AP 提升最多；在 YOLOv4 上使用 CBAM 和 DetPANet 的目标检测算法（②+③）的 mAP 相对于 Baseline 算法的增幅为 3.66%，在对 4 类海洋生物的检测中，对扇贝检测的 AP 提升最多；在 YOLOv4 上使用 PredMix 和 DetPANet 的目标检测算法（①+③）的 mAP 相对于 Baseline 算法的增幅为 5.31%，在对 4 类海洋生物的检测中，对海参检测的 AP 提升最多

本章算法在 YOLOv4 上使用了 PredMix、CBAM 和 DetPANet，本章算法的 mAP 相对于 Baseline 算法的增幅为 7.03%，相对于 SSD 算法的增幅为 14.96%，相对于 Faster-RCNN 算法的增幅为 3.14%。在对 4 类海洋生物的检测中，本章算法对每类海洋生物检测的 AP 相遇与 Baseline 算法的增幅为 4.71%～9.58%。由本章实验可以看出，本章算法能够实现精度更高的目标检测。

本章算法和 Baseline 算法的检测效果如图 7-11 所示。由该图可以发现，在多种情况下，如存在密集目标、多尺度目标、目标被遮挡、模糊目标等场景下，本章算法均具有更好的目标检测精度。

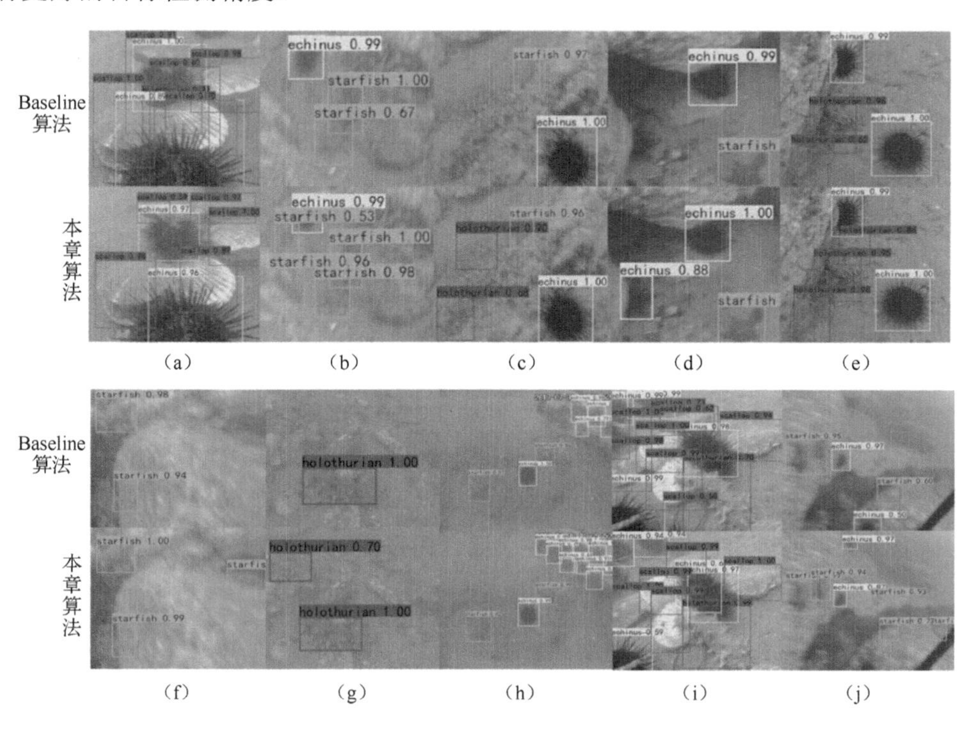

图 7-11　本章算法和 Baseline 算法的检测效果

本章算法使用了 CBAM，具有更强的目标特征提取能力，在存在模糊目标或目标特征与背景相似的场景中具有更好的检测效果。在图 7-11（c）中，由于两只海参的特

征与岩石十分相似，Baseline 算法并未发现它们的存在；但本章算法却能以很高的置信度检测出这两只海参。在图 7-11（g）中，本章算法发现了与背景极为相似的海参，但 Baseline 算法却未发现这只海参。这也充分证明了 CBAM 能提升网络模型的特征提取能力。

DetPANet 通过跨层跳跃连接结构和同层跳跃连接结构增强了 YOLOv4 的多尺度特征融合能力，充分融合了深层特征和浅层特征，使本章算法对大小不一、形态各异的目标具有更好的检测效果。在图 7-11（b）中，由于一只海星只显示了侧面，Baseline 算法轻易地忽略了它；还有一只海星由于太小也被 Baseline 算法忽略；而本章算法以极高的置信度检测出了只显示侧面的海星，也检测很小的那只海星。在图 7-11（h）中，远处的岩石上附着了大量的海胆，由于海胆太小且过于密集，Baseline 算法出现了大量的漏检现象；而本章算法能精确地区分彼此，能够有效检测不同大小、不同形态的目标。图 7-11（f）和图 7-11（j）同样有所体现。

PredMix 可以充分模拟水下生物的重叠、遮挡等显示不完全现象，从而增强 YOLOv4 的鲁棒性，使改进后的 YOLOv4 在检测显示不完全目标时具有更强的检测能力。在图 7-11（a）中，Baseline 算法并未检测到最上方的两只扇贝，并且在图中央也出现分类错误和定位不精确的现象；本章算法可以检测到最上方的两只扇贝，在图中央的密集目标检测中也能较为精准地区分各个生物。在图 7-11（d）中，本章算法能够以很高的置信度发现被岩石遮挡一半的海胆，这种对显示不完全的目标的检测能力在图 7-11（e）、图 7-11（g）和图 7-11（i）中也有明显的体现。

图 7-11 所示的检测效果充分证明，本章算法能够在水下目标检测中达到更高的检测精度。

本节还对 PredMix 进行了对比实验，证明了对预测框与标签框进行混合的必要性。PredMix 的对比实验结果如表 7-2 所示，其中 GTMix（GroundTruth Mix）表示对来自不同训练集图像的两个标签框进行混合的算法，RandMix（Random Mix）表示对来自不同训练集图像的随机区域和标签框进行混合的算法。

表 7-2 PredMix 的对比实验结果

算　法	mAP	对海胆检测的 AP	对海星检测的 AP	对扇贝检测的 AP	对海参检测的 AP
Baseline	71.36%	83.40%	79.66%	61.46%	60.93%
GTMix	72.30%	84.05%	79.72%	64.02%	61.42%
RandMix	72.22%	84.93%	79.71%	63.29%	60.98%
PredMix	**73.38%**	**86.70%**	**80.71%**	**63.99%**	**62.12%**

不同算法的性能如表 7-3 所示。由于 PredMix 算法是 YOLOv4 之前在数据集上进行数据增强的，因此不会对算法的性能产生影响。CBAM 和 DetPANet 降低了算法（对应②和③算法以及相应的组合算法）的目标检测速度，本章算法的检测速度为 10.84FPS。另外，本节实验还测试了 SSD 算法和 Faster-RCNN 算法的检测速度，二者的检测速度均慢于 Baseline 算法。

表 7-3　不同算法的性能

算　法	目标检测速度/FPS
Baseline	15.62
SSD	9.72
Faster-RCNN	3.19
②	11.60
③	13.37
②+③	10.84
本章算法	10.84

7.4 本章小结

本章提出了一种在 YOLOv4 上使用 PredMix、CBAM 和 DetPANet 的目标检测算法。在 YOLOv4 的特征提取网络 CSPDarknet53 中添加 CBAM，可以提高算法的特征提取能力；DetPANet 在 PANet 中添加了同层跳跃连接结构和跨层跳跃连接结构，可以增强算法的多尺度特征融合能力；PredMix 可以增强算法的鲁棒性。实验结果表明，本章算法有效提高了水下目标的检测精度。

参考文献

[1] YU W D, LIAO H C, HSIAO W T, et al. Automatic safety monitoring of construction hazard working zone: a semantic segmentation based deep learning approach [C]//Proceedings of the 7th International Conference on Automation and Logistics (ICAL), 2020: 54-59.

[2] HUVAL B, WANG T, TANDON S, et al. An empirical evaluation of deep learning on highway driving[J]. Computer Science, 2015.DOI:10.48550/arXiv.1504.01716.

[3] ZHAO Y, MA J, LI X, et al. Saliency detection and deep learning-based wildfire identification in UAV imagery[J]. Sensors, 2018, 18(3): 712. DOI: 10.3390/s18030712.

[4] WANG T, CHEN Y, QIAO M, et al. A fast and robust convolutional neural network-based defect detection model in product quality control[J]. International Journal of Advanced Manufacturing Technology, 2018,94(7):3465-3471.

[5] 伊欣同，单亚峰．基于改进 Faster R-CNN 的光伏电池内部缺陷检测[J]．电子测量与仪器学报，2021,35(1):40-47.

[6] Yin X T, DAN Y F. Photovoltaic cell internal defect detection based on improved Faster R-CNN[J]. Journal of Electronic Measurement and Instrumentation, 2021, 35(1):40-47.

[7] LI X, LIU Y, ZHAO Z, et al. A deep learning approach of vehicle multitarget detection from traffic video[J]. Journal of Advanced Transportation, 2018(11):1-11.

[8] GAO S H, TAN Y Q, CHENG M M, et al. Highly efficient salient object detection with 100k parameters[C]// European Conference on Computer Vision, 2020: 702-721.

[9] 林森，赵颖．水下光学图像中目标探测关键技术研究综述[J]．激光与光电子学进展，2020, 57(6):18-29.

[10] LIN S, ZHAO Y. Review on key technologies of target exploration in underwater optical images[J]. Laser & Optoelectronics Progress, 2020, 57(6). DOI:10.3788/LOP57.060002..

[11] REDMON J, FARHADI A. Yolov3: An incremental improvement[J]. arXiv e-prints, 2018. DOI:10.48550/arXiv.1804.02767.

[12] BOCHKOVSKIY A, WANG C Y, LIAO H Y M. Yolov4: optimal speed and accuracy of object detection[J]. arXiv preprint, arXiv:2004.10934, 2020.

[13] CUBUK E D, ZOPH B, MANE D, et al. Autoaugment: learning augmentation strategies from data[C]//Proceedings of the IEEE/CVF Conference on Computer Vision and Pattern Recognition, 2019:113-123.

[14] CUBUK E D, ZOPH B, SHLENS J, et al. Randaugment: practical automated data augmentation with a reduced search space[C]//Proceedings of the IEEE/CVF Conference on Computer Vision and Pattern Recognition Workshops, 2020:702-703.

[15] DEVRIES T, TAYLOR G W. Improved regularization of convolutional neural networks with cutout[J]. arXiv preprint, arXiv:1708.04552, 2017.

[16] SINGH K K, LEE Y J. Hide-and-seek: Forcing a network to be meticulous for weakly-supervised object and action localization[C]//2017 IEEE international conference on computer vision (ICCV), 2017:3544-3553.

[17] WOO S, PARK J, LEE J Y, et al. CBAM: convolutional block attention module[C]//Proceedings of the European confer- ence on computer vision (ECCV), 2018:3-19.

第 8 章
基于 RetinaNet 的密集目标检测算法

8.1 引言

遥感图像中通常包含众多重要的地物目标，如飞机、船只等，准确地定位这些目标对军事领域以及民用领域而言都具有重要的作用。但是，这些目标在图像中往往具有排列密集的特点，如图 8-1 所示。这一特点使得目标之间的边界非常模糊，边界信息的不准确将导致目标的错检与漏检，进而降低目标检测的准确率。因此，本章将遥感图像中密集排列的几类目标作为单独的研究对象，以提升密集目标的检测精度。

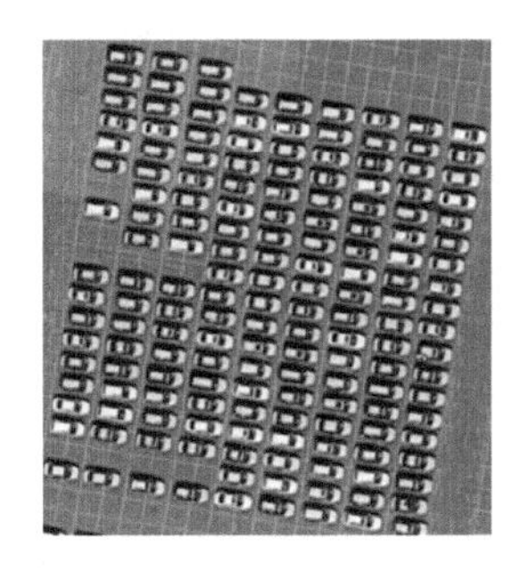  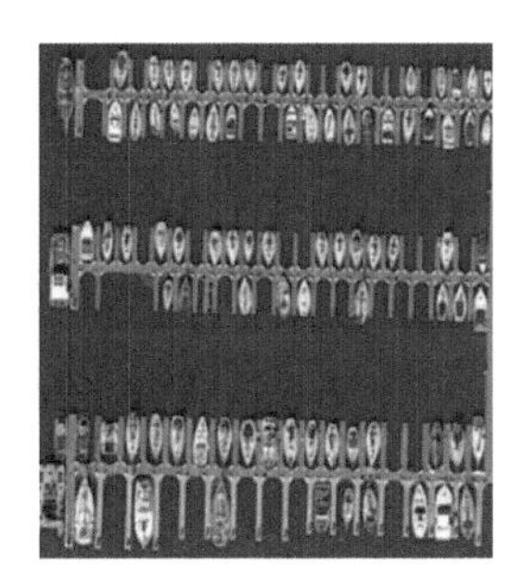

图 8-1　密集目标的典型场景

由第 7 章的研究可知，影响目标检测性能的几个关键部分包括目标检测算法（检测器）、特征提取网络、特征融合算法等。迄今为止，性能较优的目标检测算法仍然是以 Faster-RCNN 为代表的两阶段目标检测算法，以及以 YOLO 系列和 RetinaNet 为代表的单阶段目标检测算法，其他的目标检测算法大多沿用了这两类目标检测算法的结构。在特征提取网络方面，至今 ResNet、DenseNet 等仍然是主流的特征提取网络。在特征融合算法方面，自特征金字塔网络（FPN）提出以来，许多目标检测算法都开始以 FPN 作为特征融合的手段，这种做法有助于提升目标检测算法的性能。综上可知，现有的目标检测算法在结构上已基本固定。尽管如此，现有的一些算法依然无法很好地解决密集目标所导致的目标之间边界模糊的问题，该问题将影响目标检测算法的准确率。

针对密集目标之间的边界模糊问题，本章在综合考虑目标检测精度与检测效率两方面因素后，采用单阶段目标检测算法 RetinaNet，提出了基于 RetinaNet 的密集目标检测算法（本章算法），以提高对密集目标检测的准确率。首先，为了降低密集目标之间的噪声干扰，本章算法加入了由空间注意力模块与通道注意力模块组成的多维注意力（Multi Dimensional Attention，MDA）模块；其次，为了防止某些密集目标检测框被删除，本章算法利用弱化的非极大值抑制（Soft-NMS）算法[1]替换 RetinaNet 算法中的非极大值抑制（NMS）算法[2]。下面将对 RetinaNet 算法和本章算法进行详细介绍。

8.2 本章算法

8.2.1 本章算法的主体框架

本章算法的主体框架如图 8-2 所示。

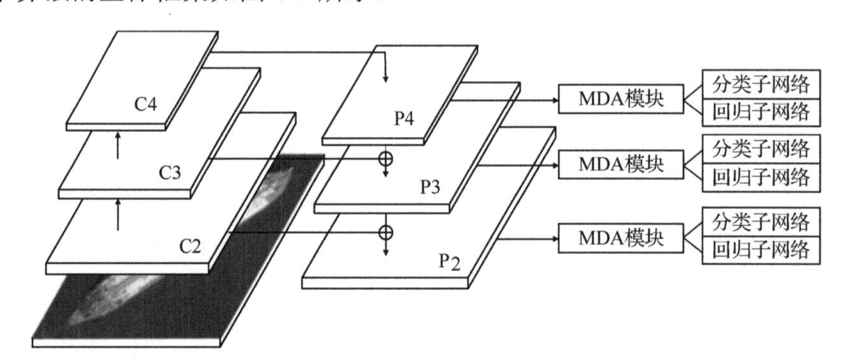

图 8-2 本章算法的主体框架

本章算法采用单阶段目标检测算法 RetinaNet，加入了多维注意力模块，使用弱化的非极大值抑制（Soft-NMS）算法替换 RetinaNet 中的非极大值抑制（NMS）算法。图 8-2 中，特征图 C2、C3、C4 由深度卷积神经网络提取而来，特征图 P2、P3、P4 由特征金字塔网络融合而来。本章算法的主要步骤如下：首先，使用主干网络提取不同尺度的特征图；其次，使用特征金字塔网络融合不同尺度的特征图；然后，通过多维注意力模块抑制特征图的边界噪声，突出目标特征；最后，使用分类子网络与回归子网络对目标进行分类和定位。下面简要介绍 RetinaNet。

RetinaNet 是由 Lin 等人于 2018 年提出的。在此之前，准确率较高的目标检测算法都是两阶段目标检测算法；造成单阶段目标检测算法准确率较低的原因是，该类方法存在明显的类别不平衡。两阶段目标检测算法（典型的是 RCNN 及其改进算法）在第一阶段使用 RPN 等方法过滤掉含有大量背景区域的样本，在第二阶段使用在线难例挖掘（Online Hard Example Mining，OHEM）[3]等启发式采样方法维持前景与背景样本的平衡性，因此两阶段目标检测算法几乎不存在类别不平衡的问题。RetinaNet 是针对类别不平衡问题提出的，该算法的最大创新点是使用焦点损失函数解决了其在训练过程中遇到的前景与背景类别不平衡问题，从而使其检测准确率超过了两阶段目标检测算法。

RetinaNet 的结构如图 8-3 所示，图中 $K=9$，表示锚定框的数量；A 表示分类的数量。

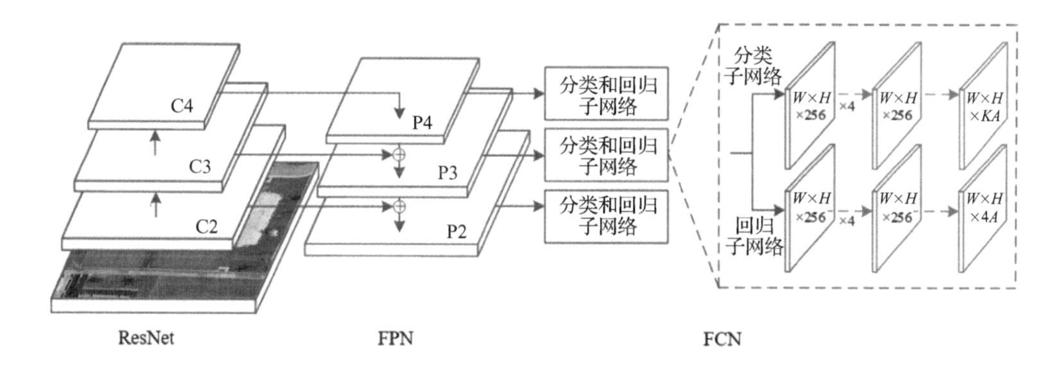

图 8-3　RetinaNet 的结构

由图 8-3 可以看出，RetinaNet 主要由主干网络（ResNet）、特征金字塔网络（FPN）和两个全卷积网络（FCN）[4]组成，整体结构比 Faster-RCNN 简单了许多。RetinaNet 的工作流程如下：

首先，RetinaNet 使用深度卷积神经网络提取图像中的特征图，所使用的深度卷积神经网络包括 ResNet50、ResNet101 等。

然后，RetinaNet 使用特征金字塔网络融合不同尺度的特征图。RetinaNet 可以从单一分辨率的输入图像中高效地构建丰富的多尺度特征金字塔网络，最终可得到 3～7 层的特征金字塔网络（图 8-3 中 P 右侧的数字表示特征金字塔网络层数）。特征金字塔网络中的每一层都可以用来检测不同尺度的目标，同时每一层又对应着 1 个锚定框面积和 3 个锚定框系数，锚定框面积乘以不同的锚定框系数可产生 3 个不同尺度的锚定框；每个尺度的锚定框按照长宽比系数又可产生 3 种不同长宽比的锚定框。因此，每一层特征金字塔网络都可以产生 9 种不同长度比的锚定框，这种方式能够产生更加密集的覆盖范围。

最后，RetinaNet 使用分类和回归子网络对锚定框进行分类与定位。分类和回归子网络的本质是使用全卷积网络（FCN）处理特征金字塔网络每层输出的特征图，FCN

中采用了 4 个 3×3 的卷积层，每个卷积层后都有通道过滤器和 ReLU 激活函数。RetinaNet 使用的焦点损失函数在分类子网络中，回归子网络与分类子网络并行，目的是修正每个锚定框与标签框之间的偏移。总体来说，分类子网络与回归子网络的整体结构相同，但两个子网络的参数并不共享。

为了验证 RetinaNet 的性能，Lin 等人在目标检测领域常用的数据集 COCO 数据集[5]上进行了实验。实验结果表明，RetinaNet 的检测精度超过 Faster-RCNN 等目标检测算法。两阶段目标检测算法常用于目标排列稀疏的场景，相比之下，在目标排列密集的场景中应用单阶段目标检测算法将具有更快的检测速度和更简洁的结构。因此，本章针对遥感图像中存在目标排列密集的问题，对单阶段目标检测算法 RetinaNet 进行了改进。

8.2.2 多维注意力模块

虽然目标检测算法已取得了巨大的进展，但现有的一些目标检测算法在应用于密集目标场景时，其检测性能依然较差，这在目标排列密集的遥感图像中更为明显。其原因主要是目标排列密集的图像往往较为复杂，所提取的候选区域包含了更多的噪声，越来越多的噪声会进一步淹没目标信息，从而使目标之间的边界变得模糊，这将出现错检与漏检问题，最终降低目标检测的准确率。针对这一问题，研究人员提出利用注意力机制[6-7]来突出目标信息，以降低噪声的干扰。例如，Hu 等人利用注意力模块对目标之间的关系进行建模，并提出了一个目标关系模型[8]；他们还根据网络中的损失来学习特征权重，即增大效果明显的特征权重，减小效果不明显的特征权重[9]，这种方式在本质上也是一种注意力机制。但这类研究中使用的注意力机制均采用无监督学习方法，无法对特定目标进行学习。针对这一问题，本章在 RetinaNet 中添加了一个采用监督学习方法的多维注意力模块，以抑制噪声并突出目标特征。多维注意力模块由空间注意力模块与通道注意力模块组成，用来解决遥感图像中某些场景下目标排列密集的问题，从而提升目标检测的准确率。多维注意力模块的结构如图 8-4 所示。

在空间注意力模块中，首先通过 Inception 模块提取特征图 F3 的不同尺度的特征（特征图 F3 可由原图像经过三次采样因子为 8 的下采样得到）；然后对提取到的特征进行通道数为 2 的卷积操作，此时可得到一个双通道的显著图，分别表示前景与背景的置信度；最后双通道的显著图进行二值化处理，可得到包含目标区域的二值化图像，并通过 Softmax 函数对二值化图像进行归一化处理。值得一提的是，在此过程中，二值化图像经过归一化处理后，其值的范围为[0,1]，即显著性高的区域值为 1，显著性低的区域值为 0，这可以在一定程度上减小噪声，并增强目标信息。Inception 模块的结构示意图如图 8-5 所示。

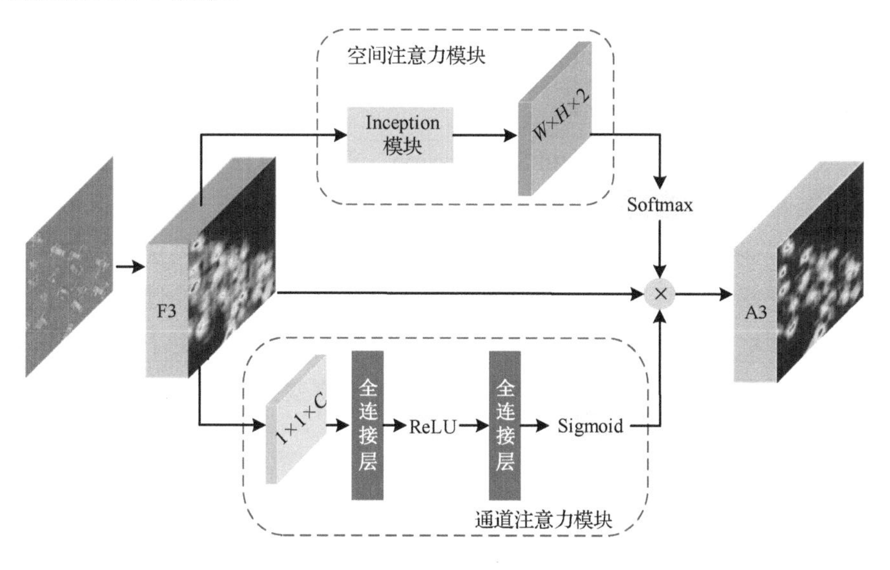

图 8-4　多维注意力模块的结构

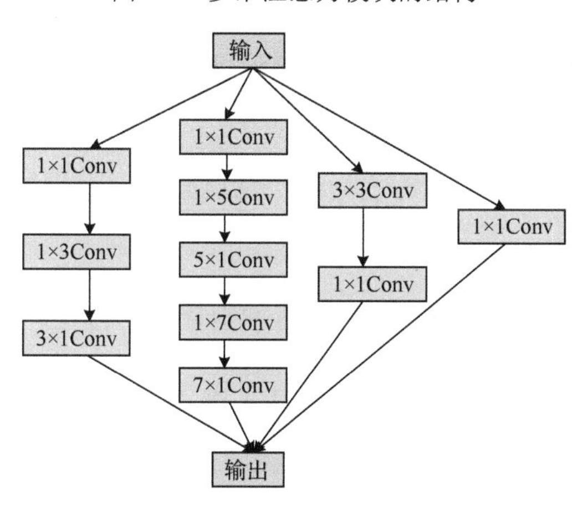

图 8-5　Inception 模块结构示意图

在通道注意力模块中，首先利用全局平均池化操作输出 C 个通道的数值，然后利用全卷积网络（FCN）将特征的维度降低到输入特征维度的 $1/r$，接着通过 ReLU 激活函数后再次使用全卷积网络将特征的维度恢复到原来的维度，最后利用 Sigmoid 函数对数值进行归一化处理。

将空间注意力模块的输出、通道注意力模块的输出和特征图 F3 三部分相乘，可获得多维注意力模块输出的特征图 A3。从 F3 与 A3 中可以明显看出，特征图在经过多维注意力模块后，目标之间的噪声大大减小，目标之间的边界变得清晰，这有助于后续对目标进行分类与回归。

8.2.3 弱化的非极大值抑制算法

非极大值抑制（Non-Maximum Suppression，NMS）算法通常用于搜索邻域内的局部最大值。目标检测算法的工作流程是，首先在图像中生成一些候选区域，然后通过分类子网络获得候选区域中所含目标的类别和置信度（即目标类别检测正确的概率），同时通过回归子网络获得更加精确的检测区域。其中，当图像经过分类子网络后将生成多个目标检测框及每个检测框所对应的置信度，但图像中的每个目标至多输出一个检测框，此时需要利用非极大值抑制算法来剔除检测效果较差的检测框。非极大值抑制算法中的检测框剔除策略如式（8-1）所示。

$$S_i' = \begin{cases} S_i, & \mathrm{IoU}(B,b_i) < N_\mathrm{t} \\ 0, & \mathrm{IoU}(B,b_i) \geqslant N_\mathrm{t} \end{cases} \tag{8-1}$$

式中，i 为各个检测框序号；S_i 为分类子网络输出的初始置信度；N_t 为设置的阈值；S_i' 为经非极大值抑制算法处理后的置信度。置信度最大的检测框 B 与各个检测框 b_i 之间的交并比 $\mathrm{IoU}(B,b_i)$ 如式（8-2）所示。

$$\mathrm{IoU}(B,b_i) = \frac{B \cap b_i}{B \cup b_i} \tag{8-2}$$

下面通过一个实例来详细解释非极大值抑制算法的流程。

（1）假设图中已获得 6 个车辆检测框（见图 8-6），分别为 A、B、C、D、E、F，置信度依次增大。

（2）将置信度最高的检测框 F 作为基准框，分别判断 A、B、C、D、E 与 F 的重叠部分是否大于设置的阈值 N_t。若大于阈值 N_t，则剔除相应的检测框；反之，则保留相应的检测框。

（3）假设 B、D 与 F 的重叠部分大于阈值 N_t，剔除 B、D；而 A、C、E 与 F 的重叠部分小于阈值 N_t，保留 A、C、E。同时对 F 进行标记，认定 F 为最终的检测框之一。

（4）从剩余的 A、C、E 中选择置信度最高的 E，然后分别判断 A、C 与 E 之间的重叠部分，最终剔除 A，并对 E 进行标记，认定 E 为最终的检测框之一。

（5）如此循环往复，最终认定 C、E、F 作为最终的车辆检测框。

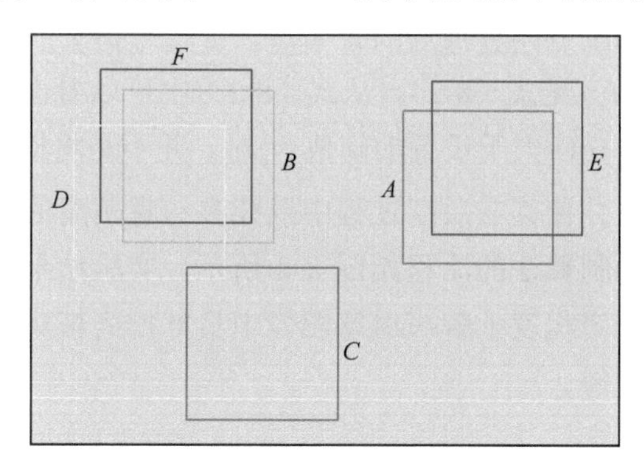

图 8-6　获取的 6 个检测框

非极大值抑制算法对于许多目标检测算法都有良好的效果，但由于遥感图像中含有大量排列密集的目标，如飞机、船只等，这些排列密集的目标之间的间隔较小，在某些目标间甚至存在相互遮挡的现象。在这种情况下，若使用非极大值抑制算法，将会剔除间隔较近的正确检测框，从而导致目标的漏检。

非极大值抑制算法存在的问题如图 8-7 所示，图中的船只经分类子网络后得到两个检测框，两个检测框的置信度分别为 0.94 与 0.81。根据非极大值抑制算法，假设两个检测框的重叠部分已经达到设定的阈值，此时只保留置信度较高的检测框，置信度较低的检测框则被剔除。这种做法的最终效果是尺寸较大的船只被正确检测，而漏检了尺寸较小的船只。

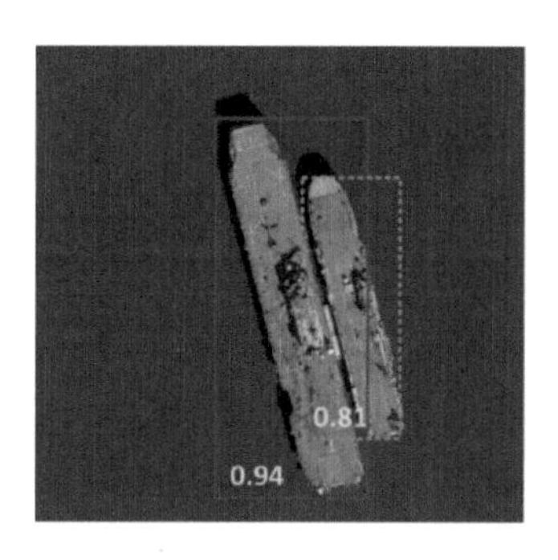

图 8-7　非极大值抑制算法存在的问题

综上可知，非极大值抑制算法的弊端主要在于无差别地剔除了所有 IoU 大于阈值的检测框。针对这一问题，本章使用弱化的非极大值抑制（Soft-NMS）算法，该算法中的检测框剔除策略如式（8-3）所示。

$$S_i' = \begin{cases} S_i, & \mathrm{IoU}(B, b_i) < N_\mathrm{t} \\ S_i[1 - \mathrm{IoU}(B, b_i)], & \mathrm{IoU}(B, b_i) \geqslant N_\mathrm{t} \end{cases} \tag{8-3}$$

式中，i 为各个检测框序号；S_i 为分类子网络输出的初始置信度；N_t 为设置的阈值；S_i' 为经弱化的非极大值抑制算法处理后的置信度；置信度最大的检测框 B 与各个检测框 b_i 之间的交并比 $\mathrm{IoU}(B,b_i)$ 见式（8-2）。从式（8-3）中可以看出，在弱化的非极大值抑制算法中，当检测框的 IoU 大于设置的阈值 N_t 时，并不是将检测框直接剔除，而是削弱该检测框的置信度，并使其在后续过程中继续参与置信度的排序。非极大值抑制算法与弱化的非极大值抑制算法的流程如图 8-8 所示。实验结果表明，采用弱化的非极大值抑制算法能够在一定程度上解决遥感图像中目标排列密集场景下的漏检问题，从而提升目标的检测准确率。

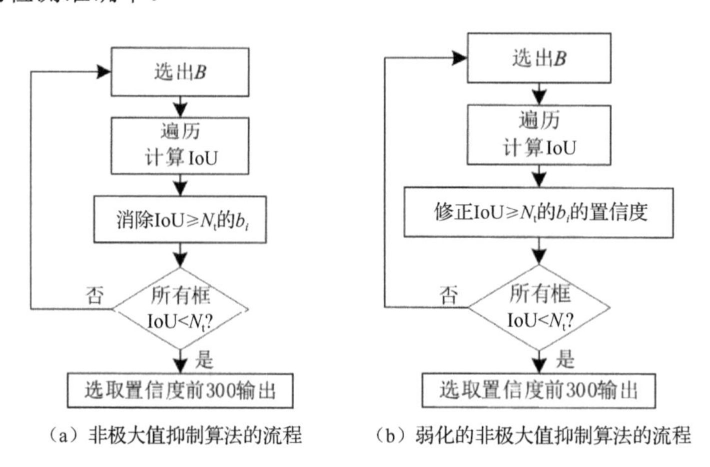

（a）非极大值抑制算法的流程　　（b）弱化的非极大值抑制算法的流程

图 8-8　非极大值抑制算法与弱化的非极大值抑制算法的流程

8.2.4　损失函数

本章算法的损失函数如式（8-4）所示，包括边界框回归损失、多维注意力模块损失与类别分类损失。

$$L=\frac{\lambda_1}{N}\sum_{n=1}^{N}t_n'\sum_{j\in\{x,y,w,h\}}L_{\mathrm{reg}}(v_{nj}',v_{nj})+\frac{\lambda_2}{h'\times w'}\sum_{i}^{h'}\sum_{j}^{w'}L_{\mathrm{att}}(u_{ij}',u_{ij})+\frac{\lambda_3}{N}\sum_{n=1}^{N}L_{\mathrm{cls}}(p_n,t_n) \tag{8-4}$$

$\frac{\lambda_1}{N}\sum_{n=1}^{N}t_n'\sum_{j\in\{x,y,w,h\}}L_{\mathrm{reg}}(v_{nj}',v_{nj})$ 表示边界框回归损失。其中，λ_1 表示权重系数；N 表示候选区域的数量；t_n' 为二进制数，当 $t_n'=0$ 时表示候选区域为背景，当 $t_n'=1$ 时表示候选区域为前景；x、y 表示候选区域的中心坐标，w、h 分别表示候选区域的宽与高；$L_{\mathrm{reg}}(v_{nj}',v_{nj})$ 表示 Smooth L1 函数，$\boldsymbol{v}_j'$ 表示预测框的矢量，$\boldsymbol{v}_j$ 表示标签框的矢量。

$\frac{\lambda_2}{h'\times w'}\sum_{i}^{h'}\sum_{j}^{w'}L_{\mathrm{att}}(u_{ij}',u_{ij})$ 表示多维注意力模块损失。其中，λ_2 表示权重系数；w'、h'

分别表示标签框的宽和高；$L_{att}(u'_{ij},u_{ij})$ 表示 Softmax 函数，u'_{ij} 表示像素 (i,j) 处的预测值，u_{ij} 表示像素 (i,j) 处的真实值。

$\frac{\lambda_3}{N}\sum_{n=1}^{N}L_{cls}(p_n,t_n)$ 表示类别分类损失。其中，λ_3 表示权重系数；N 表示候选区域数量；$L_{cls}(p_n,t_n)$ 表示 Softmax 函数，p_n 表示使用 Softmax 函数计算所得的概率分布，t_n 表示标签框的概率分布。

8.3 实验与分析

8.3.1 实验环境与数据集

本节的实验环境如表 8-1 所示。

表 8-1　实验环境

软/硬件	硬件型号或软件版本号
操作系统	Ubuntu 16.04
CPU	Intel Xeon Processor E5-2680（3.3 GHz）
内存	128 GB
GPU	Nvidia TITAN V，显存为 11GB
GPU 驱动程序	Nvidia Driver 435.21, CUDA10.0
编程语言	Python 3.5
深度学习框架	TensorFlow 1.13.1

本节实验所用的数据集为 DOTA 数据集[10-11]与 HRSC2016 数据集[12]。DOTA 数据集是由测绘遥感信息工程国家重点实验室（武汉大学）于 2017 年发布的，共包含 2806 幅遥感图像，其中 1/2 的图像作为训练集，1/6 的图像作为验证集，剩余 1/3 的图像作为测试集。DOTA 数据集共包含地物目标实例 188282 个，涵盖飞机（PL）、船只（SH）、储罐（ST）、棒球场（BD）、网球场（TC）、篮球场（BC）、地面跑道（GTF）、港口（HA）、桥梁（BR）、小型车辆（SV）、大型车辆（LV）、环形交叉路口（RA）、游泳池（SP）、直升机（HC）、足球场（SBF）等 15 类地物目标。在这 15 类地物目标中，前 10 类地物目标为许多数据集中常见的目标，后 5 类地物目标是实际应用中非常重要的目标。NWPU VHR-10 数据集是一个公开可用的包括 10 类地物目标的数据集，图 8-9 对比了 NWPU VHR-10 数据集和 DOTA 数据集的各类地物的图像数量，图中数

值的单位为幅。由图 8-9 可以看出，DOTA 数据集中的地物目标在类别数量及每个类别的图像数量上都远超过 NWPU VHR-10 数据集，这也从侧面反映了采用 DOTA 数据集进行目标检测的难度之大。

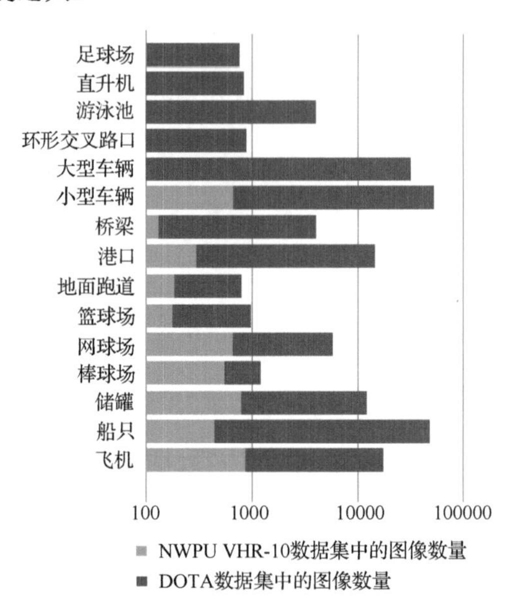

图 8-9 NWPU VHR-10 数据集和 DOTA 数据集对比

为了使 DOTA 数据集更加契合本章的研究内容，本章选取 DOTA 数据集中排列较为密集的 5 类地物目标，即飞机（PL）、船只（SH）、储罐（ST）、小型车辆（SV）、大型车辆（LV），将这 5 类地物目标的标签和图像从 DOTA 数据集中抽取出来，构成本节实验所用数据集。为了方便表示，本章将新数据集命名为 small-DOTA。

表 8-2 给出了 small-DOTA 数据集中各类地物目标的图像数量、检测框数量、每幅图像检测框平均数量和检测框面积占比。由表 8-2 可以看出，small-DOTA 数据集中每幅图像检测框平均数量最小值为 31.24 个，从中可以看出该数据集具有目标排列密集的特点，说明本节实验所使用的数据集具有代表性。

表 8-2 small-DOTA 数据集中的目标统计信息

地物目标类别	图像数量/幅	检测框数量/个	每幅图像检测框平均数量/个	检测框面积占比
飞机	197	8055	40.89	0.0415
船只	326	28068	86.10	0.0201
储罐	161	5029	31.24	0.0067
小型车辆	486	26126	53.76	0.0128
大型车辆	380	16969	31.24	0.0067

HRSC2016 数据集是由西北工业大学发布的，该数据集中只有一类地物目标——船只（SH）。该数据集是目前公开的船只检测数据集中标记最为完备的数据集，共包含 1070 幅遥感图像与 2976 个实例。该数据集中的图像主要是从谷歌地球收集而来的，图像的空间分辨率范围为 0.4～2 m，图像的尺寸范围为 300×300 到 1500×900，图像中包含的地点主要是全球最为著名的 6 个港口。HRSC2016 数据集中的地物目标采用旋转框标注方式，本节将其转换为水平框标注方式。

8.3.2　实验参数与评价指标

本节实验大的参数如下：

- 批处理大小（Batch Size）为 1，即每次训练 1 幅图像；
- 训练总轮次（Epoch）为 20；
- 动量（Momentum）为 0.9；
- 初始学习率（Learning Rate）为 3×10^{-4}；
- 学习率的衰减率（Learning Rate Decay Rate）为 10，即学习率衰减为原来的 1/10；
- 学习率的衰减步数（Learning Rate Decay Step）为 8，即每训练 8 个轮次后，学习率将会衰减为原来的 1/10，学习率在进行 8 个轮次的训练后变为 3×10^{-5}，在经过 16 个轮次的训练后变为 3×10^{-6}；
- 损失函数中的三个权重系数 λ_1、λ_2、λ_3 分别为 4、1、2。

本节实验采用目标检测常用评价指标来评估本章算法的性能，包括单类平均精度（AP）、多类平均精度（mAP）、查准率-查全率曲线（P-R 曲线）。此外，本节实验还采用 F1 进一步评估本章算法的性能。通常情况下，精度（Precision）与召回率（Recall）是一对相互矛盾的变量，即精度较低时，召回率往往较高，而精度较高时，召回率往往较低。而 F1 是精度与召回率的调和平均数，能够反映出两者的关系。一般来说，目标检测算法的精度、召回率与 F1 三者均较大时，说明算法的检测性能较好。精度较高表示检测出的样本正确率较高，召回率较高表示检测出的正样本较多，F1 较大表示目标检测算法既能检测到较多的正样本，检测的精度也较高。F1 的表达式如式（8-5）所示。

$$F1=2\times\frac{\text{Precision}\times\text{Recall}}{\text{Precision}+\text{Recall}}\times100\% \tag{8-5}$$

8.3.3 实验过程与结果分析

为了验证本章算法的性能，本节首先在 small-DOTA 数据集和 HRSC2016 数据集上对 MDA 模块和 Soft-NMS 算法进行消融实验，该实验的主要目的是验证本章算法中的改进模块是否能提升对遥感图像目标检测的准确率；然后在 small-DOTA 数据集和 HRSC2016 数据集上对比了本章算法和 SSD[13]、YOLOv2[14]、R-FCN[15]、Faster-RCNN[16]、RetinaNet[17]与 ICN[18]，该实验的主要目的是验证本章的算法是否具有更高的目标检测准确率。

对 MDA 模块和 Soft-NMS 算法进行消融实验的结果如表 8-3 所示，表中√表示进行了实验，×表示未进行实验。

表 8-3 对 MDA 模块和 Soft-NMS 算法进行消融实验的结果

MDA 模块	Soft-NMS 算法	small-DOTA 数据集	HRSC2016 数据集	对飞机检测的 AP	对船只检测的 AP	对储罐检测的 AP	对小型车辆检测的 AP	对大型车辆检测的 AP	mAP
×	×	√	×	89.21%	76.17%	83.75%	77.33%	64.76%	78.24%
√	×	√	×	88.76%	87.08%	84.75%	77.81%	77.84%	83.25%
√	√	√	×	89.12%	87.35%	85.15%	78.10%	79.22%	83.79%
×	×	×	√	—	81.62%	—	—	—	81.62%
√	×	×	√	—	84.59%	—	—	—	84.59%
√	√	×	√	—	89.96%	—	—	—	89.96%

由表 8-3 可以看出，在加入 MDA 模块后，本章算法在 small-DOTA 数据集上的多类平均精度（mAP）增幅为 5.01%；在加入 MDA 模块并采用 Soft-NMS 算法后，本章算法在 small-DOTA 数据集上的多类平均精度（mAP）增幅为 5.55%；在 HRSC2016 数据集上，对应 mAP 增幅分别为 2.97%和 8.34%。这一结果说明 MDA 模块和 Soft-NMS 算法有助于提升遥感图像目标检测的准确率。

消融实验的精度、召回率、F1 结果如表 8-4 所示，表中√表示进行了实验，×表示未进行实验。

表 8-4 消融实验的精度、召回率、F1 结果

MDA 模块	Soft-NMS 算法	small-DOTA 数据集	HRSC2016 数据集	精 度	召回来	F1
×	×	√	×	60.58%	75.60%	67.26%
√	×	√	×	61.57%	80.62%	69.82%
√	√	√	×	64.66%	81.28%	72.02%
×	×	×	√	82.49%	61.85%	70.70%
√	×	×	√	84.63%	63.60%	72.62%
√	√	×	√	83.17%	72.01%	77.19%

由表 8-4 可以看出，在加入 MDA 模块后，本章算法在 small-DOTA 数据集上的精度、召回率和 F1 的增幅分别为 0.99%、5.02%和 2.56%；在加入 MDA 模块并采用 Soft-NMS 算法后，本章算法在 small-DOTA 数据集上的精度、召回率和 F1 的增幅分别为 4.08%、5.68%和 4.76%。在加入多维注意力模块 MDA module 与 Soft-NMS 算法后，本章算法在 HRSC2016 数据集上的精度、召回率和 F1 的增幅分别为 2.14%、1.75%和 1.92%；在加入 MDA 模块并采用 Soft-NMS 算法后，本章算法在 small-DOTA 数据集上的精度、召回率和 F1 的增幅分别为 0.68%、10.16%和 6.49%。这一结果说明，本章算法能够更加准确且全面地检测出目标。

图 8-10 所示为 RetinaNet 算法与本章算法在 small-DOTA 和 HRSC2016 数据集上的 P-R 曲线。

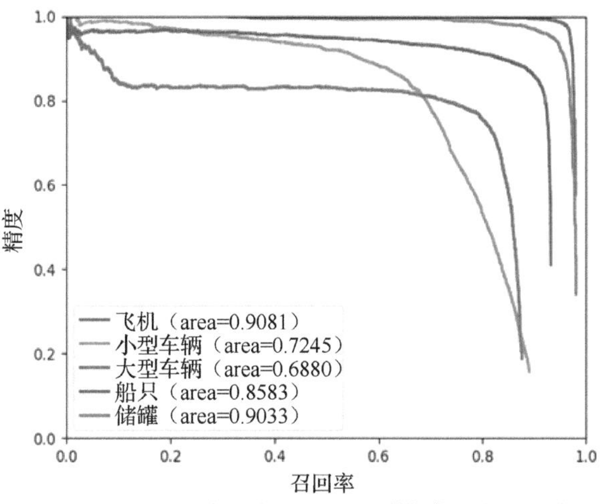

（a）RetinaNet算法在small-DOTA数据集上的P-R曲线

图 8-10 RetinaNet 算法与本章算法在 small-DOTA 和 HRSC2016 数据集上的 P-R 曲线

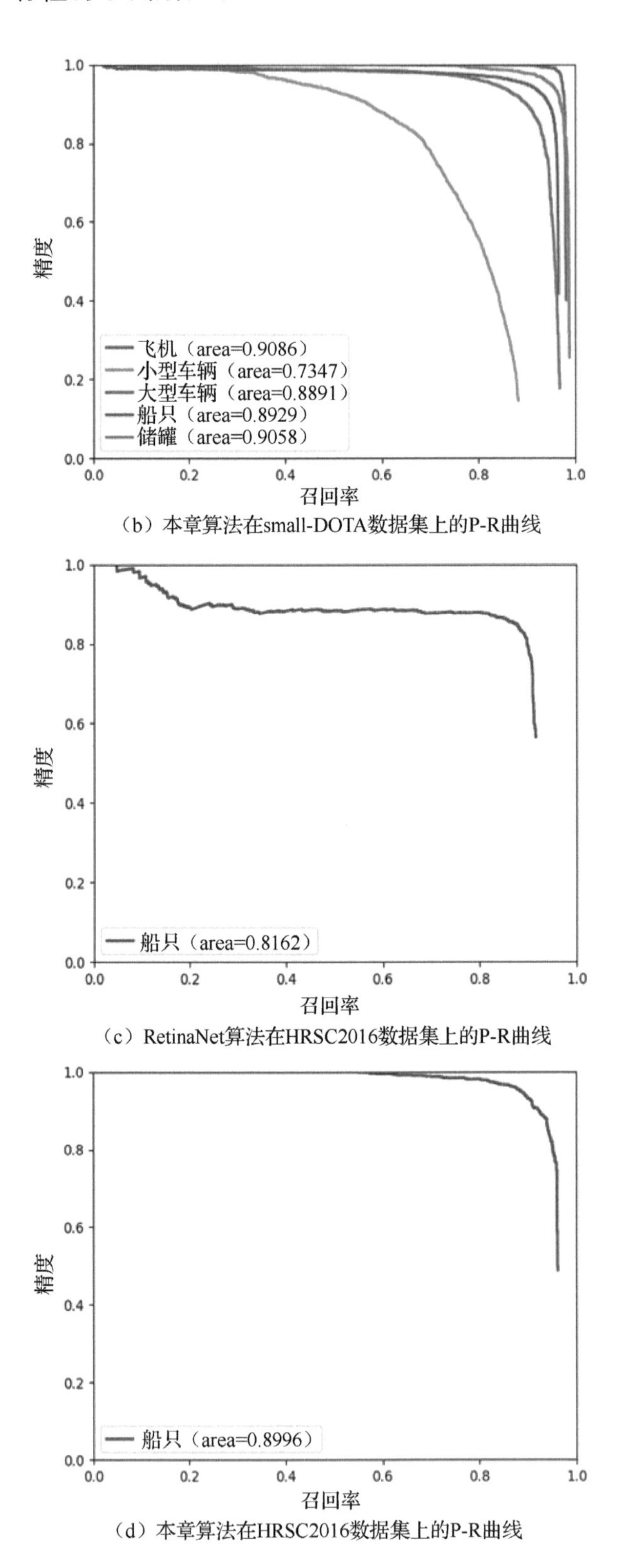

（b）本章算法在small-DOTA数据集上的P-R曲线

（c）RetinaNet算法在HRSC2016数据集上的P-R曲线

（d）本章算法在HRSC2016数据集上的P-R曲线

图 8-10　RetinaNet 算法与本章算法在 small-DOTA 和 HRSC2016 数据集上的 P-R 曲线（续）

由图 8-10 所示的 P-R 曲线可以清晰地看出，相较于 RetinaNet 算法而言，本章算法的检测 AP 有较大幅度的提升，本章算法所对应的 P-R 曲线总面积，即多类平均精度（mAP）也明显大于 RetinaNet 算法。这些实验结果进一步说明本章算法能够解决遥感图像中目标排列密集的问题，可以提升密集目标的检测准确率。另外，本章算法在 small-DOTA 数据集和 HRSC2016 数据集上的检测性能都有所提升，说明本章算法的泛化性能良好。

为了在效果图中直观地看出本章算法的性能，图 8-11 所示为 RetinaNet 算法和本章算法对 small-DOTA 数据集中 5 类地物目标的检测效果。

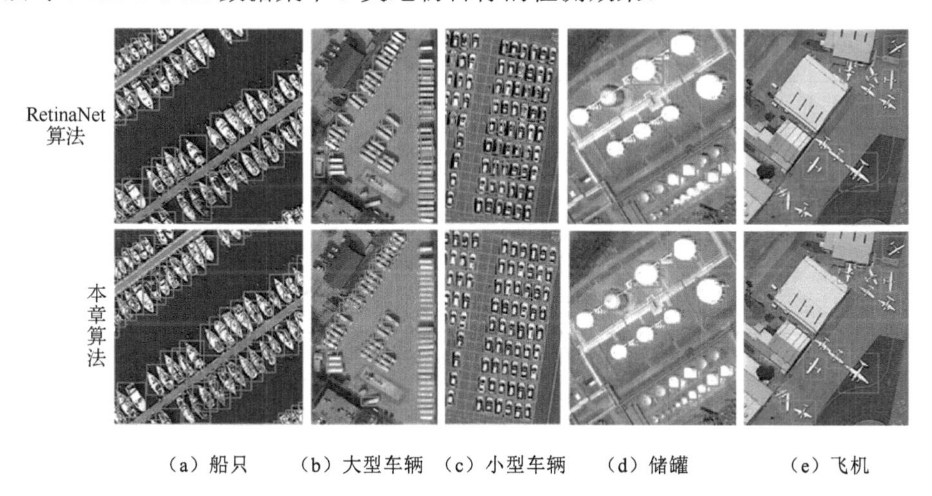

图 8-11　RetinaNet 算法和本章算法对 small-DOTA 数据集中 5 类地物目标的检测效果

由图 8-11 可以看出，RetinaNet 算法在检测密集目标时，经常出现漏检的情况，降低了目标检测的准确率。例如，RetinaNet 算法将两艘船只当成一艘船只［见图 8-11（a）］、将两辆大型车辆当成一辆大型车辆［见图 8-11（b）］，漏检了很多小型车辆［见图 8-11（c）］、储罐［见图 8-11（d）］和飞机［见图 8-11（e）］。出现这种情况的主要原因是，目标排列过于密集，目标之间出现了相互干扰，使目标之间的边界信息变得模糊。另外，由于 RetinaNet 算法中使用的是非极大值抑制算法，这将剔除置信度较低的目标。相比之下，本章算法的检测效果明显优于 RetinaNet 算法，其原因是，本章算法首先通过多维注意力模块使目标之间的边界信息变得清晰，其次采用弱化的非极大值抑制算法来克服非极大值抑制算法的弊端，解决了密集目标漏检的问题，提升了目标检测的准确率。

上述的消融实验结果说明本章算法在一定程度上解决了遥感图像中密集目标的难点问题，提升了密集目标检测的准确率。

本节实验在small-DOTA和HRSC2016数据集上对比了本章算法和SSD、YOLOv2、R-FCN、Faster-RCNN、RetinaNet与ICN等算法的性能。不同算法在small-DOTA数据集上的AP和mAP如表8-5所示，在HRSC2016数据集上的AP和mAP如表8-6所示，表中的加粗数值表示最优值。

表8-5 不同算法small-DOTA数据集上的AP、mAP

算　法	SSD	YOLOv2	R-FCN	Faster-RCNN	RetinaNet	ICN	本章算法
AP（飞机）	44.74%	76.90%	79.33%	80.32%	89.21%	**90.00%**	89.12%
AP（船只）	11.34%	52.37%	47.29%	50.04%	76.17%	78.20%	**87.35%**
AP（储罐）	17.94%	33.91%	65.84%	59.59%	83.75%	84.80%	**85.15%**
AP（小型车辆）	2.00%	38.73%	39.38%	53.66%	77.33%	73.50%	**78.10%**
AP（大型车辆）	10.24%	32.02%	34.15%	52.49%	64.76%	65.00%	**79.22%**
mAP	17.25%	46.79%	53.20%	59.22%	78.24%	78.30%	**83.79%**

表8-6 不同算法HRSC2016数据集上的AP、mAP

算　法	SSD	YOLOv2	R-FCN	Faster-RCNN	RetinaNet	ICN	本章算法
AP（船只）	28.11%	54.56%	60.58%	69.25%	81.62%	84.30%	**89.96%**
mAP	28.11%	54.56%	60.58%	69.25%	81.62%	84.30%	**89.96%**

由表8-5和表8-6可以看出，由于SSD与YOLOv2属于早期的单阶段目标检测算法，因此这两种算法对遥感图像目标的检测效果并不好，它们在small-DOTA数据集上的mAP仅分别为17.25%与46.79%，而在HRSC2016数据集上的mAP仅分别为28.11%与54.56%。R-FCN算法是一种将RCNN应用于FCN中的算法，该算法对遥感图像目标的检测性能稍优于SSD与YOLOv2算法。Faster-RCNN算法是经典的两阶段目标检测算法，该算法由于采用了RPN，因此在许多应用中均具有较好的目标检测性能。RetinaNet算法虽然属于单阶段目标检测算法，但该算法中使用了特征金字塔网络与焦点损失函数，因此其目标检测性能优于Faster-RCNN算法，在small-DOTA数据集与HRSC2016数据集上的mAP分别为78.24%与81.62%。本章算法作为RetinaNet算法的改进算法，在small-DOTA数据集与HRSC2016数据集上的mAP分别为83.79%与89.96%，较RetinaNet算法的增幅分别为5.55%与8.34%。

图8-12所示为本章算法对部分遥感图像目标的检测效果。

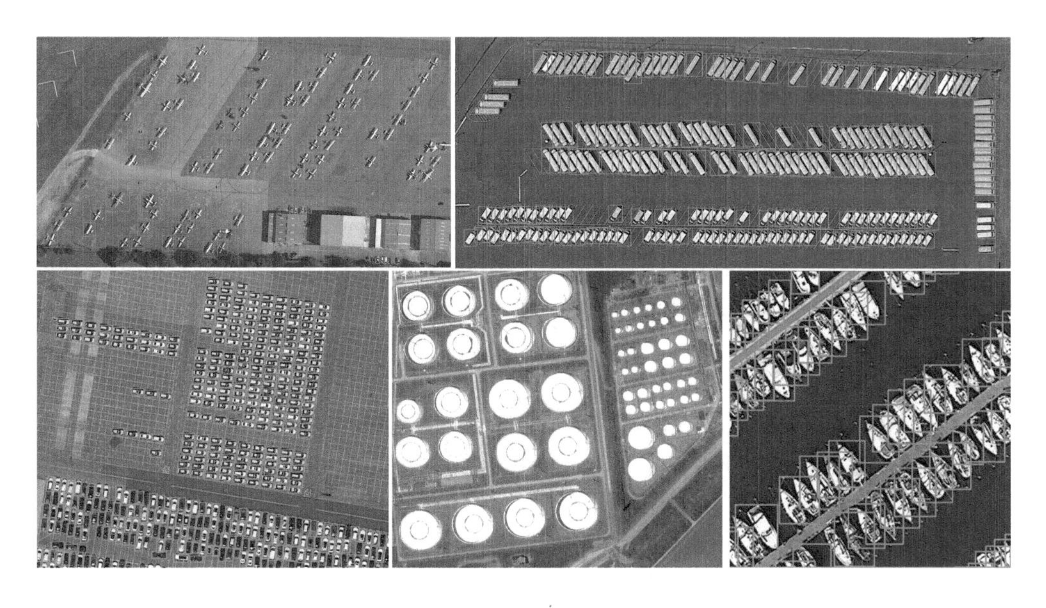

图 8-12　本章算法对部分遥感图像目标的检测效果

从图 8-12 可以看出，所检测的遥感图像中的目标排列较密集，而本章算法依然能够使用水平检测框检测出大多数的目标，并且检测框的位置较准确。这表明，本章算法在检测密集目标时具有良好的性能。

8.4 本章小结

针对遥感图像中某些地物目标排列密集的问题，本章提出了基于 RetinaNet 的密集目标检测算法（本章算法）。本章算法对 RetinaNet 算法进行了改进。首先，针对密集目标间存在噪声干扰问题，加入一个由空间注意力模块与通道注意力模块组成的多维注意力模块，用于抑制噪声。然后，使用弱化的非极大值抑制算法替代非极大值抑制算法，用于防止某些密集目标检测框被剔除。

本章通过消融实验与对比实验对本章算法的性能进行了验证，所用的数据集为 small-DOTA 和 HRSC2016，small-DOTA 数据集是由 DOTA 数据集中的 5 类密集目标组成的。消融实验结果表明，本章算法在检测准确率上优于 RetinaNet 算法。对比实验结果表明，本章算法的检测性能优于用来对比的 6 种目标检测算法。通过本节的实验结果可以看出，本章算法在检测遥感图像中密集目标时具有较高的检测准确率，能在一定程度上解决遥感图像中地物目标密集排列的难点问题。

参考文献

[1] BODLA N, SINGH B, CHELLAPPA R, et al. Improving object detection with one line of code[C]//Proceedings of the IEEE International Conference on Computer Vision, 2017: 5561-5569.

[2] NEUBECK A, GOOL L V. Efficient non-maximum suppression[C]//Proceedings of the 18th International Conference on Pattern Recognition, 2006: 850-855.

[3] SHRIVASTAVA A, GUPTA A, GIRSHICK R. Training region-based object detectors with online hard example mining[C]//Proceedings of the 2016 IEEE Conference on Computer Vision and Pattern Recognition, 2016: 761-769.

[4] LONG J, SHELHAMER E, DARRELL T. Fully convolutional networks for semantic segmentation[C]//Proceedings of the IEEE Conference on Computer Vision and Pattern Recognition, 2015: 3431-3440.

[5] LIN T Y, MAIRE M, BELONGIE S, et al. Microsoft COCO: common objects in context[C]//Proceedings of the European Conference on Computer Vision, 2014: 740-755.

[6] WANG J F, YUAN Y, YU G. Face attention network: an effective face detector for the occluded faces[J]. arXiv: 1711.07246, 2017.

[7] WANG X L, GIRSHICK R, GUPTA A, et al. Non-local neural networks [C]// Proceedings of the IEEE Conference on Computer Vision and Pattern Recognition, 2018: 794-7803.

[8] HU H, GU J Y, ZHANG Z, et al. Relation networks for object detection [C]//Proceedings of the IEEE Conference on Computer Vision and Pattern Recognition, 2018: 3588-3597.

[9] HU J, SHEN L, SUN G. Squeeze-and-excitation networks[C]//Proceedings of the IEEE Conference on Computer Vision and Pattern Recognition, 2018: 7132-7141.

[10] XIA G S, BAI X, DING J, et al. DOTA: a large-scale dataset for object detection in aerial images[C]//Proceedings of the IEEE Conference on Computer Vision and Pattern Recognition, 2018: 3974-3983.

[11] DING J, XUE N, LONG Y, et al. Learning RoI transformer for detecting oriented objects in aerial images[C]//Proceedings of the 2019 IEEE/CVF Conference on Computer Vision and Pattern Recognition, 2019: 2844-2853.

[12] LIU Z K, LIU Y, WENG L B, et al. A high resolution optical satellite image dataset for ship recognition and some new baselines[C]//Proceedings of the 6th International Conference on Pattern Recognition Applications and Methods, 2017: 324-331.

[13] REDMON J, FARHADI A. YOLO9000: Better, faster, stronger[C]//Proceedings of the 2017 IEEE Conference on Computer Vision and Pattern Recognition, 2017: 6517-6525.

[14] LIU W, ANGUELOV D, ERHAN D, et al. SSD: single shot multibox detector[C]//Proceedings of the European Conference on Computer Vision, 2016: 21-37.

[15] DAI J F, LI Y, HE K M, et al. R-FCN: object detection via region-based fully convolutional network[J]. arXiv: 1605.06409.

[16] AZIMI S M, VIG E, BAHMANYAR R, et al. Towards multi-class object detection in unconstrained remote sensing imagery[C]//Asian Conference on Computer Vision, 2018: 150-165.

[17] EVERINGHAM M, GOOL L V, WILLIAMS C K, et al. The pascal visual object classes(VOC) challenge[J]. International Journal of Computer Vision, 2010, 88(2): 303-338.

[18] XIAO Z F, LIU Q, TANG G F, et al. Elliptic fourier transformation-based histograms of oriented gradients for rotationally invariant object detection in Remote-Sensing Images[J]. International Journal of Remote Sensing, 2015, 36(2): 618-644.

第 9 章 基于 LSTM 网络的视频图像目标实时检测算法

9.1 引言

前文主要研究的是单帧图像目标检测算法，这些算法的优点是鲁棒性高、可拓展性强，对运动速度慢、无遮挡的目标有着很高的检测精度。但在现实应用中，声呐系统获取到的基本上是连续的视频图像。在视频中动态目标有时会由于自身快速运动或混响噪声而产生变形和模糊，在这种情况下，单帧图像往往无法提供足够的特征，从而导致中间帧的置信度很低，有时甚至无法检测到其中的目标。

现有的视频图像目标检测算法主要有以下几个研究方向[1-2]：一个是通过光流网络计算连续帧之间的光流特征来进行特征增强；另一个是在关联特征算法的基础上对帧层级的特征进行关联，以便在视频层级产生高质量的检测结果；还有一个方向是利用长短时记忆（Long Short-Term Memory，LSTM）网络来提取连续帧之间的运动信息，对运动目标进行运动补偿和预测。

Zhu 等人[3]提出了基于光流引导的特征聚合算法，该算法通过光流进行帧间特征对齐，并通过聚合前后的帧特征来提升当前时刻帧图像的检测效果，虽然该算法提升了目标检测的精度，但帧间的密集聚合和复杂的光流特征使得模型的计算量偏大。

考虑到相邻帧之间存在大量的特征冗余，Zhu 等人[4]还提出了基于深度光流特征的视频图像目标检测算法。为了减小计算量，该算法按照预先设定好的间隔提取关键帧，并且只对关键帧进行图像特征的提取；而对于非关键帧，通过光流网络计算当前时刻帧图像与前一关键帧的光流，并通过光流来进行特征的传递。由于光流网络的计算量要远小于特征提取网络的计算量，因此该算法能有效提升检测速度。

Feichtenhofe 等人[5]基于跨帧的目标轨迹，对帧层级的特征进行关联，用于在视频层级产生高质量的检测结果。首先，利用区域全卷积网络中的 Conv3、Conv4 和 Conv5

提取特征，将提取到的特征用于计算两帧之间的相关特征；然后，将两帧通过主干网络提取到的特征分别应用于 RoI-Pooling 层和相关特征的连接；最后，通过一个回归子网络生成两帧之间的 RoI 跟踪（RoI Tracking）。

传统的视频图像目标检测算法在视频图像目标检测中会遗忘掉重要的时序信息，Liu 等人[6]针对这个问题提出了一个视频图像目标检测的在线模型，可在移动设备和边缘设备上实时运行。该模型的主要思想是将快速的单帧图像目标检测器（如 CNN）和 LSTM 网络相结合，得到一个混合结构的网络——记忆引导网络。此外，Liu 等人还对传统的 LSTM 网络结构进行了改进，提出一个高效的 Bottleneck-LSTM 网络。和传统的 LSTM 网络相比，Bottleneck-LSTM 网络减小了计算量。该模型使用 Bottleneck-LSTM 网络来实现运动记忆感知，并以此为基础来改善和传递连续帧之间的特征。这种方法在 Imagenet VID 数据集上表现得又快又好，在一个移动 CPU 上达到了 15FPS（帧每秒）的实时推理速度。

综上所述，基于光流网络的视频图像目标检测算法可以通过特征传递来对目标信息不足的帧进行特征补充，进而提升视频图像目标检测的精度。但光流网络往往会带来更大的计算量，不利于视频图像目标检测的应用，且视频噪声比光学图像更加复杂，将光流网络直接应用于视频图像目标检测中的效果并不理想。基于关联特征的视频图像目标检测算法多用于离线视频图像目标检测，不适合在线检测场景。目前，只有基于 LSTM 网络的视频图像目标检测算法能够更好地平衡视频图像目标检测的精度和速度，因此本章在 LSTM 网络的基础上，结合记忆引导网络对视频图像目标检测进行研究。

9.2 长短时记忆网络和记忆引导网络

9.2.1 长短时记忆网络

一般而言，卷积神经网络（Convolutional Neural Networks，CNN）擅长对图像的空间信息和特征进行提取，而循环神经网络（Recurrent Neural Network，RNN）[7]更擅长对时间维度上的信息进行特征提取和传递。本章的研究重点是将 CNN 检测模型和 RNN 模型结合在一起，形成一个端到端的视频图像目标检测框架，充分挖掘视频序列中的上下文特征。此外，为了均衡视频图像目标检测的精度和速度，本章研究并提出了一个交叉检测框架，对于有的帧使用层数较深的大模型来进行特征提取，对于其余的帧使用小模型进行特征提取，并且通过记忆引导网络将小模型提取到的帧特征和大模型提取到的帧特征图进行聚合，提升了模型的预测精度。由于小模型的检测速度更快，因此通过小模型可以提升交叉检测框架的检测速度。

RNN 最早是针对自然语言处理领域提出的，这是因为语言翻译和情感分析这类问题往往涉及时序信息的处理，即考虑前后输入信息的关联性。RNN 的网络单元结构如图 9-1 所示。

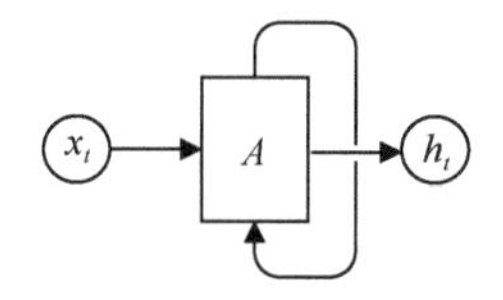

图 9-1　RNN 的网络单元结构

从图 9-1 可以看出，RNN 的网络单元将上一个时刻的计算结果输入当前的计算，并一直循环下去。RNN 的网络单元在某时刻的状态输出可用下面的公式表示。

$$h_t = f(h_{t-1}, x_t) \tag{9-1}$$

式中，h_t 是 t 时刻的状态；h_{t-1} 是 $t-1$ 时刻的状态；x_t 是 t 时刻的输入数据。传统的 RNN 使用全连接层对 h_{t-1} 和 x_t 进行计算，再对计算结果进行求和，并使用 tanh 激活函数进行激活得到 h_t。整个过程如式（9-2）所示。

$$h_t = \tanh\left(W_{xh}h_{t-1}, W_{xh}x_t\right) \tag{9-2}$$

RNN 一般将多个网络单元连接起来使用，但训练时很容易发生梯度消失和爆炸等问题，因此传统的 RNN 并不能很好地进行长序列数据的处理。为了应对训练时梯度消失和爆炸等问题，Hochreiter 等人[8]提出了一种特殊的 RNN——LSTM 网络，并被 Alex 等人进行了改良和推广。在语音识别、序列建模、视频分析等领域，LSTM 网络取得了巨大的进步。相较于 RNN，LSTM 网络主要有以下两个方面的改进：

（1）增加了细胞状态（Cell State），与隐藏状态相比，细胞状态能够保留长期信息。

（2）使用门控（Gated）机制来控制信息量的取舍。

门结构通常由一个带 Sigmoid 激活函数的全连接层实现，通过输出值来控制传入状态的信息。LSTM 网络结构如图 9-2 所示，其中包含三个门控单元，即输入门（Input Gate）、遗忘门（Forget Gate）和输出门（Output Gate）。输入门（其输出见图 9-2 中的 i_t）决定当前时刻的输入有多少信息保留到当前的细胞状态，遗忘门（其输出见图 9-2 中的 f_t）决定上一个时刻的细胞状态有多少信息保留到当前状态，输出门（其输出见图 9-2 中的 o_t）用于控制当前细胞状态有多少信息可以输出到当前时刻的输出端。

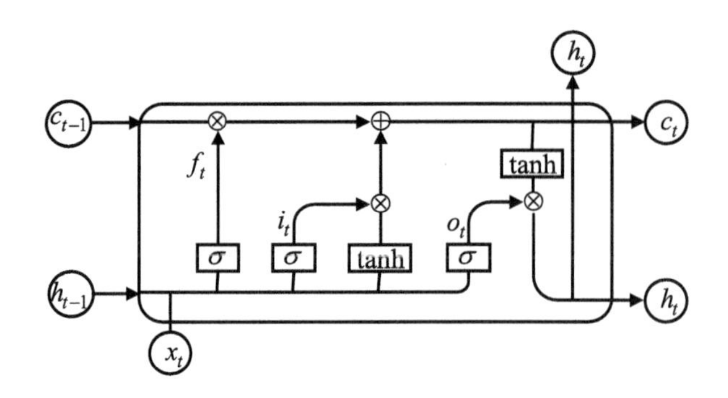

图 9-2 LSTM 网络的结构

LSTM 网络中各门与状态之间的关系可以用下面的公式来描述，其中 i_t、f_t、o_t、c_t、h_t 分别表示输入门、遗忘门、输出门、细胞状态和隐藏状态的输出。

$$\begin{cases} i_t = \sigma(W_{xi}x_t + W_{hi}h_{t-1} + W_{ci} \circ c_{t-1} + b_i) \\ f_t = \sigma(W_{xf}x_t + W_{hf}h_{t-1} + W_{cf} \circ c_{t-1} + b_f) \\ c_t = f_t \circ c_{t-1} + i_t \circ \tanh(W_{xc}x_t + W_{hc} \circ h_{t-1} + b_c) \\ o_t = \sigma(W_{xo}x_t + W_{ho}h_{t-1} + W_{co} \circ c_t + b_o) \\ h_t = o_t \circ \tanh(c_t) \end{cases} \tag{9-3}$$

式中，σ 为 Sigmoid 激活函数；$\circ$ 表示矩阵对应元素相乘。LSTM 网络内部门控单元之间是依靠全连接神经网络来计算的，因此也被称为全连接长短时记忆（Fully Connected LSTM，FC-LSTM）网络。

9.2.2 记忆引导网络

FC-LSTM 网络可以很好地提取语音类时序信息的特征，但对于二维数据或者三维的空间数据，这些全连接层会带来大量的计算冗余。因为空间数据具有很强的局部特征，FC-LSTM 网络很难对局部特征进行描述。因此，Liu 等人提出了 CNN 和 LSTM 网络的结合体——记忆引导网络，将 FC-LSTM 网络中输入门到状态门和状态门到状态门部分的全连接层替换成卷积层，并在门控单元的输入前添加 Bottleneck Conv，以减少各门控单元之间的维度转换带来的额外计算量。记忆引导网络的结构如图 9-3 所示。

从图 9-3 可以看出，输入与各个门控单元之间的连接由全连接层变成了卷积层，同时各状态之间的计算也变成了卷积运算。因此，记忆引导网络的工作原理可以由式（9-4）表示。

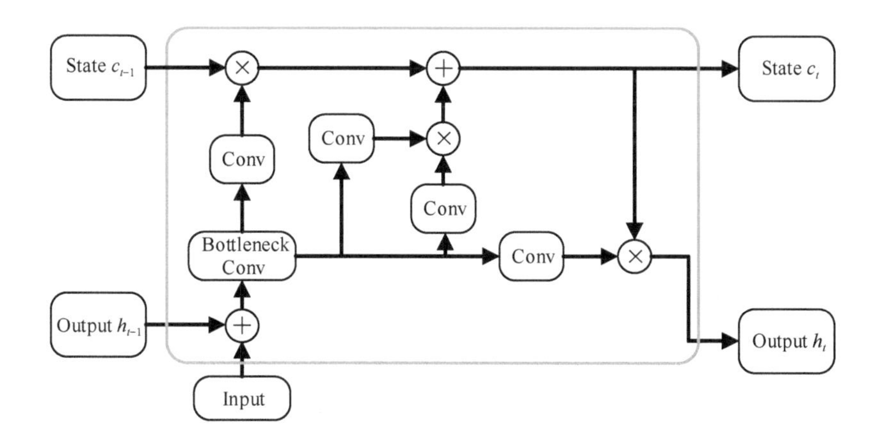

图 9-3　记忆引导网络的结构

$$\begin{cases} i_t = \sigma(W_i * [x_t, h_{t-1}]) \\ f_t = \sigma(W_f * [x_t, h_{t-1}]) \\ o_t = \sigma(W_o * [x_t, h_{t-1}]) \\ c_t = f_t \circ c_{t-1} + i_t \circ \phi(W_c * [x_t, h_{t-1}]) \\ h_t = o_t \circ \phi(c_t) \end{cases} \tag{9-4}$$

式中，$*$表示卷积运算；$\phi(\cdot)$ 表示 ReLU 激活函数。相比于传统的 LSTM 网络中的一维张量，记忆引导网络中输入门、遗忘门、输出门、细胞状态和隐藏状态的输出 $\boldsymbol{i}$、$\boldsymbol{f}$、$\boldsymbol{c}$、$\boldsymbol{o}$、$\boldsymbol{h}$、$\boldsymbol{x}$ 都是三维张量，这些三维张量可以更好地描述图像中空间特征。为了降低记忆引导网络的参数量，本章还对记忆引导网络进行了以下改进。

（1）将记忆引导网络中的卷积层替换为深度可分离卷积（Depthwise Separable Convolution）[9]。深度可分离卷积将普通卷积分成深度卷积（Depthwise Convolution）和逐点卷积（Pointwise Convolution）两部分，前者用于对每个输入通道进行特征提取，后者负责对输出通道进行调整。深度可分离卷积与普通卷积的计算过程如图 9-4 所示。

图 9-4（a）所示为表示普通卷积的计算过程，假设输入特征图的尺寸为$F \times F \times M$，卷积核的尺寸为$K \times K \times M$，卷积核的数量为N，则输出特征图的尺寸为$F \times F \times N$，此时模型的参数量为$K \times K \times M \times N$。图 9-4（b）所示为深度卷积的计算过程，图 9-4（c）所示为逐点卷积的计算过程，两者一起构成了深度可分离卷积。首先对输入特征图进行深度卷积，用于提取特征；再通过逐点卷积进行通道调整，使输出特征图的尺寸与普通卷积输出特征图的尺寸相同。此时深度可分离卷积的总体参数量为$K \times K \times M + M \times N$。通过对卷积过程进行拆分，可以有效降低卷积层的参数量。

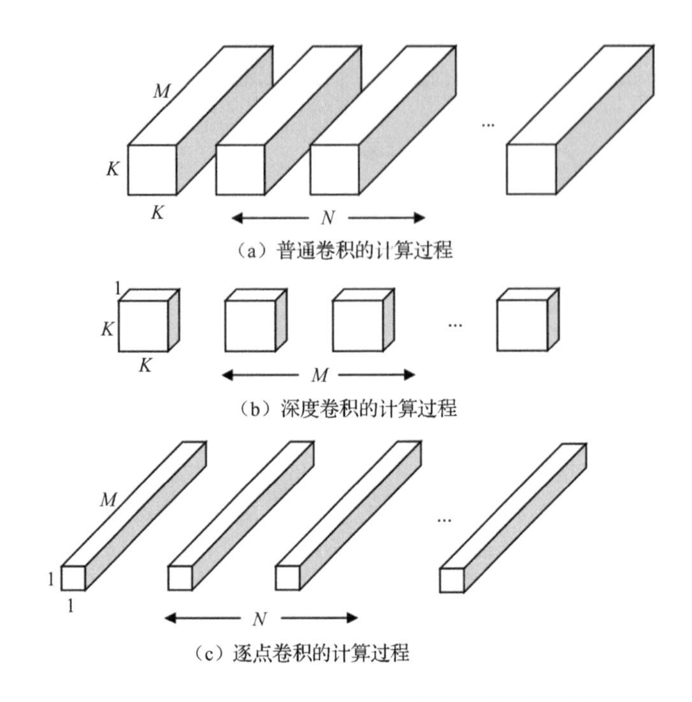

（a）普通卷积的计算过程

（b）深度卷积的计算过程

（c）逐点卷积的计算过程

图 9-4 深度可分离卷积与标准卷积的计算过程

（2）对记忆引导网络的状态进行了分组，使用分组卷积处理每个状态。对于上一个时刻的状态 h_{t-1}，将其分成 G 组 $\{{}^{1}h_{t-1},{}^{2}h_{t-1},\cdots,{}^{G}h_{t-1}\}$，并将每一组的状态与当前时刻的输入特征图连接后输入记忆引导网络中，用来计算各个门控单元的输出数据。通过分组卷积稀疏层连接，可以进一步减少模型的参数量，提高模型的推理速度。

（3）在 Bottleneck Conv 和输出层之间添加了跳跃连接，使得 Bottleneck Conv 成为输出的一部分。添加跳跃连接的好处是允许将时间上不太相关的当前时刻帧图像特征包含到输出状态中，使得当前时刻帧图像的检测结果更加精确。改进后的记忆引导网络的结构如图 9-5 所示。

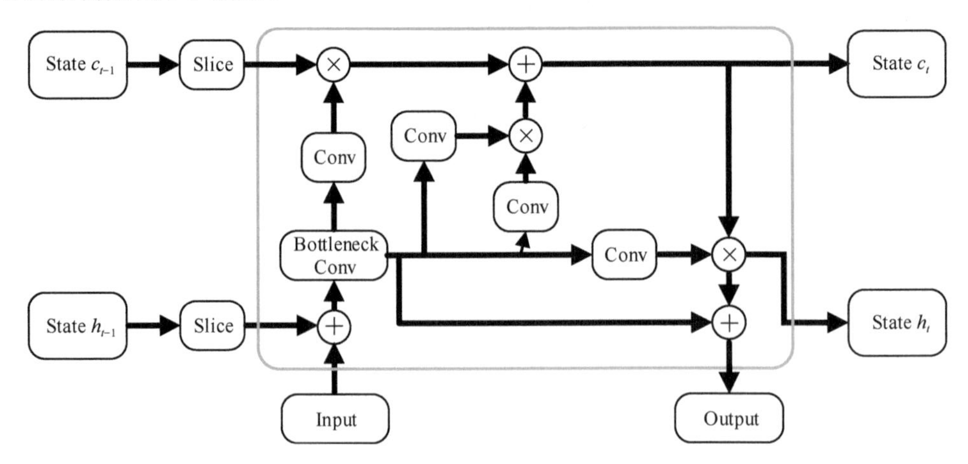

图 9-5 改进后的记忆引导网络的结构

9.3 交叉检测框架

9.3.1　交叉检测框架的思路

为了追求检测速度，传统的视频图像目标检测算法往往只对关键帧进行检测，再通过光流网络或者其他模型对关键帧的特征进行聚合并传递到非关键帧，不再对非关键帧进行检测。对于有运动模糊或者运动异常的目标，这样做无疑会使得视频图像目标检测算法的检测精度受到很大的影响。在视频图像中，相邻帧的背景相似度很高，变化的是运动目标的位置和状态，如果使用单帧图像目标检测算法对每一帧图像都进行检测，就会产生大量的计算冗余，不利于实时场景中的应用。

基于上述问题，本章提出了一种交叉检测框架，其结构如图 9-6 所示。该交叉检测框架首先使用一大一小的两个模型（大模型精度高、速度慢，小模型精度低、速度快）在连续帧上分别对图像进行特征提取，然后把提取到的特征输入改进后的记忆引导网络中进行特征融合，最后将结果输出到检测器中，对图像中的目标进行检测和分类。

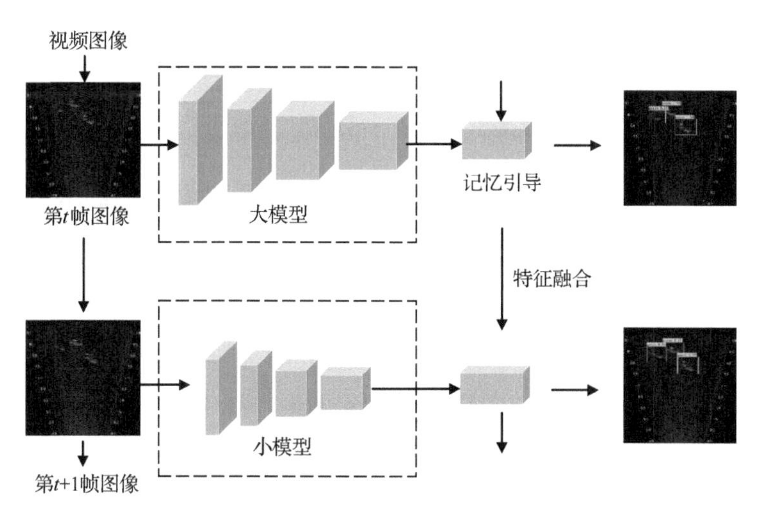

图 9-6　交叉检测框架的结构

9.3.2 交叉检测框架的选择

本章将 MobileNetV3-Large[10]作为大模型 f0 的主干网络，将 MobileNetV3-Small 作为小模型 f1 的主干网络，并且两个模型共享 YOLOv4-Tiny 的预测子网络和分类子网络。为了匹配输出特征图的尺寸，本章将图像的分辨率改为 224×224。MobileNetV3-Large 和 MobileNetV3-Small 的特征提取网络如图 9-7 所示。

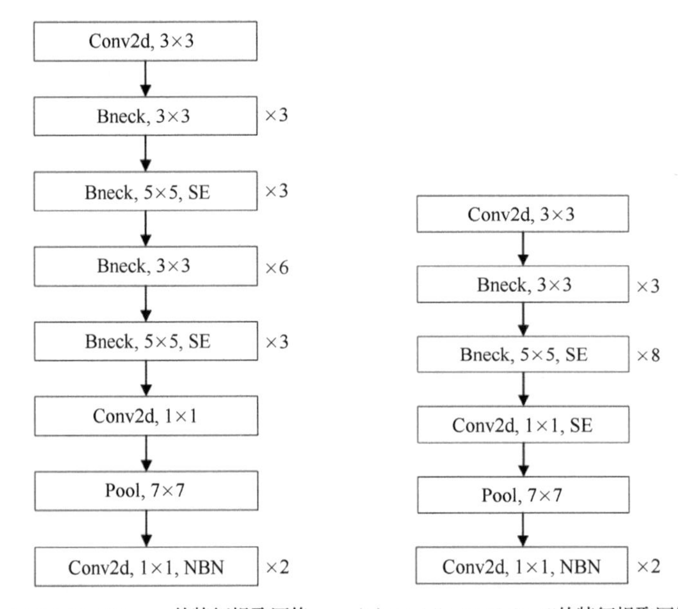

（a）MobileNetV3-Large的特征提取网络　（b）MobileNetV3-Small的特征提取网络

图 9-7　MobileNetV3-Large 和 MobileNetV3-Small 的特征提取网络

MobileNetV1 的主要思路是通过深度可分离卷积的堆叠实现网络结构的轻量化。在 MobileNetV2 的中[11]，除了继续使用深度可分离卷积的结构，还在 Bottleneck 层（图 9-7 中的 Bneck 层）中使用了拓展（Expansion）层和映射（Projection）层。映射层使用1×1的网络结构将高维空间特征映射到低维空间中。扩展层的功能正好与映射层相反，它使用1×1的网络结构将低维空间特征映射到高维空间。扩展层有一个超参数是维度扩展倍数，可以根据实际情况来调整该超参数。该超参数的默认值是 6，也就是扩展 6 倍。Bottleneck 层的结构如图 9-8 所示。该图用定量的数据直观地展示了拓展层和映射层的作用，在输入维度和输出维度相同的情况下，通过拓展卷积可将输入通道从 24 提升到 144，然后通过深度可分离卷积进行处理，并将处理后的结果通过1×1的网络结构压缩到与输出相同的维度。这样做的好处是可以通过高维的张量提取到更多的语义信息。MobileNetV2 就是通过 Bottleneck 层来平衡模型的精度与速度的。

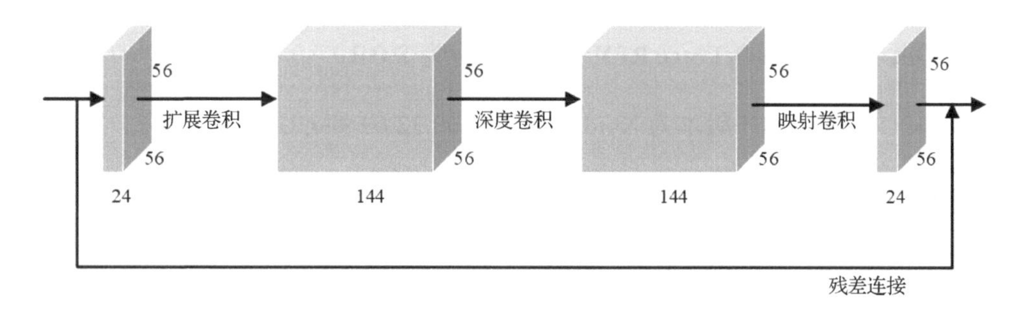

图 9-8　MobileNetV2 中 Bottleneck 层的结构

为了提升检测精度，MobileNetV3 在 Bottleneck 层中深度卷积后添加了轻量化的注意力模块——挤压-激励（Squeeze Excitation，SE）模块。由于 SE 模块会带来额外的计算量，因此将 Bottleneck 层的扩展卷积的通道数变为原来的 1/4。实验表明，这种结构不仅没有增加推理时间，还提升了检测精度。另外，MobileNetV3 还对 MobileNetV2 的尾部结构进行了改进，如图 9-9 所示，MobileNetV3 首先利用平均池化层将特征图大小从 7×7 降到 1×1，然后利用 1×1 的卷积核提升特征图维度，使计算量减少为 MobileNetV2 的 1/49。MobileNetV3 还将纺锤形卷积中的 3×3 和 1×1 的卷积核直接删除，进一步减少了计算量。

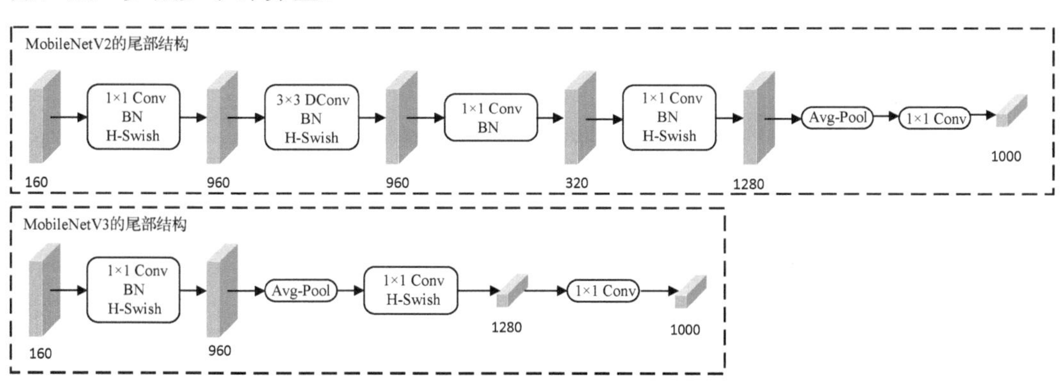

图 9-9　MobileNetV2 和 MobileNetV3 的尾部结构

9.4 模型训练和实验分析

9.4.1　模型训练策略

本节的模型训练和实验平台的配置如下：

- CPU 为 Intel Core i5-10400F，主频为 2.9 GHz；

- GPU 为 Nvidia GeForce RTX 3070，显存为 8 GB；
- GPU 的驱动程序版本为 Nvidia Driver 460.32.03 和 CUDA 11.2；
- 操作系统为 Ubuntu 18.04；
- 深度学习框架为 PyTorch 1.7.1；
- 编程平台为 Python 3.6。

本节采用平均精度（mean Average Precision，mAP）和每秒处理帧数（Frames Per Second，FPS）对检测算法进行评估。

本节使用的测试集中包含了不同水下场景的视频图像。其中，一些视频图像由于噪声引起了目标运动模糊或者目标异常运动，造成了奇异姿势的问题；有些视频图像存在复杂的背景干扰；还有些视频图像由于运动轨迹超出声呐系统探测范围，图像上只剩下目标的一部分，目标特征不全。单帧图像目标检测算法很难处理这些问题，基于 LSTM 网络的视频图像目标实时检测算法（本章算法）和对比方法均是在此测试集上进行测试的。

本章算法的训练可分为两个阶段。

（1）在图像数据集中对不带检测器的交叉检测框架进行预训练，使得记忆引导网络的 ConvLSTM 层能够获得良好的初始化权重。由于训练时去除了检测层，为了使本章算法适应目标的分类，本节在 ConvLSTM 层后先增加了一个平均池化层和全连接层，再增加一个 Softmax 分类器。在图像数据集上进行训练时，本节将每幅图像复制了三次，并进行了随机翻转，用于模拟图像中的目标运动。在对每帧图像进行检测时，随机选择了一个特征提取网络（f0 或者 f1）对图像进行特征提取。

（2）在预训练完成后，本节将 YOLOv4-Tiny 中的预测子网络和分类子网络连接到预训练好的特征提取网络和记忆引导网络后面，然后在图像数据的视频关键帧上进行整体训练。另外，在训练记忆引导网络时，选取相邻的 3 帧图像作为一组训练数据，并随机选择一个特征提取网络进行训练。记忆引导网络的训练过程与 YOLOv4-Tiny 类似，使用的 Batch Size 为 8，学习率为 0.002，并采用余弦退火衰减调整策略。

9.4.2 实验分析

本章算法中有多个模块，检测性能是多个模块共同作用的结果。为了验证各个模块的有效性，本节设计了不同模块的消融实验。不同模块的消融实验结果如表 9-1 所示。

表 9-1　不同模块的消融实验结果

模　　块	实验 A	实验 B	实验 C	实验 D	实验 E
MobilenetV3-Large+YOLOv4-Tiny	√	×	×	×	×
MobilenetV3-Small+YOLOv4-Tiny	×	√	×	×	×
交叉检测框架（k=2）	×	×	√	√	√
记忆引导网络	×	×	×	√	×
改进后的记忆引导网络	×	×	×	×	√
mAP	90.5%	65.1%	75.5%	80.2%	85.8%
检测速度/FPS	50	190	157	105	150

实验 A 和实验 B 是交叉检测框架中的消融实验，其中 MobilenetV3-Large＋YOLOv4-Tiny 是大模型 f0 的目标检测模块，MobilenetV3-Small＋YOLOv4-Tiny 是小模型 f1 的目标检测模块。在这两个实验中，交叉检测框架的帧间隔数 k 设置为 2，即 f0 的目标检测模块检测后的两帧图像由 f1 的目标检测模块检测。从这两个实验可以看出，f0 的目标检测模块的检测精度比 f1 的目标检测模块高很多，但在检测速度上 f0 的目标检测模块就失去了优势。

实验 C 是交叉检测框架的消融实验，将不同检测速度和效果的单帧图像目标检测算法结合在一起，虽然提高了检测速度，但检测精度相对于 f0 的目标检测模块来说有大幅降低。这说明，直接使用交叉检测框架并不能取得最好的效果。

实验 D 是交叉检测框架与记忆引导网络相结合的消融实验。相对于实验 C 只对交叉检测框架进行测试，记忆引导网络能有效提高检测精度；但由于记忆引导网络引入了额外的计算量，使检测速度受到了明显的影响。

实验 E 是交叉检测框架与改进的记忆引导网络相结合（即本章算法）的消融实验。相对于实验 D 使用的记忆引导网络，本章算法利用改进后的记忆引导网络提取连续序列中的上下文信息，提高了检测精度。与实验 D 相比，本章算法的 mAP 的增幅为 5.6%，并且没有过多地损失检测速度。实验 E 说明了改进的记忆引导网络具有更优秀的特征聚合能力。本章算法通过状态分组和深度可分离卷积，有效地降低了记忆引导网络的参数量，提高了检测速度。对于单帧图像目标检测算法无法解决的一些问题，如背景干扰、目标部分缺失等问题，记忆引导网络通过 LSTM 网络的门控单元将上一个时刻图像的一些时序信息和特征与当前时刻图像的特征相结合，有效提升了本章算法在复杂背景下的目标检测性能，能够在目标遮挡或缺失的情况下提供足够的特征用于目标定位和分类。

在交叉检测框架中，帧间隔数 k 是一个超参数。为了检验参数 k 对本章算法的影响，本节对不同的参数 k 进行了测试，结果如表 9-2 所示。

表 9-2 不同的参数 k 对本章算法的影响

参数 k	1	2	3	4	5	6	7
mAP	88.1%	85.8%	80.5%	74.2%	70.5%	67.7%	67.1%
检测速度/FPS	125	150	161	169	176	183	185

从表 9-2 可以看出，当参数 k 从 1 逐渐上升到 7 时，本章算法的 mAP 是逐渐降低的，检测速度是逐渐上升的。尽管本章算法在训练时只是聚合了两帧图像间隔内的特征，但其 mAP 在 $k=7$ 时依旧高于 f1 的目标检测模块的 mAP，这表明本章算法可以从更远处对特征进行聚合和传递。然而，从表 9-2 也可以看出，这种长期信息的捕获也具有一定限度，当 $k=7$ 时，本章算法的 mAP 就和 f1 的目标检测模块的检测精度差不多，甚至由于引入了一些额外计算而降低了推理速度，从而降低了检测速度。参数 k 对检测精度和检测速度的影响可以直观地从图 9-10 中看出，随着参数 k 的增大，本章算法的检测精度（mAP）逐渐降低，检测速度逐渐增大。当 $k=2$ 时，本章算法的检测速度的提升是最多的，而检测精度的损失相对较少，因此本节实验将参数 k 的值设为 2，以获得比较好的检测效果。

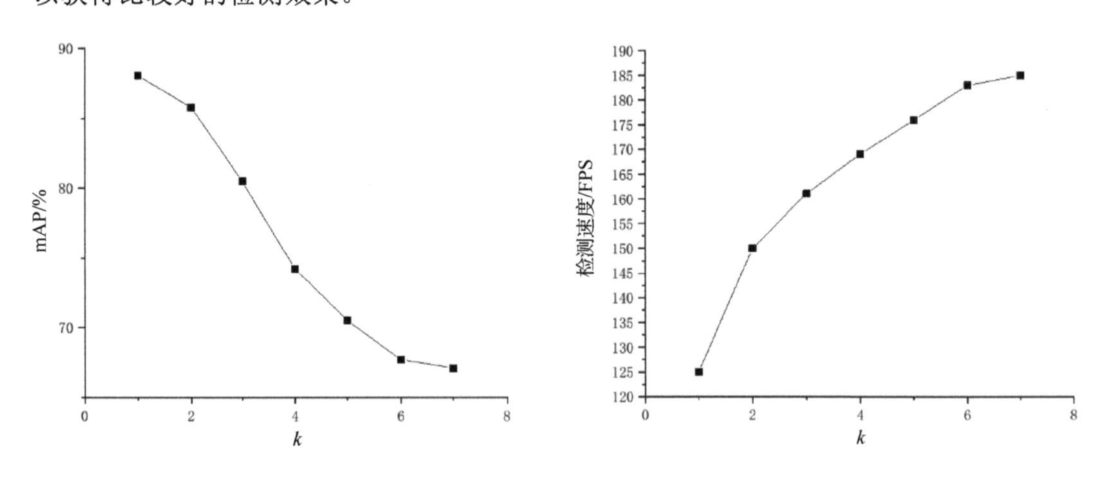

图 9-10 参数 k 对检测精度和检测速度的影响

视频图像目标检测算法的两个主流算法是基于光流网络和基于 LSTM 网络的视频

图像目标检测算法。基于光流网络的视频图像目标检测算法通过在单帧图像目标检测算法中加入光流网络，可对视频图像中目标运动轨迹进行预测，成功地解决了目标被遮挡和镜头失焦等问题；但光流网络的计算量大，使得算法的检测速度无法满足实际的应用需求。基于 LSTM 网络的视频图像目标检测算法通过 LSTM 网络可将视频中连续帧之间的时序信息融合到当前时刻帧图像中，从而提高了当前时刻帧图像的检测精度。为了比较本章算法与其他目标检测算法的性能，本节在测试集上对本章算法和其他主流目标检测算法的性能进行了对比，结果如表 9-3 所示。

表 9-3　本章算法和其他主流目标检测算法的性能对比结果

算 法 类 型	模　　型	参数量/个	mAP	检测速度/FPS
单帧图像目标检测算法	MobilenetV3-Large+YOLOv4-Tiny	5.4×10^6	90.5%	50
	MobilenetV3-Small+YOLOv4-Tiny	2.9×10^6	65.1%	190
	YOLOv4-Tiny	5.9×10^6	76.2%	130
基于 LSTM 网络的视频图像目标检测算法	MobilenetV3-Large+YOLOv4-Tiny+LSTM	5.5×10^6	91.8%	51
	MobilenetV3-Small+YOLOv4-Tiny+LSTM	3.0×10^6	66.9%	189
	LSTM-SSD	3.3×10^6	79.1%	145
基于光流网络的视频图像目标检测算法	FGFA	23.5×10^6	96.5%	5
	文献[4]提出的算法模型	9.0×10^6	91.1%	20
本章算法	交叉检测框架+改进后的记忆引导网络	7.1×10^6	85.8%	150

本章算法的检测框架是由两个单帧图像目标检测模型构成的，总的参数量为 7.1×10^6 个，比任何一个单帧图像目标检测模型的参数量都要多。在检测时，本章算法只使用一个模型，且 f1 的目标检测模块的使用占多数，因此单独比较本章算法检测框架的参数量没有太大的意义，应结合检测精度和检测速度考虑参数量。在间隔帧数 k 为 2 的情况下，本章算法的 mAP 为 85.8%，检测速度为 150 FPS。相较于检测速度差不多的 YOLOv4-Tiny 和 LSTM-SSD，本章算法的 mAP 的增幅分别为 9.6%和 6.7%，这说明本章算法能够较为有效地传递上一个时刻帧图像的特征和时序信息，并与当前时刻帧图像的特征进行融合，为当前时刻帧图像的检测和分类提供更多的特征，提高了检测精度。

为了更直观地比较本章算法与单帧图像目标检测算法的性能，本节在视频图像测试集上对比了本章算法和 YOLOv4-Tiny（与本章算法的检测速度差不多）的检测结果，如图 9-11 所示。

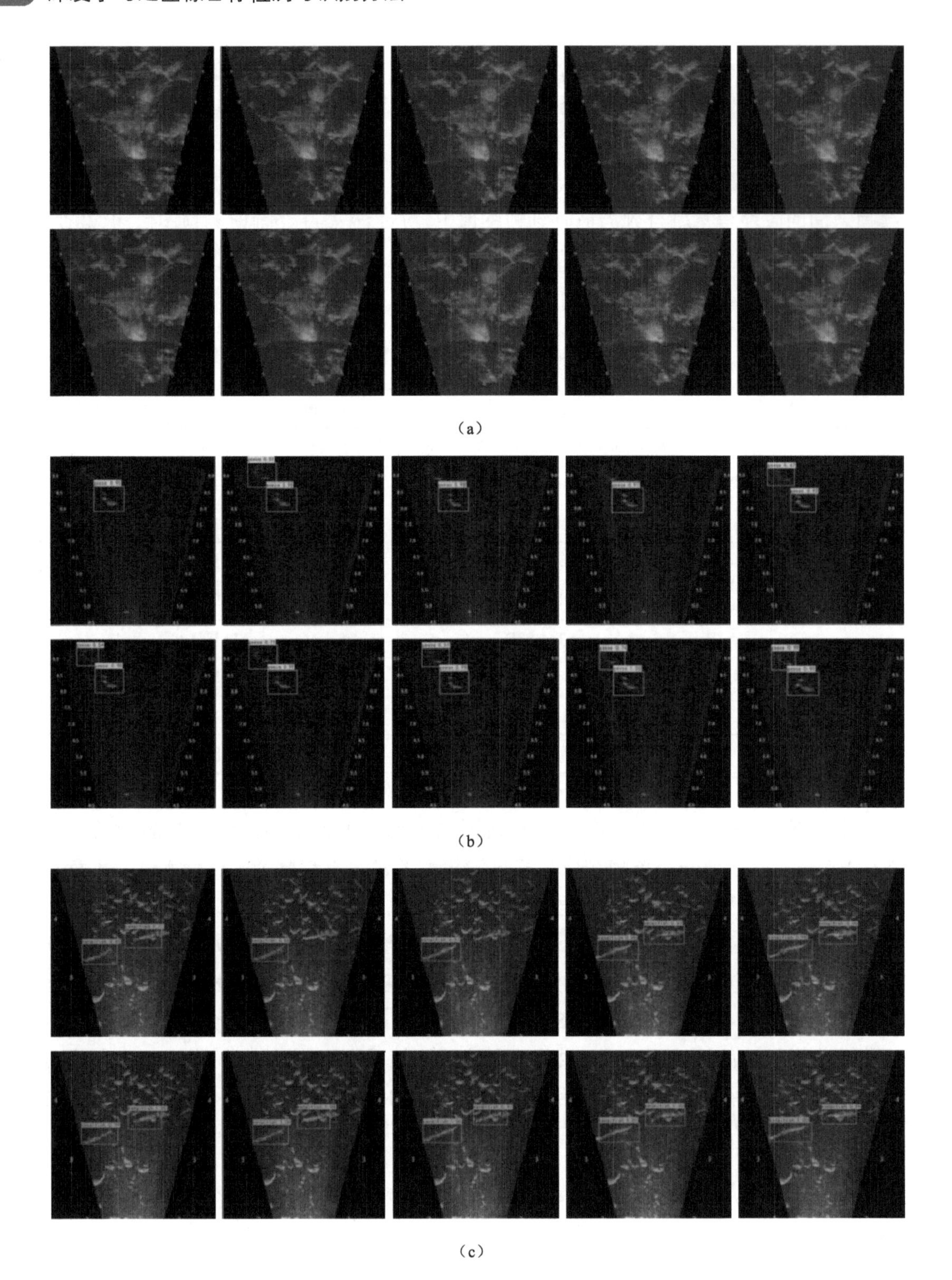

（a）

（b）

（c）

图 9-11　本章算法和 YOLOv4-Tiny 的检测结果

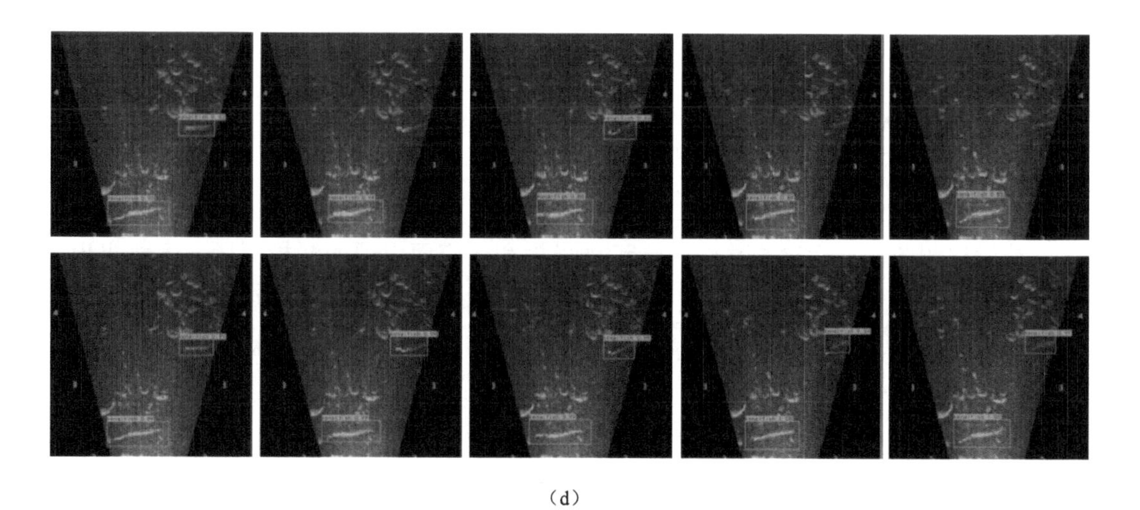

（d）

图 9-11　本章算法和 YOLOv4-Tiny 的检测结果（续）

在图 9-11 中，每个子图的第一行是 YOLOv4-Tiny 的检测结果，第二行是本章算法的检测结果。从图 9-11 可以看出，YOLOv4-Tiny 在不同的情形下对多个类型的目标进行检测时都出现了漏检或检测出的目标置信度低等问题，而本章算法则成功地检测出了所有的目标。从这些检测实例中可以看到，大多数被漏检的目标有着复杂的背景且背景中含有大量的混响噪声，在没有上一个时刻帧图像提供先验条件的情况下，单帧图像无法提供充足的位置和特征，因此很难对场景中的目标进行有效的定位和分类。例如，在图 9-11（a）中，由于潜水员存在较为奇怪的运动姿势，使得目标变得十分模糊，无法为 YOLOv4-Tiny 提供足够的特征，这给目标的定位和分类带来了极大的困难。从图 9-11（a）可以看出，本章算法在上一个时刻帧图像目标信息的帮助下，成功地检出了被 YOLOv4-Tiny 漏检的目标，提升了检测精度。在图 9-11（b）中，由于声呐回波信号弱导致成像不清晰，这使得 YOLOv4-Tiny 无法完成特征的提取，从而影响了目标的定位和分类。在本章算法中，改进后的记忆引导网络可以很容易地将上一个时刻帧图像特征传递到当前时刻帧图像中，增加了当前时刻帧图像的特征，从而成功地实现了此类目标的定位和分类。在图 9-11（c）中，中间帧图像的目标与背景特征十分相似，使 YOLOv4-Tiny 的检测性能受到了极大的影响，在中间帧图像中出现了漏检的情况。本章算法通过 ConvLSTM 层提供的时序信息，对目标位置进行了精确的预测，将目标和背景分离开来。在图 9-11（d）中，由于目标的运动轨迹超过了声呐系统的探测范围，使得目标成像不完全，在这种情况下 YOLOv4-Tiny 由于特征的缺失而出现了目标被漏检的问题。本章算法通过改进后的记忆引导网络建立了当前时刻帧图像与上一个时刻帧图像之间的联系，在检测时充分利用了上一个时刻帧图像的时序和位置信息，因此在目标部分缺失或者被遮挡的情况下也能成功地对目标进行定位，有效提升了检测精度。

9.5 本章小结

针对视频图像目标检测算法由于运动模糊和噪声而出现的漏检问题，本章提出了一种基于 LSTM 网络的视频图像目标检测算法。本章算法通过改进后的记忆引导网络和交叉检测框架，有效利用了连续帧图像中的时序信息，提升了目标检测的精度和速度。本章算法对记忆引导网络进行了改进，实现了帧图像特征的传递和聚合。同时，为了提升检测速度，本章算法采用了由不同大小的模型对视频图像进行交叉检测的策略，大模型负责检测精度的提升，小模型负责检测速度的提升，在数据集上实现了端到端的训练。实验结果表明，与单帧图像目标检测算法相比，本章算法解决了由于运动目标姿势异常、复杂背景干扰和目标部分缺失等造成的漏检问题。与其他主流的视频图像目标检测算法相比，本章算法取得了更优或者相近的性能。

参考文献

[1] 尉婉青，禹晶，柏鳗晏，等. SSD 与时空特征融合的视频目标检测[J]. 中国图象图形学报，2021, 26(3): 542-555.

[2] 崔杰，胡长青，徐海东. 基于帧差法的多波束前视声呐运动目标检测[J]. 仪器仪表学报，2018, 39(2): 169-176.

[3] ZHU X, WANG Y, DAI J, et al. Flow-guided feature aggregation for video object detection[C]// Proceedings of the IEEE International Conference on Computer Vision, 2017: 408-417.

[4] ZHU X, XIONG Y, DAI J, et al. Deep feature flow for video recognition[C]// Proceedings of the IEEE Conference on Computer Vision and Pattern Recognition, 2017: 2349-2358.

[5] FEICHTENHOFER C, PINZ A, ZISSERMAN A. Detect to track and track to detect[C]// Proceedings of the IEEE International Conference on Computer Vision, 2017: 3038-3046.

[6] LIU M, ZHU M. Mobile video object detection with temporally-aware feature maps[C]// Proceedings of the IEEE Conference on Computer Vision and Pattern Recognition, 2018: 5686-5695.

[7] MIKOLOV T, KARAFIÁT M, BURGET L, et al. Recurrent neural network based language model[C]// Eleventh Annual Conference of the International Speech Communication Association, 2010.

[8] HOCHREITER S, SCHMIDHUBER J. Long short-term memory[J]. Neural Computation, 1997, 9(8): 1735-1780.

[9] CHOLLET F. Xception: deep learning with depthwise separable convolutions[C]// Proceedings of the IEEE Conference on Computer Vision and Pattern Recognition, 2017: 1251-1258.

[10] HOWARD A, SANDLER M, CHU G, et al. Searching for mobilenetv3[C]// Proceedings of the IEEE/CVF International Conference on Computer Vision, 2019: 1314-1324.

[11] SANDLER M, HOWARD A, ZHU M, et al. Mobilenetv2: inverted residuals and linear bottlenecks[C]// Proceedings of the IEEE Conference on Computer Vision and Pattern Recognition, 2018: 4510-4520.

第 10 章
基于改进 YOLOv4 的嵌入式变电站仪表检测算法

10.1 引言

变电站是电力传输的枢纽，在变换电压、分配电能等方面起着重要作用。在变电站中，各类仪表显示的信息反映了设备的运行情况，需要对仪表进行监测以保证设备的正常运行。目前，人工巡检是大多数变电站采用的巡检方案，主要依靠巡检人员的专业技能和主观判断。但人工巡检的可靠性差、巡检效率低，甚至在一些极端天气或高危场所中不具备可行性，不利于变电站的智慧化管理。近些年，由智能巡检机器人代替或辅助人工进行仪表检测，引起了人们的广泛关注，已成为研究的热点[1-2]，变电站中的仪表巡检方案已经朝着无人化、自动化方向升级优化。

计算机视觉系统能否准确地识别出仪表读数，是衡量智能巡检机器人能否稳定运行的标准之一[3]。智能巡检机器人按照事先规划好的路线进行巡检；通过拍摄的变电站仪表图像，在智能巡检机器人前端完成仪表信息识别或传回后台系统识别（在后台完成识别任务）。在计算机视觉系统中，仪表检测识别由以下两部分组成：

（1）仪表定位：从变电站环境图像中找到仪表的位置。

（2）仪表读数：通过计算机视觉相关技术从仪表图像中获取读数。

仪表定位的准确性对检测识别任务有较大的影响。定位问题在本质上属于计算机视觉中的目标检测问题，但智能巡检机器人的特殊性使得该问题不同于一般的目标检测问题。智能巡检机器人对仪表图像的采集具有定点、定向、定焦等特点。定点是指智能巡检机器人依照事先设定好的巡检路线到达指定的图像采集区域；定向是指智能巡检机器人在拍摄仪表时摄像头的角度是固定的；定焦是指智能巡检机器人在拍摄时其摄像头的焦距是固定的。在理想情况下，多次巡检中相同采集点的仪表位置是固定的，但由于智能巡检机器人的定位误差、摄像头的机械误差等因素，实际获取的图像和理想图像存在不可预测的误差，主要表现为较小的位置偏差、无明显的拍摄角度偏差。如果能够采集到数量较多的实际仪表图像，充分学习各类不同偏移程度的仪表图像的特征，就可以实现较高的定位精度。

仪表定位算法主要包括传统的基于特征检测与特征匹配的检测算法，以及基于深度学习的检测算法。房桦等人[4]利用尺度不变特征变换算法（SIFT）实现了仪表表盘区域特征的检测与匹配。杨志娟等人[5]采用定向二进制描述算法（ORB）实现了仪表表盘区域的定位。Gao 等人[6]利用加速鲁棒特征（SURF）方法与模板图像匹配，从智能巡检机器人拍摄的图像中检测出了仪表表盘区域。黄炎等人[7]使用加速稳健特征算法进行图像匹配以实现仪表表盘检测。随着机器学习的发展和计算机性能的提高，机器学习在仪表定位中的应用也越来越多。邢浩强等人[8]在 SSD 的基础上进行了改进，使 SSD 可满足仪表表盘检测的任务需求。徐发兵等人[9]采用改进的 YOLO9000 快速检测仪表表盘的包围框位置，去除了冗余背景信息的干扰。语义分割网络在仪表表盘检测方面的应用研究也有一定的成果。杨浩等人[10]采用全卷积网络对仪表图像数据进行语义分割，实现了对仪表表盘位置的精确分割。Liu 等人[11]借助特征对应算法和两阶段目标检测算法 Faster-RCNN 实现了对目标仪表的检测。

上述的仪表定位算法存在网络参数量过大、检测效率低等问题。为了在嵌入式平台上进行实时检测，完成变电站仪表的实时检测任务，业界提出了轻量化的变电站仪表检测算法。生成轻量化网络的方法通常包括轻量化网络设计、模型剪枝、量化、知识蒸馏等。本章同时采用轻量级网络设计和量化方法，在 YOLOv4 的基础上进行了以下改进。

（1）针对移动端、嵌入式端等边缘计算场景的实时性不高、检测效率低等问题，本章在测试了多种方案后将 YOLOv4 的主干网络 CSPDarknet53 替换为 MobileNetV3。MobileNetV3 在提高检测精度的同时，也改善了检测速度。相比于 CSPDarknet53 和其他轻量化的网络，MobileNetV3 的参数量与计算量得到了大幅减少，为实现变电站仪表的实时检测提供了可能。

（2）在改进主干网络的基础上，本章将特征提取后的路径聚合网络（PANet）中的卷积运算替换为深度可分离卷积运算，通过减少模型的参数，减小了模型，进一步提高了检测速度。

（3）为了提高本章算法在嵌入式平台上的推理效率，将改进后的 YOLOv4 部署在嵌入式平台上，本章对改进后的 YOLOv4 进行了 TensorRT 量化，利用 TensorRT 进行了重构和优化，达到了网络加速的目的。

10.2 本章算法

10.2.1　YOLOv4 简介

YOLOv4[12]主要包括四部分：输入（Input）、主干网络（Backbone）、特征融合网络（Neck）和头部（Head）。

（1）输入。为了增强模型的鲁棒性，YOLOv4 采用了自对抗训练（Self Adversarial Training，SAT）和 Mosaic 数据增强。SAT 可以使神经网络反向更新图像，在添加扰动后的图像上训练，实现数据扩充。Mosaic 数据增强则利用随机缩放、随机裁剪和随机排布的方式对 4 幅图像进行拼接，可扩充检测数据集。

（2）主干网络。在 YOLOv3 的 Darknet53 基础上，YOLOv4 利用跨阶段局部网络（Cross Stage Partial Network，CSPNet）[13]，实现了 CSPDarknet53。图 10-1 所示为 CSPNet 的结构，CSPNet 将 Darknet 中的残差模块拆分成左右两部分，右边部分作为主干网络继续堆叠原来的残差模块，左边部分在进行少量处理后进行直连。这种拆分方案可以在减少计算量的同时，使梯度在不同的路径上进行传递，实现了丰富的梯度组合，避免了梯度消失等问题。

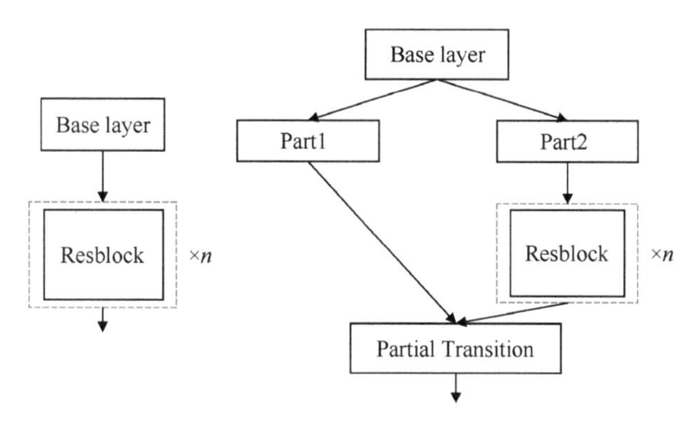

图 10-1　CSPNet 结构

（3）特征融合网络。YOLOv4 使用了空间金字塔池化（Spatial Pyramid Pooling，SPP）[14]模块和路径聚合网络（Path Aggregation Network，PANet）。相较于 $k\times k$ 最大池化的方式，SPP 模块可以有效增加主干特征的接收范围。PANet 在 YOLOv3 的 FPN 层后增加了一个自底向上的特征金字塔网络，FPN 层自顶向下传达强语义特征，而特征金字塔网络则自底而上传达强定位特征，从不同的主干层对不同的检测层进行参数聚合，避免了在传递过程中出现浅层特征丢失的问题，提高了网络预测的准确性。

（4）头部（预测网络）。YOLOv4 利用多尺度预测的方式，输出 3 个不同大小的特征图，分别用于检测小、中、大三种目标。特征图的每个网格对应 3 个预测框，在利用预测框偏移对物体位置进行预测的同时，可输出目标属于每种类别的概率。

YOLOv4 的结构如图 10-2 所示。

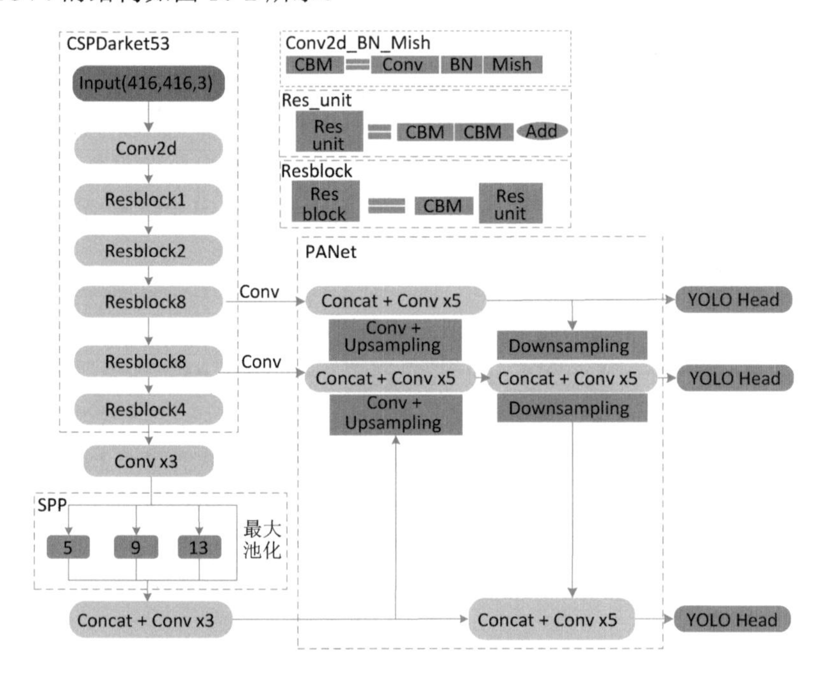

图 10-2　YOLOv4 的结构

10.2.2　对 YOLOv4 的改进

10.2.2.1　主干网络的改进

考虑到实际应用中的大多数智能巡检机器人仅使用 CPU，尽管有部分智能巡检机器人使用 GPU，但 GPU 的性能非常有限。在实际应用中，不能只考虑模型的性能，还要解决大规模网络模型在嵌入式平台上的部署问题。YOLOv4 在嵌入式平台上存在检测速度较慢，难以满足仪表实时检测需求的问题。主干网络是 YOLOv4 的重要组成部分，是提取仪表图像特征的关键网络。YOLOv4 的主干网络较为复杂，参数量相对较大，因此需要在 YOLOv4 中引入一种性能优异且轻量化的网络，形成新的主干网络。相比于其他轻量化的网络，MobileNet[15]具有参数量少、计算量小和推理速度较快等特点，适用于设备性能有限的场景，如移动边缘计算或嵌入式平台等。本章用 MobileNetV3 替代 YOLOv4 的特征提取网络 CSPDarknet53，用来对仪表检测进行定位，可加快模型的检测速度。

MobileNetV3 采用 NetAdapt 算法对每一层的卷积核数量进行优化，获得了卷积核和通道的最佳数量。MobileNetV3 继承了 MobileNetV1 的深度可分离卷积，可减少模型参数量；保留了 MobileNetV2[16]中的具有线性瓶颈的残差结构 Bottleneck。Bottleneck 使用了拓展（Expansion）层和映射（Projection）层，映射层使用1×1的网络结构将高维空间特征映射到低维空间中；扩展层的功能正好与映射层相反，使用1×1的网络结构将低维空间特征映射到高维空间。MobileNetV3 在 Bottleneck 中的深度卷积后添加了轻量化的注意力模块——挤压-激励（Squeeze Excitation，SE）模块[17]，用于对图像中的空间域信息进行空间转换，提取关键信息，找到图像信息中需要被关注的区域。通过挤压运算，可得到每个特征通道的权重，将该权重应用于原来的每个特征通道，学习不同通道的重要性，针对不同的任务增强或者抑制不同的通道。在增加少量计算量的前提下，SE 模块可以获得明显的性能提升。SE 模块具体实现为：特征被分为两路，第一路不进行任何处理，第二路首先进行挤压操作，将每个通道的特征压缩成一维，从而得到一维特征通道向量；然后进行激励操作，把一维特征通道向量输入两个全连接层和 Sigmoid，从而获得特征通道间的相关性，得到每个通道对应的权重；最后将权重通过 Scale 乘法加权到原来的特征上，实现特征通道的权重分配。

10.2.2.2　引入深度可分离卷积

深度神经网络依靠巨大的参数量获得了优越的性能，但随着网络结构越来越复杂，模型层数越来越深，给存储空间和计算损耗带来的压力也越来越大。10.2.1 节已经介绍了 YOLOv4 的结构，本章算法改进了 YOLOv4 的特征融合网络，使 YOLOv4 的复杂度明显下降，参数量明显减少。本章算法保持了 YOLOv4 的特征融合网络（SPP 模块和 PANet 模块[18]）的基础结构，只减少了参数，使用深度可分离卷积替换了 PANet 模块中的标准卷积，进一步压缩 YOLOv4 的参数量，使其更容易部署到嵌入式平台上。

标准卷积使用的是一个和输入具有相同通道数的卷积核，在整个特征通道上进行乘法和累加运算，将运算结果作为输出，单次计算量为 $D_k \times D_k \times M$，其中 M 是输入的通道数，D_k 是滤波器的大小。当使用一个卷积核对输入数据进行滤波处理时，计算量为 $D_k \times D_k \times M \times D_F \times D_F$，其中 D_F 是输入特征图的尺寸大小。在使用 N 个卷积核对输入数据进行滤波处理时，计算量为 $D_k \times D_k \times M \times D_F \times D_F \times N$。标准卷积的过程如图 10-3 所示。

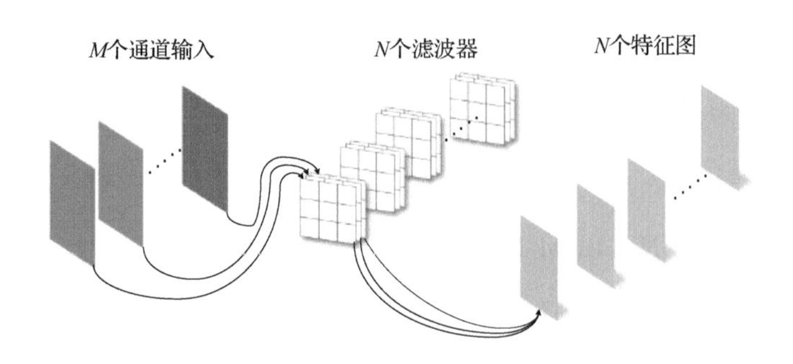

图 10-3　标准卷积的过程

在使用卷积核进行滤波时，标准卷积涉及所有输入通道特征的组合，从而产生了新的特征。但滤波和组合可以分解成两个步骤，从而显著减少计算量。深度可分离卷积由逐通道卷积和逐点卷积组成，逐通道卷积将单个滤波器应用于每个输入通道，逐点卷积通过卷积来组合不同逐通道卷积的输出。逐通道卷积的过程如图 10-4 所示，其计算复杂度为 $D_k \times D_k \times M \times D_F \times D_F$ 。

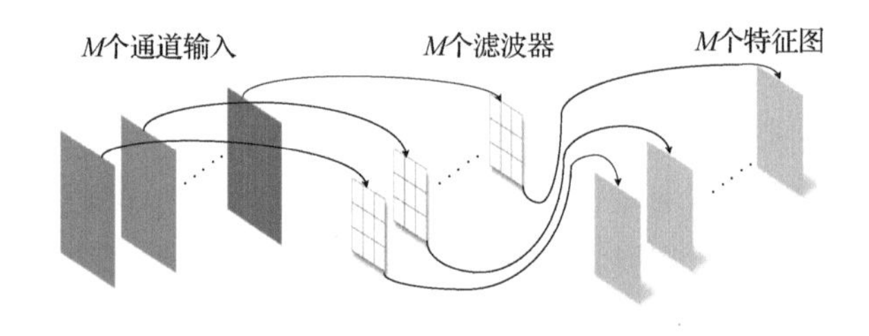

图 10-4　逐通道卷积过程

相对于标准卷积，逐通道卷积的效率很高；但它只对输入通道进行滤波处理，并没有结合各个通道的特征图来生成新的特征。为了解决这一问题，可将 1×1 的逐点卷积施加在逐通道卷积之后。逐点卷积的功能是收集每个点的特征，使用 1×1 的卷积联合逐通道卷积来收集多个通道空间信息，同时在逐点卷积层后增加 BN 层和 ReLU 层，用于增加模型的非线性变化，从而增强模型的泛化能力，其计算量为 $D_F \times D_F \times M \times N$ 。逐点卷积的过程如图 10-5 所示。

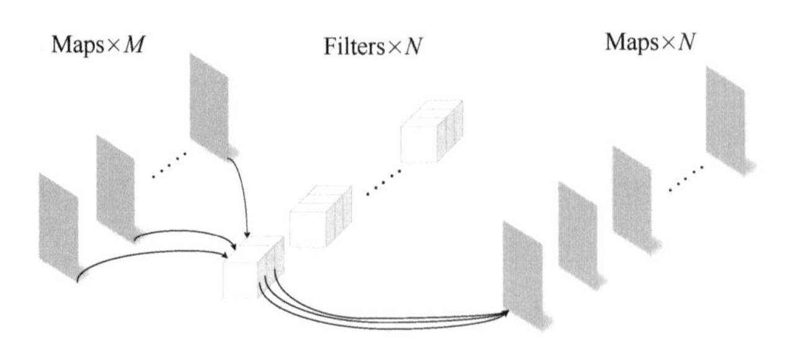

图 10-5　逐点卷积的过程

综上可知，一次深度可分离卷积的计算量为$D_k \times D_k \times M \times D_F \times D_F + D_F \times D_F \times M \times N$。通过以上分析，可得到深度可分离卷积与标准卷积的计算量之比，即$1/(N + D_k^2)$。

10.2.2.3　迁移学习策略

迁移学习[19]可以将节点权重从一个训练好的网络迁移到另一个全新的网络。在实际应用中，通常不会对一个新任务从头开始训练新的神经网络，否则不仅效率较低，而且在数据集不够庞大时很难训练出泛化能力足够强的网络。本章算法采用迁移学习策略来加快网络的收敛速度，不仅训练过程简单，而且在相同的训练时间内能得到高精度的检测模型。

10.2.2.4　使用 TensorRT 加速推理

TensorRT 是一个可以在 NVIDIA GPU 平台上运行的推理引擎[20]。ONNX（Open Neural Network Exchange）是一种用于深度学习模型的开放格式，ONNX 模型可以运行使用其他框架设计、训练和部署的深度学习模型。

本章算法在对 YOLOv4 进行改进后，通过网络训练得到了一个轻量化的网络，在实际推理运行前，对模型进行 TensorRT 量化操作。TensorRT 量化操作的具体过程为：

首先，将训练好的 PyTorch 模型转换为 ONNX 模型，转换后的 ONNX 模型可能会有很多冗余操作，可利用 ONNX Simplifier 进行简化。

然后，借助 onnx2trt 工具生成 TensorRT 推理引擎，利用 TensorRT 推理引擎运行该模型。TensorRT 推理引擎可以对训练好的模型进行分解后再进行融合，融合后的模型有较高的聚合度。例如，将卷积层和激活层进行融合，可提升计算速度。

最后，将 TensorRT 加速后的模型部署到嵌入式平台上，能够提高吞吐量并减少推理的延时，有着更高的推理效率。

10.3 实验与分析

10.3.1　数据集与实验平台

本章算法是针对变电站仪表检测设计的，应用场景较为特殊，没有大量公开可用的专业数据集，因此我们在互联网上搜集了相关图像，对这些图像进行了图像裁剪、添加噪声、对比度处理等操作，制作了 850 幅图像，并利用 LabelImg 对图像进行了手工标注，用于模型的训练、验证和测试。本节实验数据集中的部分图像如图 10-6 所示。

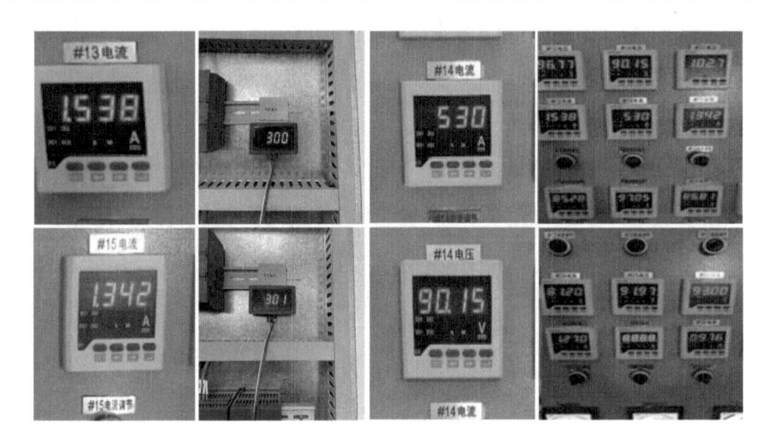

图 10-6　本节实验数据集中的部分图像

本节实验平台的配置如下：

- CPU 为 Intel Core i5-10400F，主频为 2.9 GHz；
- GPU 为 Nvidia GeForce RTX 3070，显存为 8 GB；
- 服务器的内存容量为 16 GB；
- GPU 的驱动程序版本为 Nvidia Driver 460.32.03，CUDA 11.2；
- 操作系统为 Ubuntu 18.04；
- 深度学习框架为 PyTorch 1.7.1；
- 编程平台为 Python 3.6；
- 集成开发环境为 VSCode。

本节实验是在服务器和 NVIDIA Jetson Nano 上同时进行的。NVIDIA Jetson Nano 作为嵌入式移动平台，是一款功能强大的小型计算机，搭载 128 核的 GPU，包含丰富的 API 和 CUDA 库，支持边缘计算 AI 应用程序，能够有效满足边缘计算场景的应用需求。

10.3.2　数据集与实验平台

本节实验按照 8：1：1 的比例将图像分配给训练集、验证集、测试集。为了提高训练的效率，本节实验采用迁移学习策略，使用已经在 PASCAL VOC 数据集上训练好的 MobileNetV3 权重文件。本节实验对输入的图像进行了调整（用来保证输入图像的统一性），采用 Adam 计算每个参数的自适应学习率，使用了 Mosaic 数据增强和余弦退火衰减，将最大学习率设置为1×10^{-3}，每经过 5 次迭代更新一次学习率。

整个训练过程分为两步。第一步：为了避免 MobileNetV3 权重被破坏，冻结了 MobileNetV3 参数，为加快训练速度将学习率设置为1×10^{-3}，采用小批量梯度下降法，一次输入 16 幅图像进行训练。第二步：解冻 MobileNetV3 参数，为了充分提取仪表图像的特征，更好地达到收敛效果，将学习率设置为1×10^{-4}，一次训练 8 幅图像。

10.3.3　计算量与模型参数对比

本节实验在相同的平台上对比了本章算法和其他常用的目标检测算法（包括 Faster-RCNN[21]、YOLOv3[22]、YOLOv4、EfficientDet-D1[23]、CenterNet[24]），通过对比计算量来衡量不同算法的时间复杂度，通过对比模型参数来衡量不同算法的空间复杂度。表 10-1 所示为本章算法与其他常用目标检测算法的计算量和模型参数数量。

表 10-1　本章算法与其他常用目标检测算法的计算量和模型参数数量

目标检测算法	计算量/FLOPS	模型参数数量/个
Faster-RCNN	249.84×10^9	110.81×10^6
YOLOv3	32.76×10^9	235.07×10^6
YOLOv4	29.88×10^9	244.42×10^6
EfficientDet-D1	6.56×10^9	25.64×10^6
CenterNet	32.67×10^9	124.93×10^6
本章算法	3.54×10^9	53.78×10^6

从表 10-1 可以看出，本章算法在优化了 YOLOv4 的主干网络、引入深度可分离卷积后，模型得到简化，提高了模型效率。因此，在浮点数计算量方面，本章算法的计算量相较于 Faster-RCNN 有显著下降，相较于 YOLOv3 降低了 89.2%，相较于 YOLOv4 降低了 88.15%，相较于 EfficientDet-D1 降低了 46.04%，远远低于 CenterNet；而在模型规模方面，模型参数数量相较于 Faster-RCNN 下降了 51.47%，相较于 YOLOv3 下降了 71.12%，比 YOLOv4 下降了 78%，多于 EfficientDet-D1，但相较于 CenterNet 下降了 56.95%。可以看出，无论在计算量还是在模型参数数量方面，本章算法都远远小于 YOLOv4，比其他算法均有明显的优势，具备部署到嵌入式平台和移动终端的可能。

10.3.4 检测速度和检测精度的对比

本节实验不仅对比了本章算法和其他常用的目标检测算法的计算量和参数数量，还对比了检测速度和检测精度。在智能巡检机器人中，硬件设备一般是普通的 CPU 设备或者具有较差性能的 GPU 设备。为了更好地评估本章算法在实际应用中的性能，本节实验在 NVIDIA RTX 3070 和 NVIDIA Jetson Nano 上对比了不同算法的检测速度和检测精度。

在 NVIDIA RTX 3070 上的测试结果如表 10-2 所示。

表 10-2 在 NVIDIA RTX 3070 上的测试结果

目标检测算法	基 础 网 络	检测速度/FPS	mAP
Faster-RCNN	ResNet50	15	91.23%
YOLOv3	Darknet53	31	97.75%
YOLOv4	CSPDarknet53	43	98.97%
EfficientDet-D1	EfficientNet-B1	21	97.40%
CenterNet	ResNet50	35	97.93%
本章算法	MobileNetV3	50	94.72%

从表 10-2 可以看出，Faster-RCNN 在 NVIDIA RTX 3070 上的检测速度仅为 15 FPS，本章算法的检测速度比 Faster-RCNN、YO-LOv3、YOLOv4、EfficientDet-D1、CenterNet 分别提升了大约 233%、61%、16%、138%、43%。本章算法的检测速度得到了明显的提升。

在模型训练阶段，为了保证模型训练的精度，使用的是 32 位浮点数（FP32）。在模型部署阶段，为了减少计算量和提高推理速度，使用的是 16 位浮点数（FP16）。受限于 NVIDIA Jetson Nano 的性能，本节实验借助 TensorRT 技术，利用 16 位浮点数代替 32 位浮点数对模型进行了重构和优化。在 NVIDIA Jetson Nano 上的测试结果如表 10-3 所示。

表 10-3 在 NVIDIA Jetson Nano 上的测试结果

目标检测算法	使用 FP32 的检测速度/FPS	使用 FP16 的检测速度/FPS	使用 FP16 的 mAP
Faster-RCNN	—	—	91.23%
YOLOv3	3	4	97.75%

续表

目标检测算法	使用 FP32 的检测速度/FPS	使用 FP16 的检测速度/FPS	使用 FP16 的 mAP
YOLOv4	4	5	98.97%
EfficientDet-D1	2	3	97.40%
CenterNet	4	6	97.93%
本章算法	10	15	94.72%

从表 10-3 可以看出，与其他常用的目标检测算法相比，本章算法的检测速度有明显的提升，同时检测精度也得到了保证。在实际的变电站仪表检测中，本章算法在以较小的检测精度为代价的情况下，可以极大地提升检测速度，能够完成变电站仪表的实时检测任务。

为了更好地验证本章算法各模块或策略的作用，本节进行了消融实验。消融实验是在 NVIDIA RTX 3070 上进行的，实验结果如表 10-4 所示。

表 10-4　消融实验结果

MobileNetV3	深度可分离卷积	迁移学习策略	mAP	检测速度/FPS
×	×	×	98.97%	43
√	×	×	85.98%	47
√	√	×	71.71%	50
√	√	√	94.72%	50

从表 10-4 可以看出，在将 YOLOv4 的主干网络 CSPDarknet53 替换为 MobileNetV3 后，由于弱化了特征提取能力，因此不能完全有效地提取图像的深层特征，检测精度明显下降，但检测速度提高到了 47 FPS。在此基础上将特征提取后的路径聚合网络（PANet）中的卷积运算替换为深度可分离卷积运算后，进一步降低了检测精度。但在采用迁移学习策略后，由于预训练的模型学习并保留了大部分目标的通用特征，因此能够在有效缩短训练收敛时间的同时大幅提高检测精度。本章算法与 YOLOv4（见表 10-4 中第一行数据）相比，检测精度由 98.97%只降低到 94.72%，但检测速度由 43 FPS 提高到 50 FPS。实验结果表明，本章算法能够在基本保证检测精度的情况下，提高检测速度。

为了更加直观、有效地展现本章算法的检测效果，本节实验在单仪表和多仪表场景下进行了图像目标检测，检测结果如图 10-7 和图 10-8 所示。

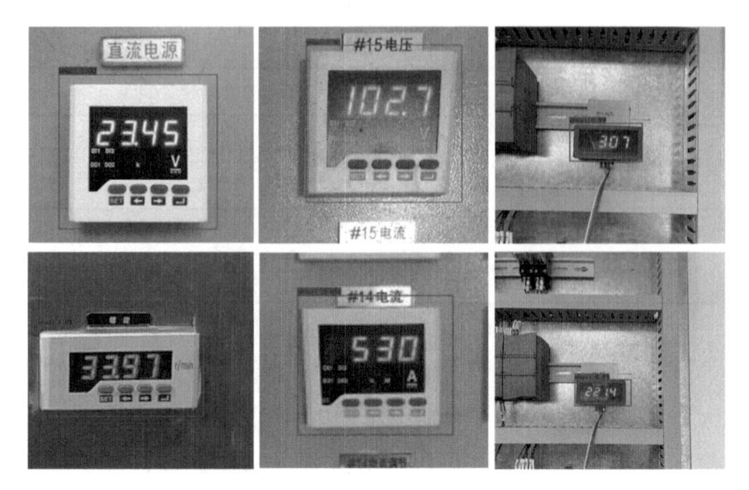

图 10-7　单仪表场景下的图像目标检测结果

图 10-8　多仪表场景下的图像目标检测结果

由于变电站场景的特殊性，变电站仪表型号相同，排列整齐有规律，不存在遮挡或者重叠等现象，图像拍摄不会造成目标之间的相互干扰。此外，智能巡检机器人在拍摄变电站仪表时具有定点、定向、定焦等特点，在拍摄过程中不会存在较大误差。从图 10-7 可以看出，在面对不同型号的仪表和不同位置的仪表时，本章算法均能做出正确的检测，检测结果可满足实际需求。从图 10-8 可以看出，本章算法能够一次性检测多个不同位置的仪表，方便后续进行仪表读数等步骤。另外，多个仪表同时检测比多次检测单个仪表耗费的时间更少，能够有效提高检测速度。

经过上述分析可知，本章算法（基于改进 YOLOv4 的嵌入式变电站仪表检测算法）能够快速、准确地检测出变电站仪表，具有较好的实时性和鲁棒性，能满足实际检测的需求。

10.4 本章小结

针对目标检测算法参数量大、占用资源多、难以部署到嵌入式平台上的问题，本章提出了一种基于改进 YOLOv4 的嵌入式变电站仪表检测算法。在 YOLOv4 的基础上进行轻量化改进，将 YOLOv4 的主干网络 CSPDarknet53 替换为 MobileNetV3，将特征提取后的路径聚合网络（PANet）中的卷积运算替换为深度可分离卷积运算，采用迁移学习策略进行网络训练，利用 TensorRT 对模型进行优化，使本章算法更适用于性能受限的嵌入式平台。实验结果表明，本章算法表现出了良好的鲁棒性和实时性，能够满足变电站仪表的检测需求，可方便地在不同的变电站中迁移部署，具有很好的实用价值。

参考文献

[1] 高旭，王育路，曾健．基于移动机器人的变电站仪表自动识别研究[J]．电网与清洁能源，2017, 33(11): 85-90.

[2] LU S, ZHAGN Y, SU J. Mobile robot for power substation inspection: a survey[J]. IEEE/CAA Journal of Automatica Sinica, 2017, 4(4): 830-847.

[3] WANG H, LI J, ZHOU Y. Research on the technology of indoor and outdoor integration robot inspection in substation[C]//2019 IEEE 3rd Information Technology, Networking, Electronic and Automation Control Conference (ITNEC). New York: IEEE Press, 2019: 2366-2369.

[4] 房桦，明志强，周云峰，等．一种适用于变电站巡检机器人的仪表识别算法[J]．自动化与仪表，2013, 28(5): 10-14.

[5] 杨志娟，袁纵横，乔宇，等．基于图像处理的指针式仪表智能识别方法研究[J]．计算机测量与控制，2015, 23(5): 1717-1720.

[6] Gao J W, XIE H T, ZUO L, et al. A robust pointer meter reading recognition method for substation inspection robot[C]//2017 International Conference on Robotics and Automation Sciences (ICRAS), 2017: 43-47.

[7] 黄炎，李文胜，麦晓明，等．基于一维测量线映射的变电站指针仪表智能识读方法[J]．广东电力，2018, 31(12): 80-85.

[8] 刑浩强，杜志岐，苏波．变电站指针式仪表检测与识别方法[J]．仪器仪表学报，2017, 38(11): 2813-2821.

[9] 徐发兵，吴怀宇，陈志环，等. 基于深度学习的指针式仪表检测与识别研究[J]. 高技术通讯，2019, 29(12): 1206-1215.

[10] 杨浩，刘一帆，李瑮. 一种自动读取指针式仪表读数的方法[J]. 山东大学学报（工学版），2019, 49(4): 1-7.

[11] LIU Y, LIU J, KE Y. A detection and recognition system of pointer meters in substations based on computer vision[J]. Measurement, 2020, 152: 107333.

[12] BOCHKOVSKIY A, WANG C Y, LIAO H Y M. Yolov4: optimal speed and accuracy of object detection[J]. 2020.DOI:10.48550/arXiv.2004.10934.

[13] WANG C Y, LIAO H Y M, WU Y H, et al. CSPNet: a new backbone that can enhance learning capability of CNN[C]//2020 IEEE/CVF Conference on Computer Vision and Pattern Recognition Workshops, 2020: 390-391.

[14] HE K, ZHANG X, REN S, et al. Spatial pyramid pooling in deep convolutional networks for visual recognition[J]. IEEE Transactions on Pattern Analysis and Machine Intelligence, 2015, 37(9): 1904-1916.

[15] HOWARD A G, ZHU M, CHEN B, et al. MobileNets: efficient convolutional neural networks for mobile vision applications [J]. 2017.DOI:10.48550/arXiv.1704.04861.

[16] SANDLER M, HOWARD A, ZHU M, et al. MobileNetv2: inverted residuals and linear bottlenecks[C]//2018 IEEE/CVF Conference on Computer Vision and Pattern Recognition, 2018: 4510-4520.

[17] HU J, SHEN L, SUN G. Squeeze-and-excitation networks[C]//2018 IEEE/CVF Conference on Computer Vision and Pattern Recognition, 2018: 7132-7141.

[18] LIU S, QI L, QIN H, et al. Path aggregation network for instance segmentation[C]//2018 IEEE Conference on Computer Vision and Pattern Recognition. New York: IEEE Press, 2018: 8759-8768.

[19] 朱惠玲，牛哲文，黄克灿，等. 基于单阶段目标检测算法的变电设备红外图像目标识别及定位[J]. 电力自动化设备，2021, 41(8): 217-224.

[20] STEPANENKO S, YAKIMO P. Using high-performance deep learning platform to accelerate object detection[C]//2019 International Conference on Information Technology and Nanotechnology, 2019: 26-29.

[21] REN S, HE K, GIRSHICK R, et al. Faster R-CNN: towards real-time object detection with region proposal networks[J]. IEEE Transactions on Pattern Analysis and Machine Intelligence, 2017, 39(6): 1137-1149.

[22] REDMON J, FARHADI A. Yolov3: an incremental improvement[J]. DOI:10.48550/arXiv.1804.02767.

[23] TAN M, PANG R, LE Q V. Efficientdet: scalable and efficient object detection[C]//2020 IEEE/CVF Conference on Computer Vision and Pattern Recognition, 2020: 10781-10790.

[24] ZHOU X, WANG D, KRÄHENBÜHL P. Objects as points [J]. DOI:10.48550/arXiv.1904.07850.

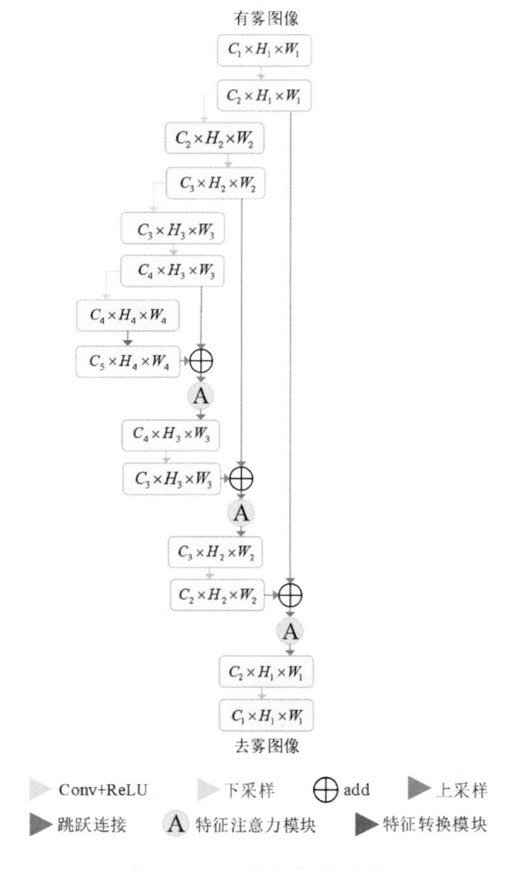

图 1-1　本章算法的结构

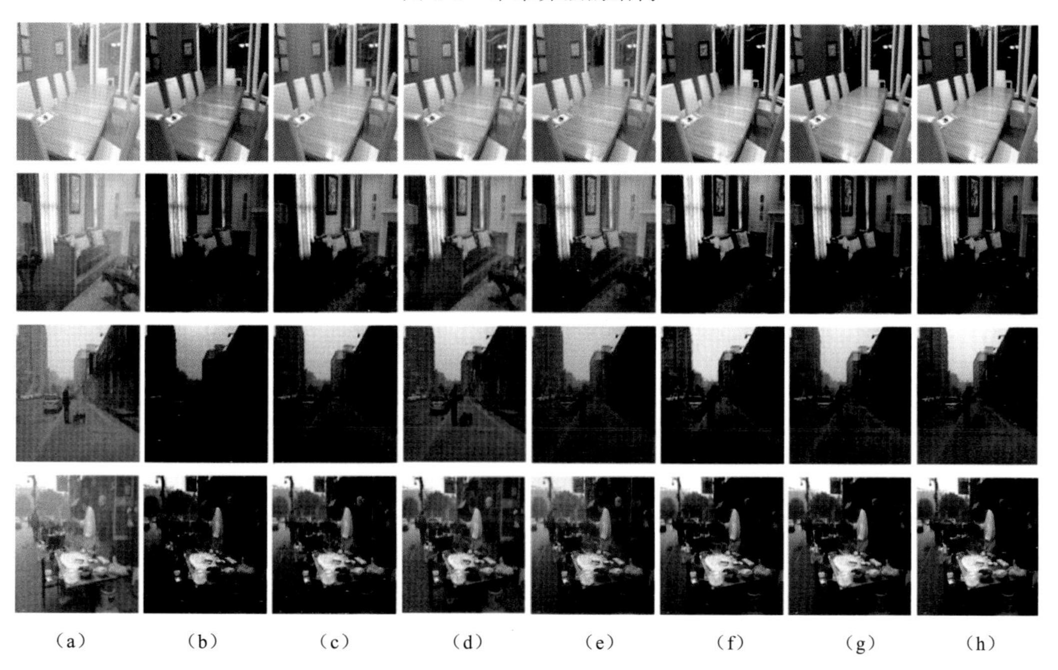

图 1-4　本章算法与其他几种流行的去雾算法在 SOTS 上进行的定性测试

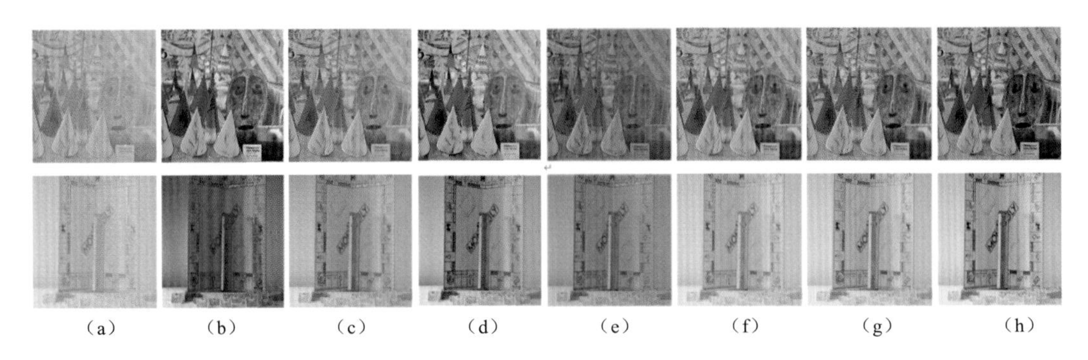

（a）　（b）　（c）　（d）　（e）　（f）　（g）　（h）

图 1-5　本章算法与其他几种流行的去雾算法在 MSD 上进行的定性测试

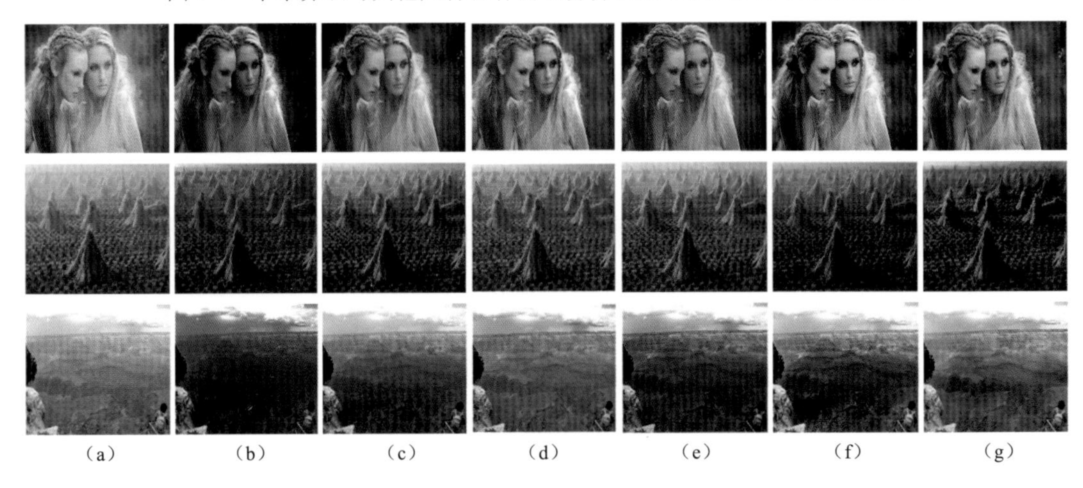

（a）　（b）　（c）　（d）　（e）　（f）　（g）

图 1-6　在三幅经典的真实雾图上对本章算法与其他几种流行的去雾算法进行的定性测试

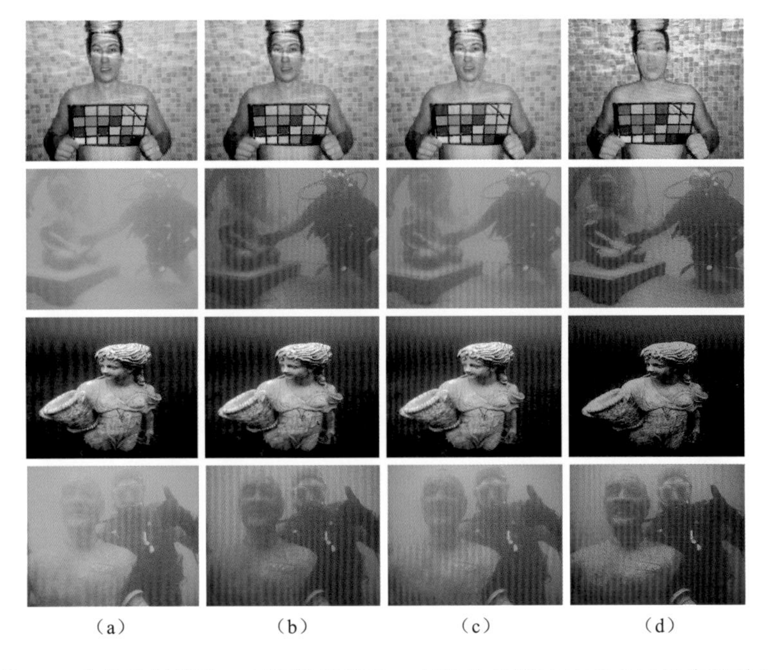

（a）　（b）　（c）　（d）

图 2-3　完美反射算法、灰度边缘算法、灰度世界算法处理水下图像的效果

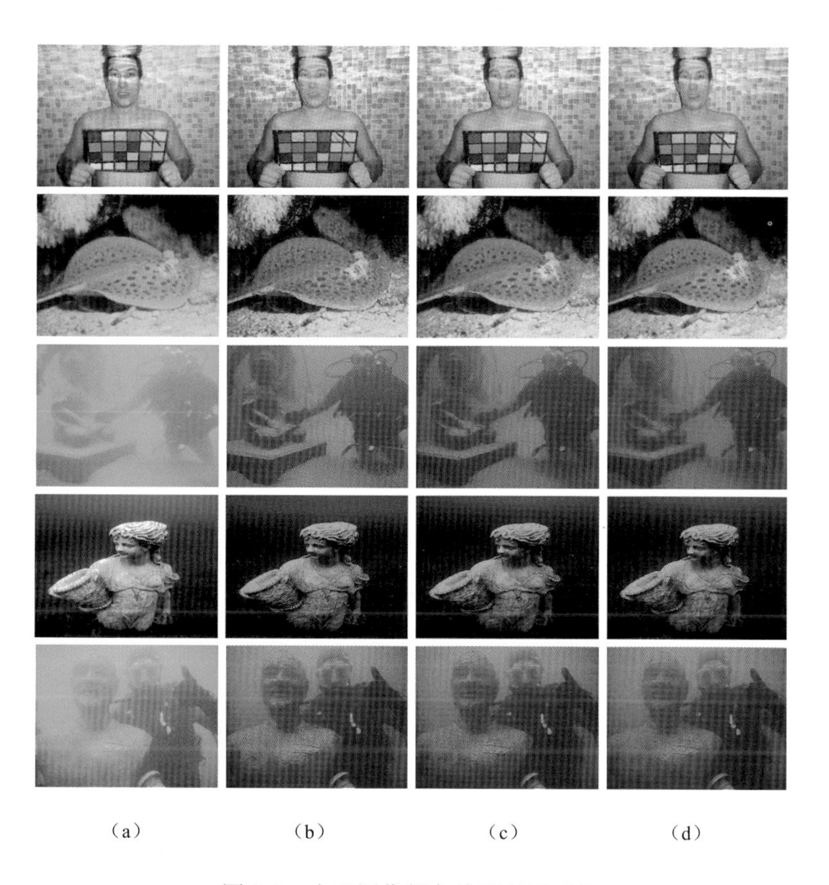

图 2-5　水下图像颜色校正结果对比

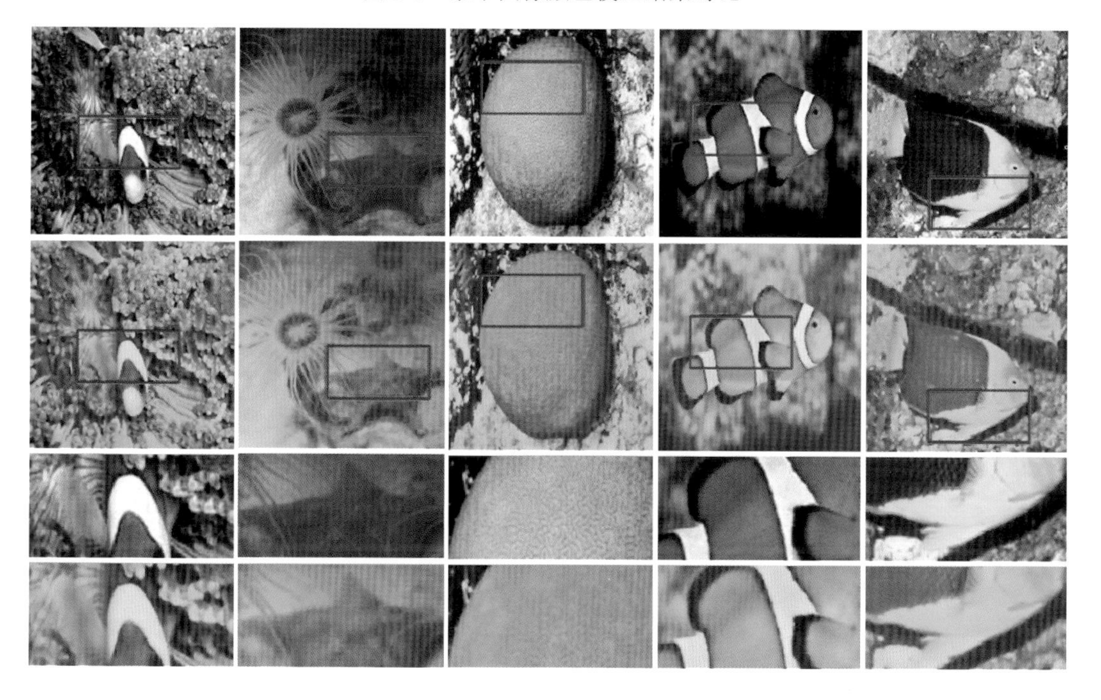

图 2-10　部分偏绿色图像

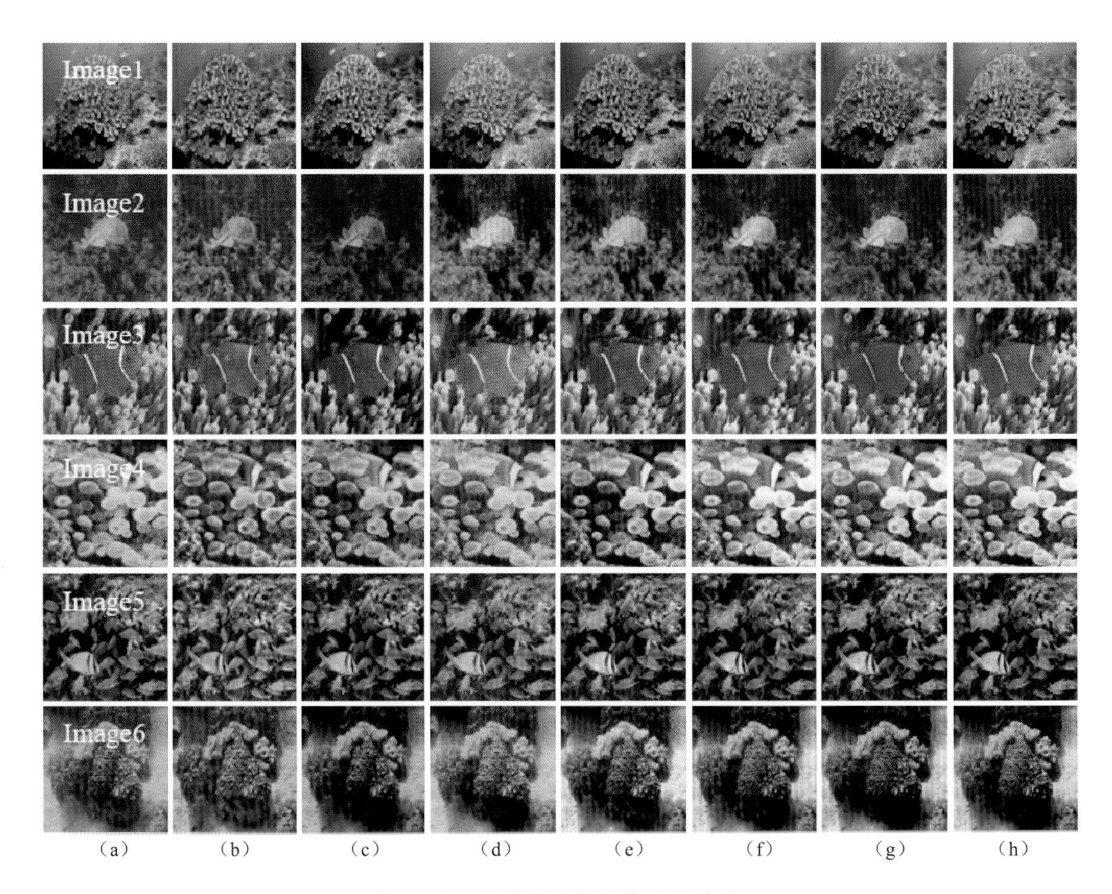

图 2-11　各种算法的图像处理结果

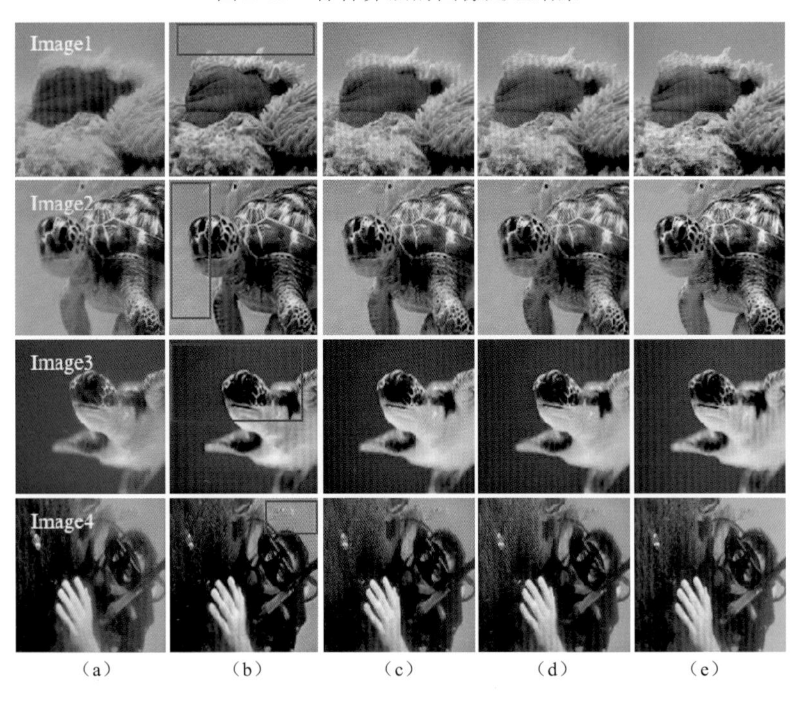

图 2-12　消融实验结果对比图

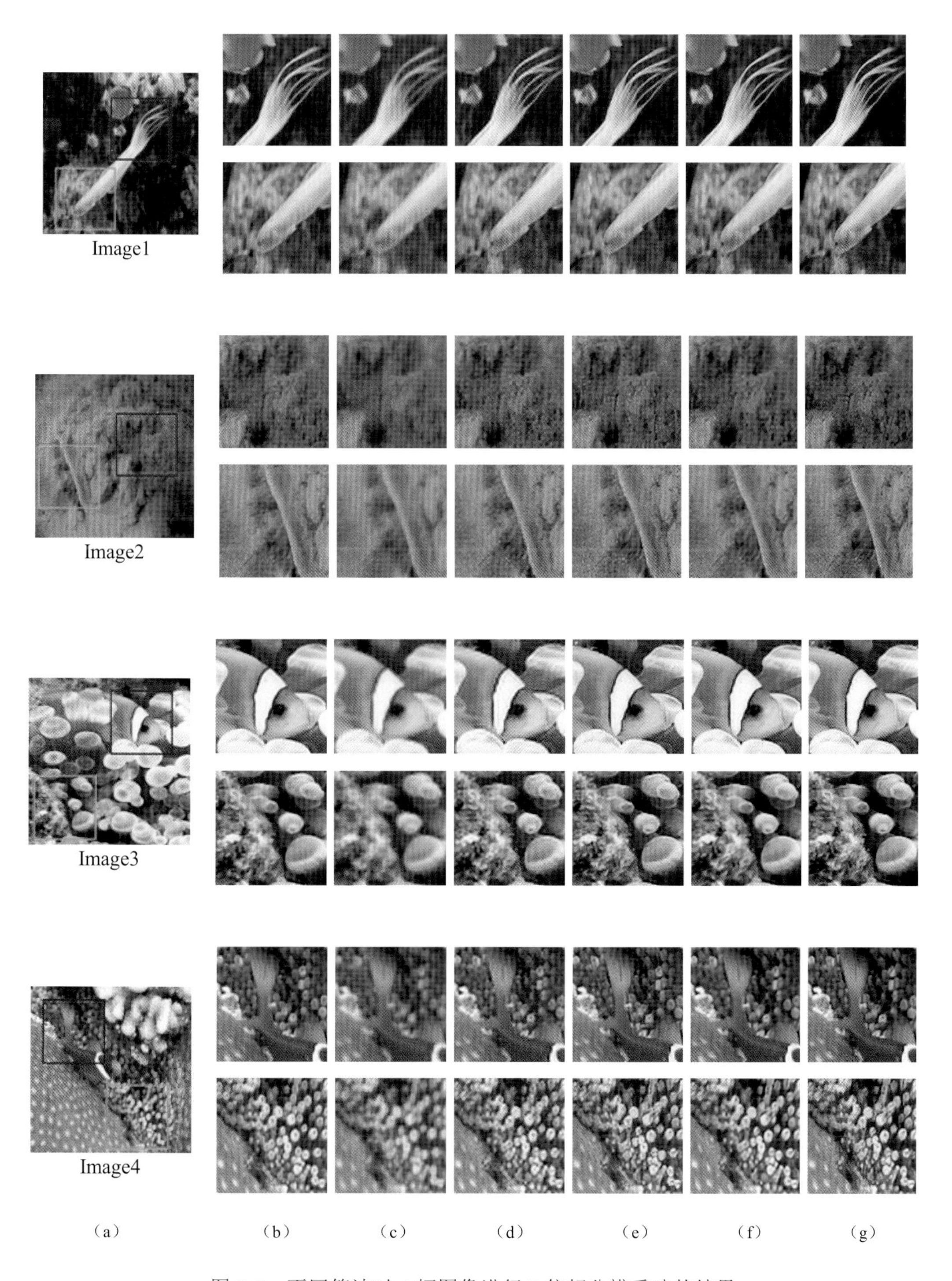

图 3-8　不同算法对 4 幅图像进行 2 倍超分辨重建的结果

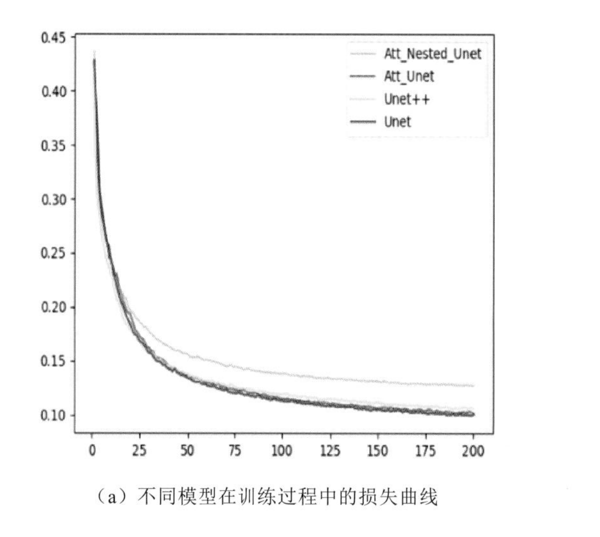

（a）不同模型在训练过程中的损失曲线

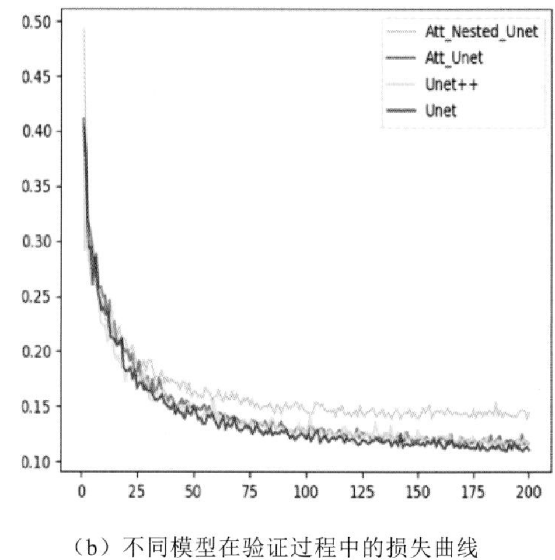

（b）不同模型在验证过程中的损失曲线

图 4-12　不同模型在训练过程和验证过程中的损失曲线

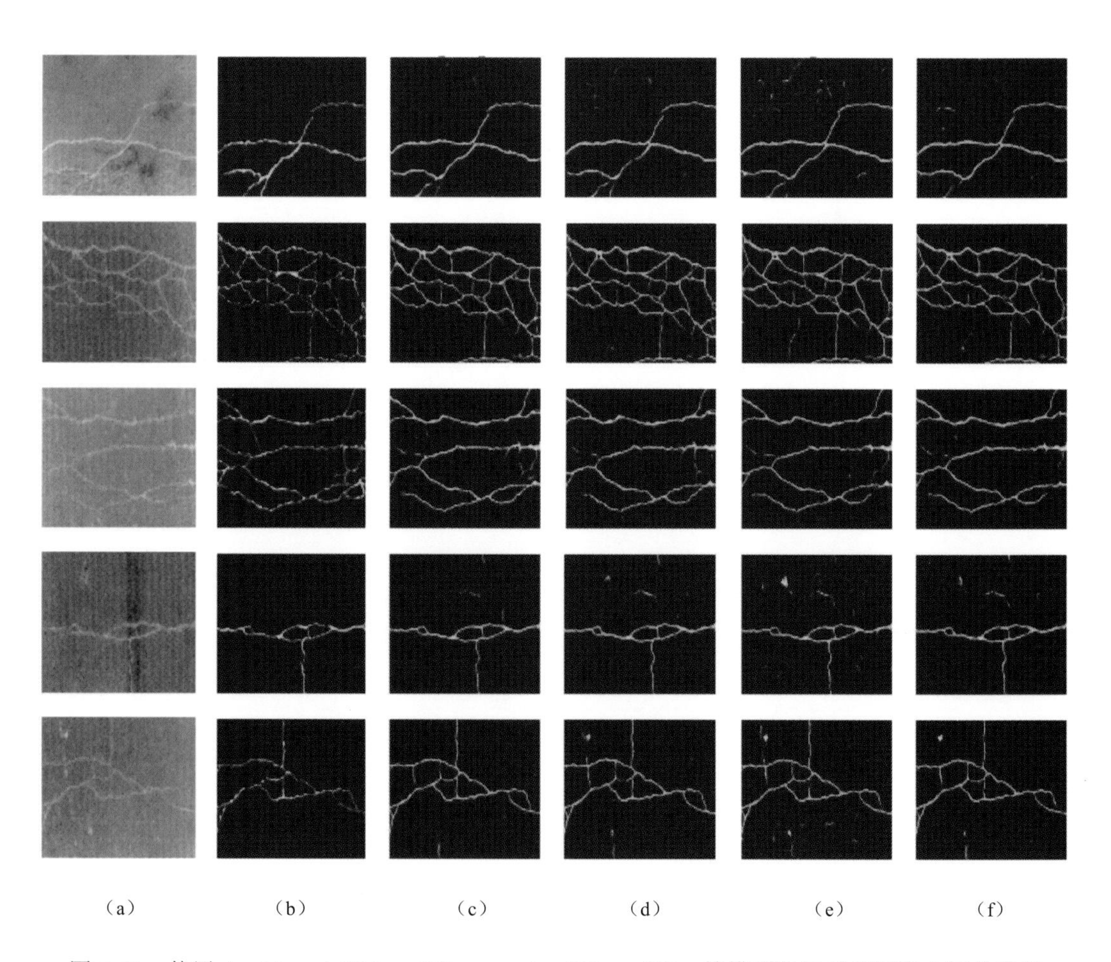

（a）　（b）　（c）　（d）　（e）　（f）

图 4-13　使用 Att_Nested_UNet、UNet++、Att_UNet、UNet 等模型进行裂缝图像分割的效果

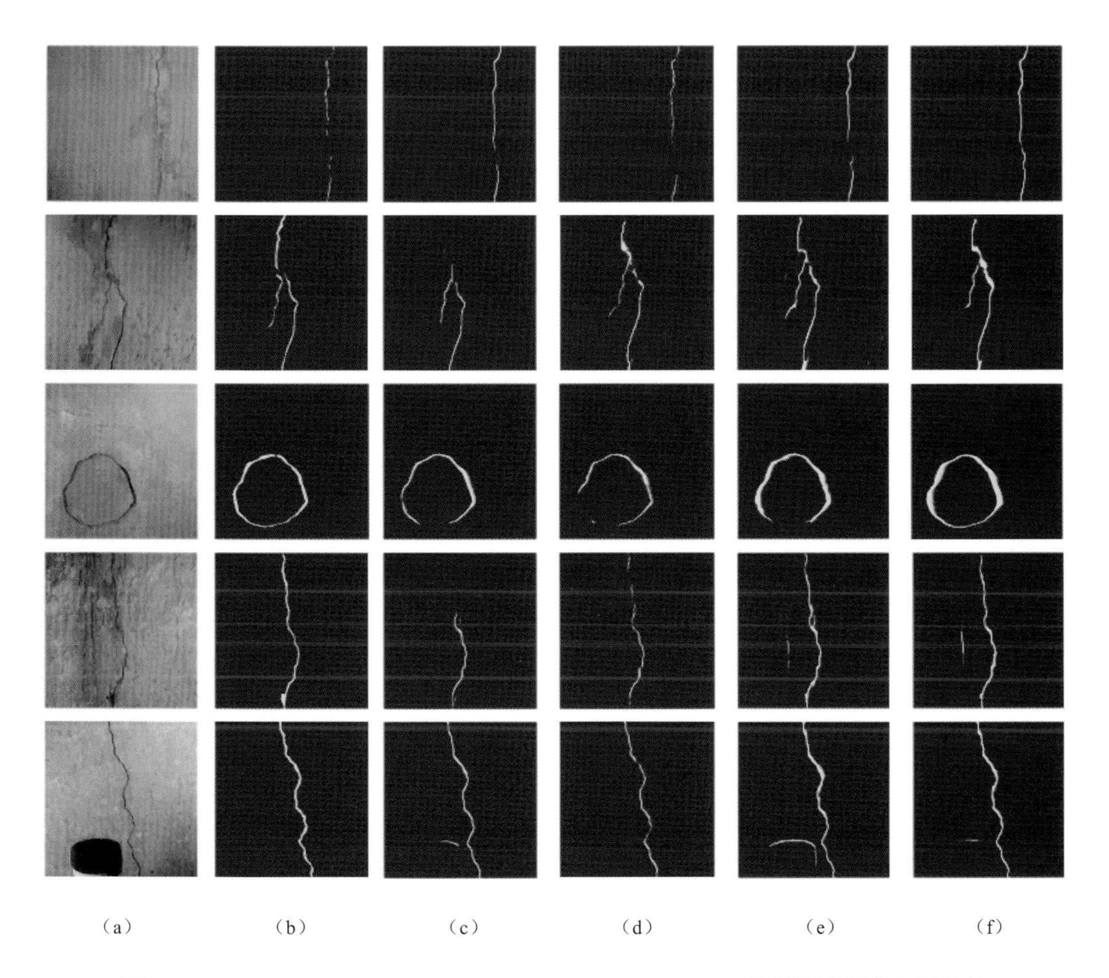

图 5-4　SA_UNet、SA_AttUNet、MA_UNet、MA_AttUNet 等模型的图像分割结果

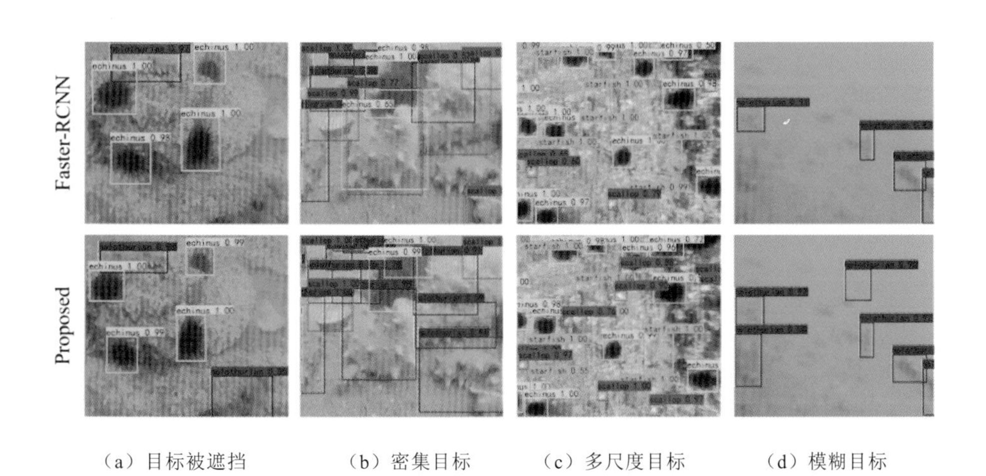

图 6-9　Proposed 算法和 Baseline 算法在不同情况下对海洋生物的检测结果

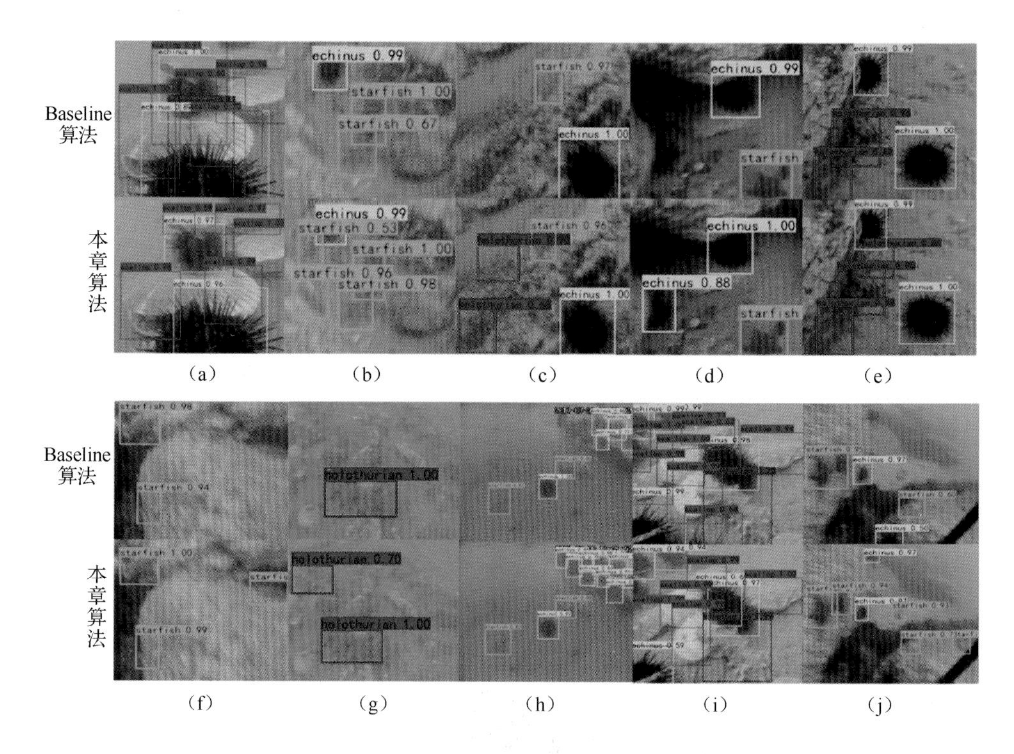

图 7-11　本章算法和 Baseline 算法的检测效果

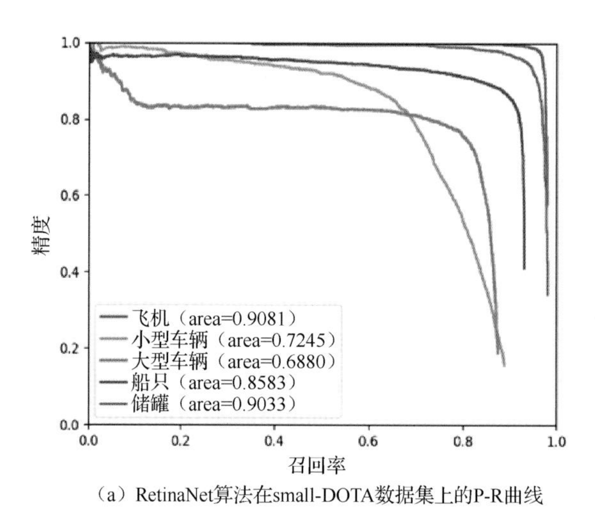

（a）RetinaNet算法在small-DOTA数据集上的P-R曲线

图 8-10　RetinaNet 算法与本章算法在 small-DOTA 和 HRSC2016 数据集上的 P-R 曲线

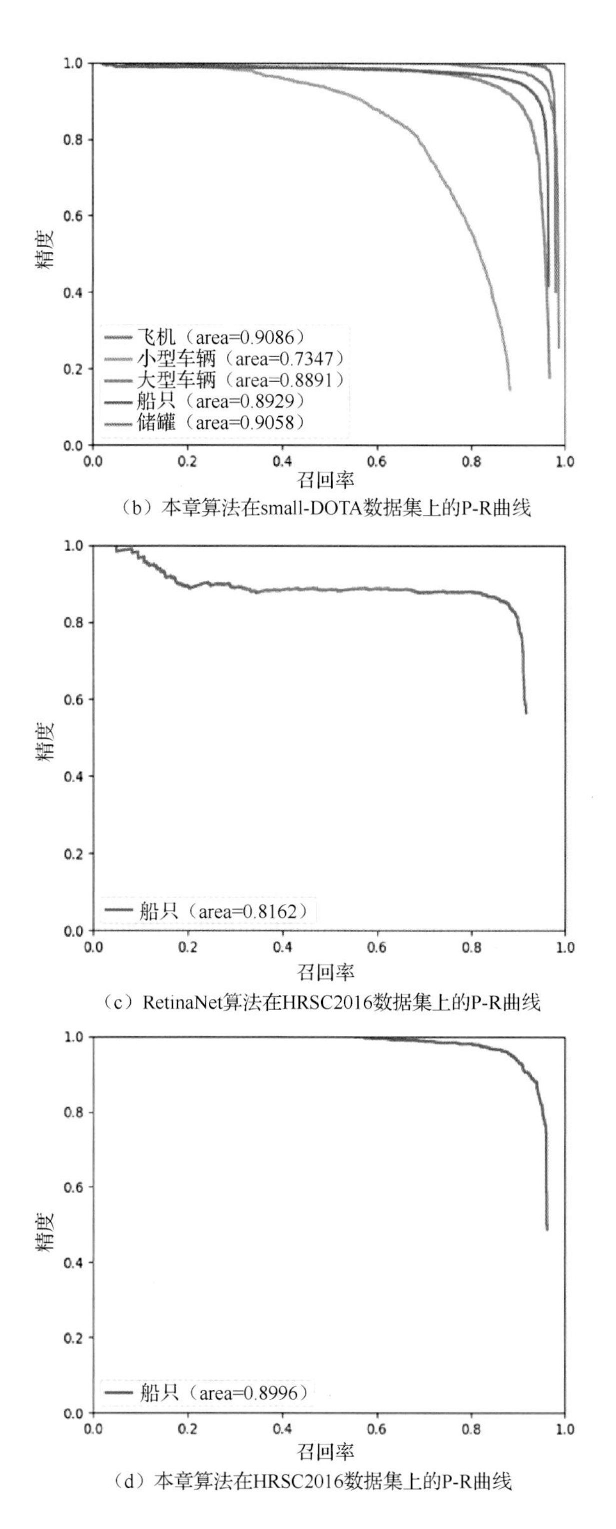

（b）本章算法在small-DOTA数据集上的P-R曲线

（c）RetinaNet算法在HRSC2016数据集上的P-R曲线

（d）本章算法在HRSC2016数据集上的P-R曲线

图 8-10 RetinaNet 算法与本章算法在 small-DOTA 和 HRSC2016 数据集上的 P-R 曲线（续）

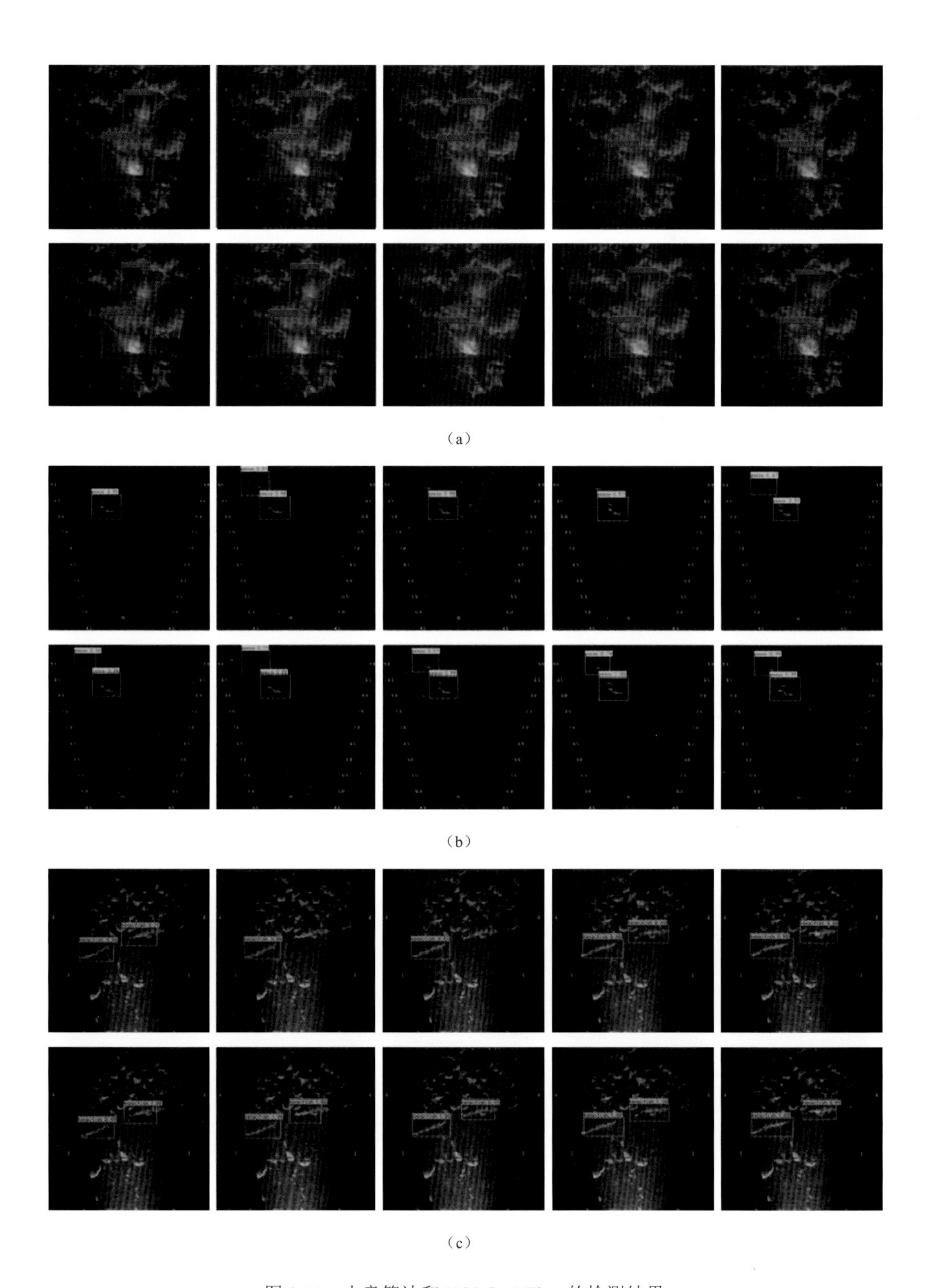

图 9-11　本章算法和 YOLOv4-Tiny 的检测结果

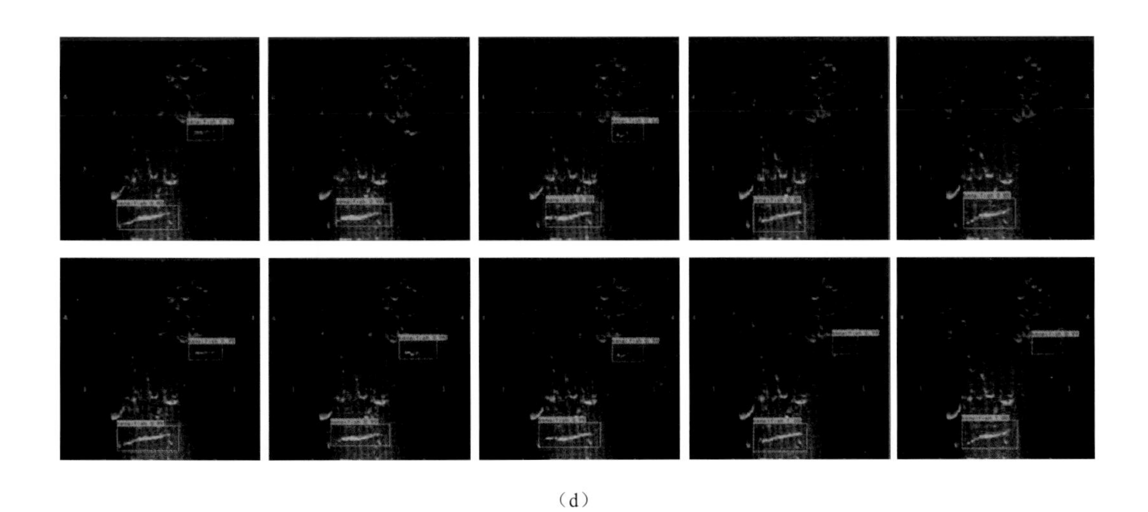

（d）

图 9-11　本章算法和 YOLOv4-Tiny 的检测结果（续）